极好的去处，可带上一本好书，一瓶好酒，还有西塞罗的一些想法，来此度过一个极美的下午。

各国版本

美国版
英国版
日本版
意大利版
法国版
德国版
中国版

园林是一首诗

四川科学技术出版社

图书在版编目（CIP）数据

园林是一首诗 / (美) 查尔斯·莫尔，(美) 威廉·米歇尔，(美) 威廉·图布尔著；李斯译. — 成都：四川科学技术出版社，2017.6
ISBN 978-7-5364-8683-6

Ⅰ. ①园… Ⅱ. ①查… ②威… ③威… ④李… Ⅲ. ①园林建筑—介绍—世界 Ⅳ. ①TU986.4

中国版本图书馆CIP数据核字(2017)第136761号

原书名：The Poetics of Gardens

园林是一首诗

YUANLIN SHI YISHOUSHI

著　　者　（美）查尔斯·莫尔，（美）威廉·米歇尔，（美）威廉·图布尔
译　　者　李斯

出 品 人　钱丹凝
责任编辑　徐登峰 李珉
封面设计　烟雨
责任出版　欧晓春
出版发行　四川科学技术出版社
成都市槐树街2号　邮政编码 610031
官方微博：http://e.weibo.com/sckjcbs
官方微信公众号：sckjcbs
传真：028-87734039
成品尺寸　185mm × 240mm
印　　张　21.5　字数200 千
印　　刷　北京佳信达欣艺术印刷有限公司
版　　次　2017年8月第 1 版
印　　次　2017年8月第 1 次印刷
定　　价　78.00元

ISBN 978-7-5364-8683-6

邮购：四川省成都市槐树街2号　邮政编码：610031
电话：028-87734035

诗意的园林为人类再造乐园

生物的基本需求是呼吸、饮食、繁殖自身。对于包括人类在内的大部分物种来说，这些基本的需求之外还有栖息的需求，即在我们这个世界的某处占据一块地方的需求。鸟类靠声音宣布地盘，它们的鸣叫声标记其属地的边界；狼利用气味作为界标。人类自出现在这个星球上起就一直在为界定、捍卫和扩张领土而战，甚至献出生命。文字、房屋、纪念碑都可用来歌颂领土，同时又为其增光添彩；在某些特殊之地和某些特殊时期，园林的出现使其趋于完美。园林的溪流、树木、花草以及山石，用以欣赏或是纪念；园中的秩序实际上是我们自身在地球表面的延续。本书就是为那些真正喜爱园林风景的旅行者、设计师、园艺师和普通大众而写的，这些园林风景很多成了世界文化遗产。

日本平安时代（894—1192年），一位不知名的日本宫廷贵族定下了园林艺术的规则和注意事项，并集录成书，也就是今天我们看到的《作庭记》。他的建议非常简单：开始的时候就要考虑到地与水的布局，研究过往大师的杰作，回想记忆中的美景，然后，在选定的地方让记忆标记，把最感动的东西融入自己的构建之中。为探索这些普遍规律，我们研究不同民族在不同时代、不同气候和不同地方修建的园林杰作；学习其设计手法，记住它们的形象、气味和声音；收集、再造并转换设计材料，按照我们有意义的秩序排列；缩小规模，最终融入我们现有的场地之中（随着世界人口的增多，这样的地块变得越来越小了）。

一开始我们会考察使一个地方有望成为园林的那些条件：水与地的格局、现有的植物和进一步拓植的可能性、与周边人类居所的相互关系，还有建筑的形式、太阳朝向和风及星星的方向、当地的白昼与季节的周期，以及与已经消亡的时代和遥远的地方之间通过记忆形成的联系。不管我们觉得多么壮丽动人，大自然的某些地方却还不是园林本身；只有通过我们的行动加以塑造并与我们的梦想融为一体，它们才能够成为园林。我们会继续考虑塑造园林的那些行动：为大地塑性，划定界限，通过墙体、屋顶、道路和纪念碑等与空间产生联系。接下来，我们会介绍几十处人一生都梦想去旅行和朝拜的世界顶级风景和园林，不仅用来欣赏，同时从中挖掘园林设计的思路。这是本书的关键所在。我们细心挑选每一处风景地（基本都配有大幅轴测投影图），带领大家游览，为大家讲解其历史。考察对园林知识来说最重要的模式和概念。在不同的文化、时代和世界的各个角落，都有可能出现不同的园林，这一点毋庸置疑。我们的例子无所不包，从古罗马到现代英国，从乾隆的圆明园到沃尔特·迪斯尼的魔幻王国，从喜马拉雅高山上的僧院到博特尼湾海湾的囚禁地……

最后，我们将检阅往昔伟大的园林传统在北美大地的移植和适应，了解这些传统对今天的我们意味着什么。我们作为读者参加旁听，发掘其中对于现代园林设计的暗示和启发；看看过去那些出色的园林格局和思想如何被挪用、再解读，最终演化为我们自己的园林。艾略特在《神圣的树林》（The Sacred Wood）中曾说："不成熟的诗人会模仿，成熟的诗人会偷窃；较差的诗人把别人的东西拿来毁掉，而优秀的诗人会使其变得更好，至少会使其不尽相同。"

目　录

一　场所精神

二　设计者的场地

三　历史的场所

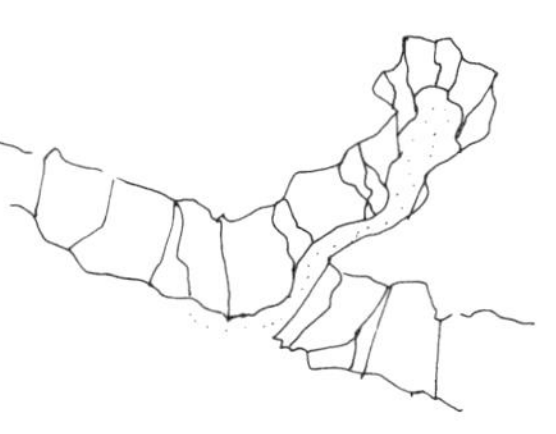

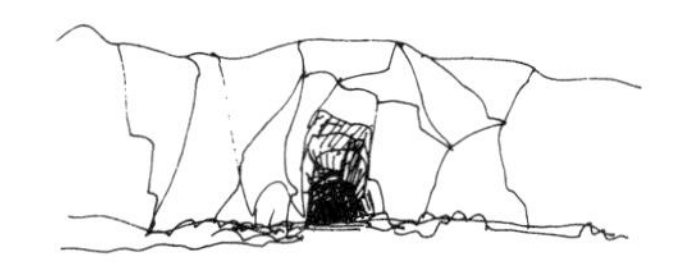

四 我们自己的家园

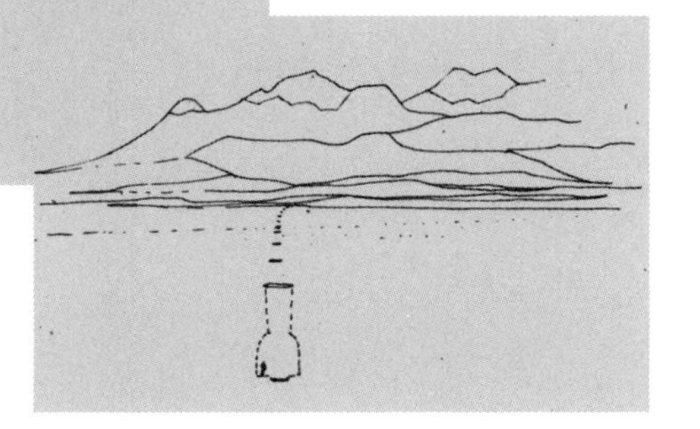

1

场所精神

罗马人查看一地如同打量人脸，他们认为，山水风景皆为一地有生命的内在精神的外部显现。同人一样，每个地方都有自己的守护神；有时候，它会幻化成蛇的外形。

中国古代风水学则认为，大地遍行自然灵气。大地的起伏揭示青龙（象征阳）白虎（象征阴）的存在，楼宇和园林的吉利构筑之地，可在风行水动、阴阳际会之处觅得。风水的技巧与针灸术一样，都在于拿准经脉、精确定位。

在18世纪的英国，亚历山大·蒲柏曾向其赞助人伯林顿勋爵和当下活跃的园林家们，作出如下建议：

> 去请教掌管那里的守护神，
>
> 它会告诉你如何安排水体涨落……

但此时，古人心中的蛇、龙及虎等守护神仅仅作为比喻和典故留存在书本中。传统教育下的英国人，坚守信念，认为自然是一股趋向完美的内在力量，同时也有可能因事不凑巧而偏离正轨。蒲柏所说的“请教守护神”就是要理解场地本身潜在的、自然的完美性，并在必要时通过谨慎的干预促其形成。到18世纪后中叶，人们的态度略微改变，对于场地性质的发掘不仅限于谨慎干预，变得更为深入和彻底。那个时期最伟大的风景园林设计家朗塞洛特·布朗经常谈到要充分利用地产本身所具有的景观“能力”，因而被人戏称为“万能的布朗”。

现在，我们也勘察场地，评估优缺，甚至提出“环境冲击”这一概念。看着大地母亲遭逢劫掠和非礼，我们只是铁着心肠看这老妪能否承受屋宇楼栋的重压。

新墨西哥州陶斯镇

这些比喻的背后其实也就是这么一个简单的事实：每一个场地皆有其自身特别的品质，蕴含在石头、土地、流水、绿叶、鲜花、建筑环境、光影、声音、气息以及拂过的微风之中。通过对这些特质的挖掘，我们就能发现一些线索，有可能是规则的秩序，抑或是艺术化的自然主义，这便是园林的雏形。

山水

中国表示“风景”的这个词由两个字构成：“山”和“水”。这两个字既表示五行对立，也表示自然力量的互补。山挺且拔，喻阳；水曲而柔，喻阴。彼此互动，相依成形。山融水于其中，形成溪流、湖泊、瀑布或是大海；水流之处，侵蚀山体，雕刻纹理。一个场地的特征会在山与水的平衡当中形成，这样的平衡至少能够在地质时代的某一时刻得以维持。

山之阳有背脊、峰顶，甚至绵延成山脉；顶层铲平可得高原、台地或地垛。山之侧可能是坡地、陡壁或梯田。在山的边

杭州西湖

杭州三潭印月

纽约州托格汉诺克瀑布

南极海

缘或顶部，我们时常会找到富于魔力的地方，适于建造女儿墙和观景台。风吹雨打之下，山脉渐渐变成山冈或丘陵，接着缩小为土丘、土墩或隆起，也有可能被削成峭壁或被剥蚀成光滑的沙丘。脱离山体的碎片则形成巨石、岩石、石子、卵石或是沙砾。与山脊正相反，山谷嵌入地层，根据嵌入深度和崎岖程度不同，可分为深谷、河谷、峡谷、冲沟、洼地、凹地、林谷和幽谷。比山谷更深入地下的是空穴、巨穴和山洞。这其中多少有些平整的部分（如果有水体流过则不可能出现绝对平地）就拓展成平原、草原或稀树草原。

场地有水（水本无形），阴的形状自水而出，填满山间地上的沟壑，形成一个整体（阴—阳）。山谷里会流过涓涓细流、潺潺溪水或是奔腾的河流；海拔高度的变化形成激流险滩或是大小瀑布。地表下陷处积水成洼地、池塘、湿地、深潭或湖泊。山水交接的边缘则是河岸、海岸或海滩，有凹进的部分（海湾、河湾、小水湾），也有突出的部分（海岬、地峡、半岛和尖岬）以及各种人造结构——桥梁、码头、防波堤、桥

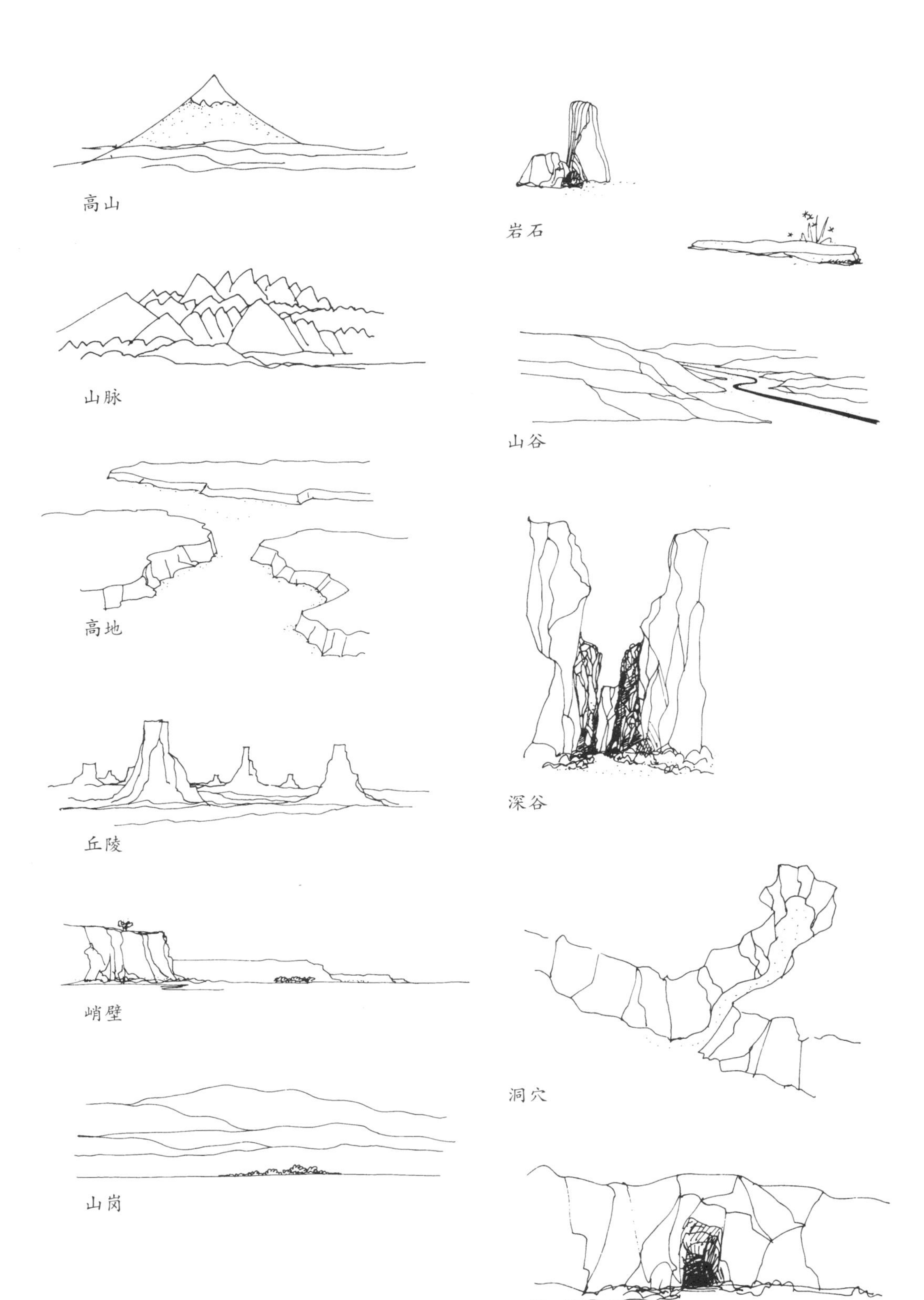
高山
山脉
高地
丘陵
峭壁
山岗
岩石
山谷
深谷
洞穴
箱状峡谷

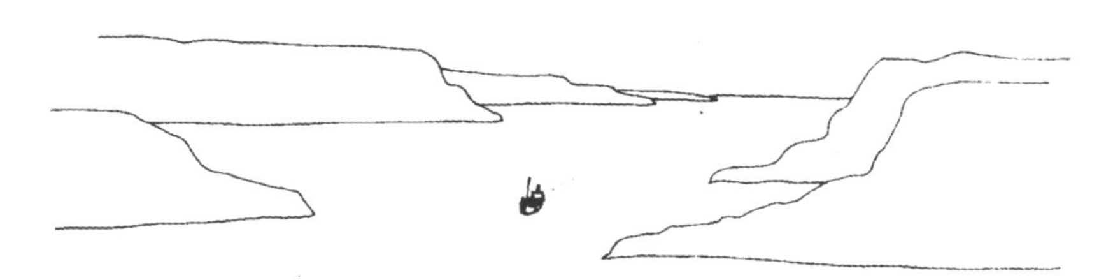

河流

沼泽

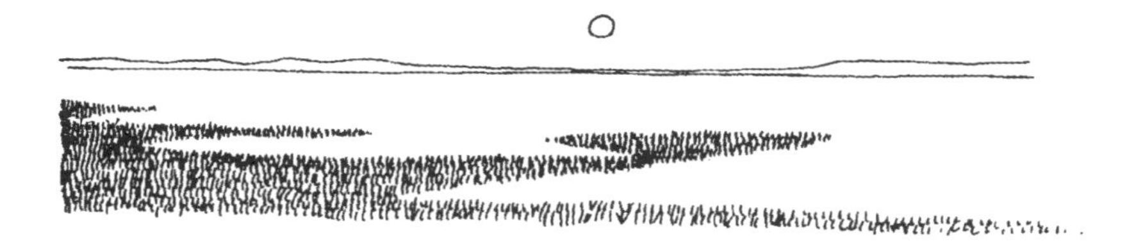

海洋

墩、堤防和驳船等等。土与水可混在一处形成湿地、沼泽或是干盐湖。而陆地周围的小片土地则变成岛屿、沙洲和群岛。

如果水面平静，即可倒映天空，地面的平面感随之被打破。我们大多数人都记得儿时痴望泥潭的体会，泥潭映衬天上的云朵，显得深不可测。在杭州西湖的一处小岛上，以这种体验为主题建了一座公园。小岛周围碧波荡漾，打破了倒影的平静，粼粼波光一直扩散到远处的湖岸。而小岛之中则包含着一个个小池塘，止水映衬着月亮，深不见底。有些场地可从看不见的地下水获取特别的景致。在加利福尼亚，蓟属植物、三芒草以及更为挺拔醒目的橡树丛往往位于地下水之上；这种簇生的地表景致不禁让人联想到其地下的结构，同中世纪教堂的雕刻纹饰如出一辙。巴勒斯坦内盖夫地区的古奈伯特人建造长长的低矮石墙（比地上的凸起的线条高不了多少），把偶尔倾下的雨水导入田地和园林。在周边的地块再次被晒成一片焦土的时候，他们的田地依靠地下水的滋养依然郁郁葱葱。现在居住在内盖夫的居民还掌握了将流水汇集在特定地点的技术，丛丛矮小的桉树得以在荒山秃岭之间存活。此外，干旱的伊朗高地之下有一个巨大的人造水渠系统（即地下暗渠），流淌着北部山区下来的水。地面上，成排的水井纵横延伸，揭示了地下结构的庞杂（尤其从空中俯瞰）——这便是定居点、田地以及园林的开端。

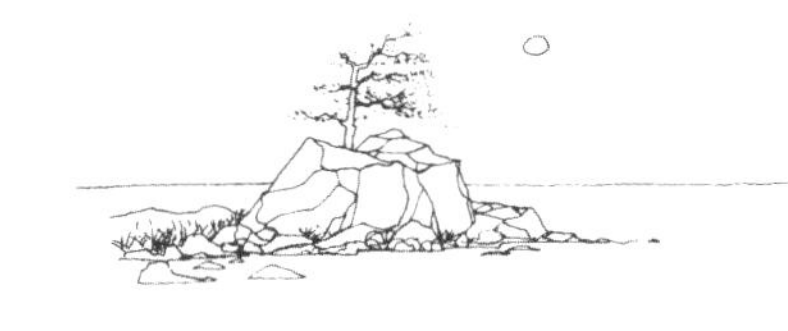

岛屿

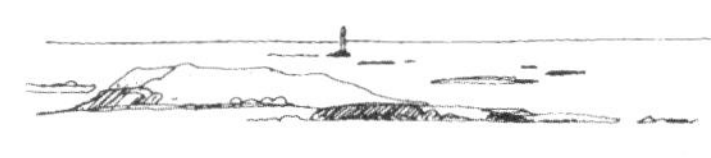

多岛海

陆地周边地形

人类历史的很长一个阶段，水的出现被看做是一个奇迹；不管是来自地下还是从天而降，水都带来生命的活力。水流入海的曲折历程，凭借肉眼即可观察，但很难去想象水之源头。这个疑团直到18世纪发现了蒸发和降水循环以后才得以解开（罗马的特雷维喷泉对此有精彩的描绘）。水之源头山泉、水井，使雨水沉淀的山峰被赋予神奇的力量，并被神秘的氛围所笼罩。它们的存在，不仅使种植成为可能，并且一直被视作园林建设良好开端之象征。沙漠泉眼和水井都是水源集中地，以此为基础建设的园林（比如规则式的波斯庭院园林）很自然地

水体打破地平面

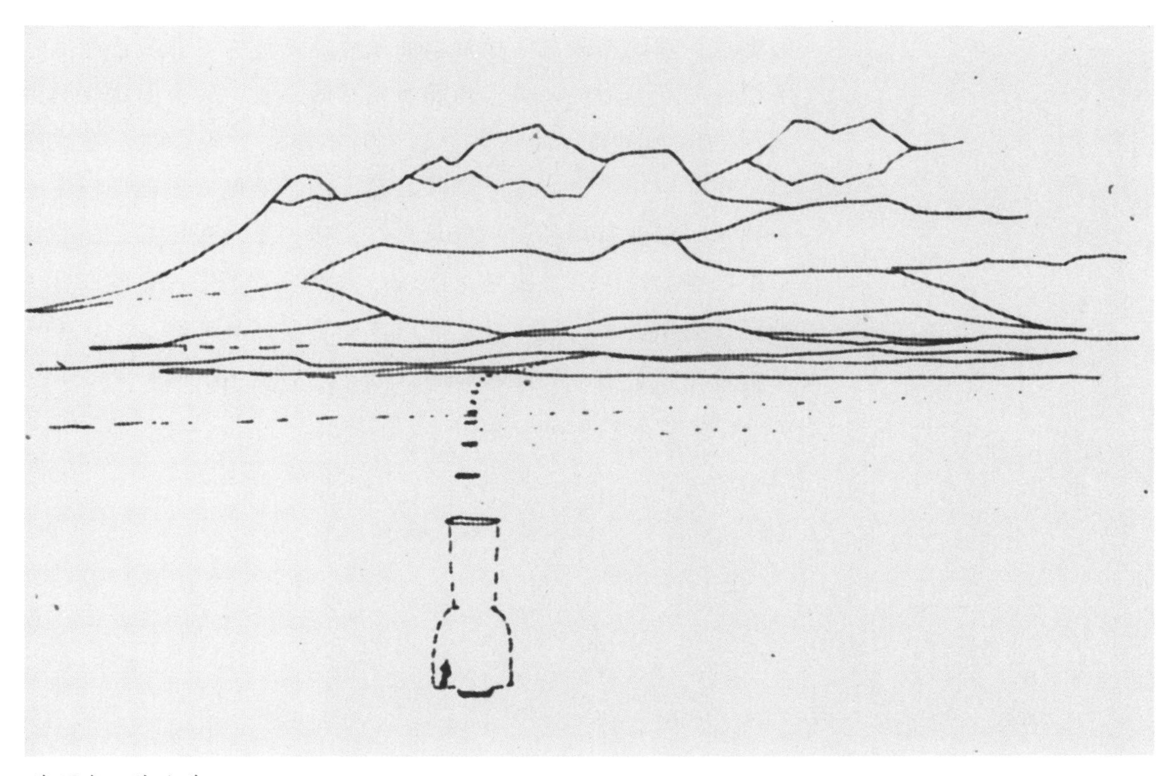

地下水：坎儿井

从一处凉爽遮蔽之处向四周扩散，形成茂密、对称和内向的沙漠绿洲。注重表现山上水源的园林（比如克什米尔的莫卧儿园林）则是一些线形狭长绿地，园路顺着水流自上而下铺设。在英格兰那样的潮湿地区，水的源头并不确定，多是来自降雨和雾霭，因此，大片绿地——草坪、草地和树林——成为园林构造的基本要素（现代有些园林用自来水作为隐蔽的水源，与场地本身的联系就会变得模糊且暧昧）。

我们在一个地方发现的山水风景，有可能呼应了某个神话故事，或者模仿异地奇观，这些超现实的元素亦可融入当前的园林。山体一向就起着宇宙轴线的作用，是凡人尘世和神仙乐土之间的纽带。（迪斯尼乐园中央水泥砌筑的彩色马特洪峰仍然延续这一传统的力量，即便是位于加利福尼亚西南的阿纳海姆和约翰韦恩机场上空除赛纳斯飞机之外别无他物。）山谷被看做世外桃源，岩穴则有可能成为通向地下世界的入口。《白鲸记》一书中，赫尔曼·梅尔维尔描述了奔涌的水流如何带领我们探询远方海洋深处的秘密。在水的边缘，人类居住的陆地会与不毛之地相接，魔力在人们的想象中扎根：不毛之地成了波塞冬、涅柔斯与五十位海中仙子生活的地方；普罗迪亚斯在巨浪底下赶着海豹，美人鱼和水妖不时出没，鳄鱼潜伏在林波波河油腻的灰绿色河水之下，还有体型巨大的白鲸在海底嬉戏。在一座小岛上，或一个限定范围的特殊地界里建造任何一种建筑，都会有额外的一层意义。卢梭的墓地在巴黎近郊的埃尔默农维勒镇，这处墓地之所以令人难忘，是因为它建在湖中一座白杨小岛上，只有涉水而过才能够看到墓志铭：“这里安息着自然之子和一个追求真理的人。”（Ici repose l'homme de la Nature et de la verite.）

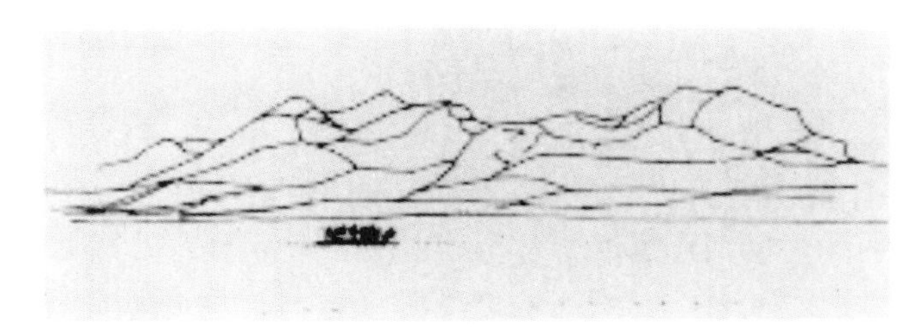

沙漠之泉

山间溪流

浓缩的沙漠园林

直线式山地园林

潮湿气候下的绿色风景园

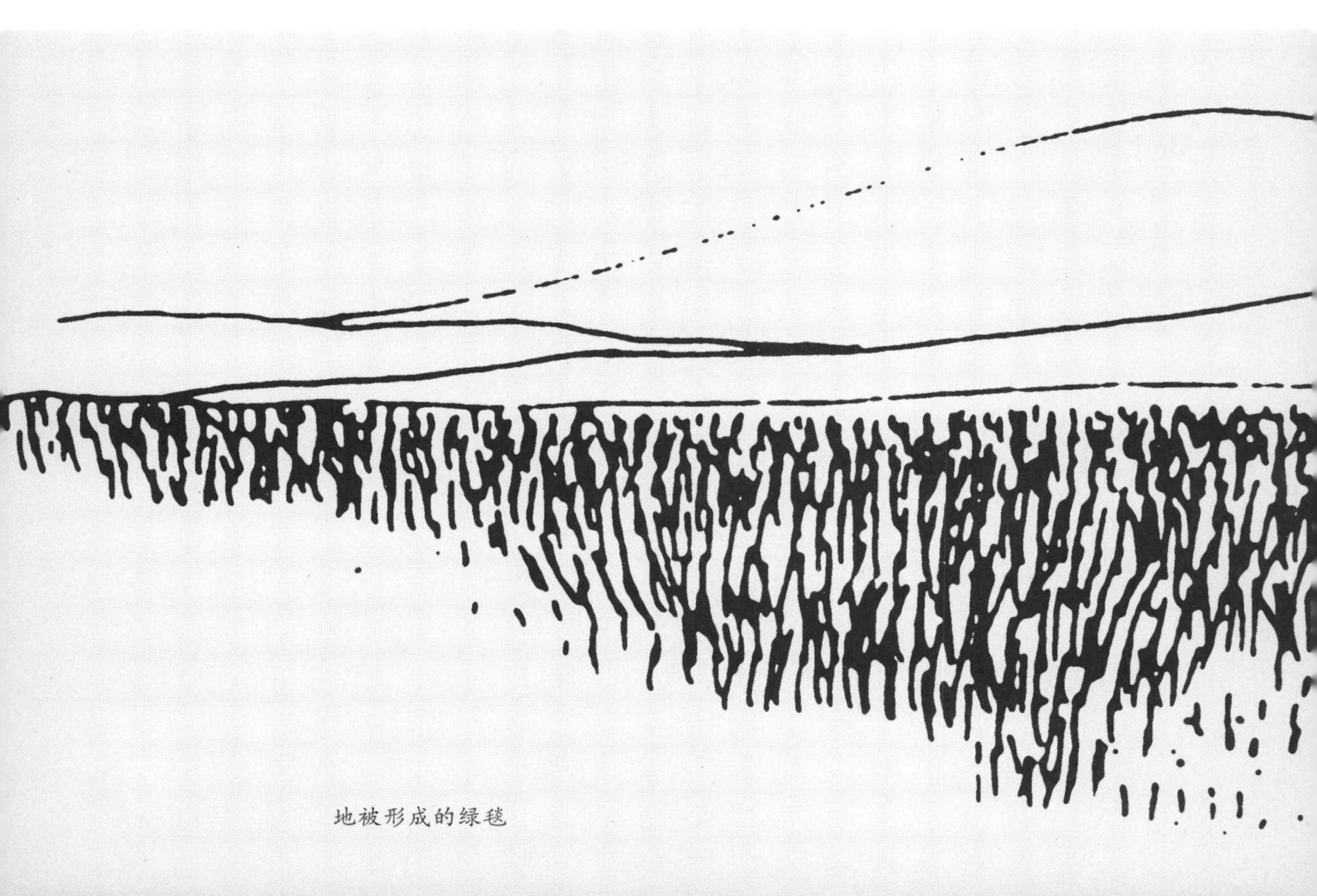

地被形成的绿毯

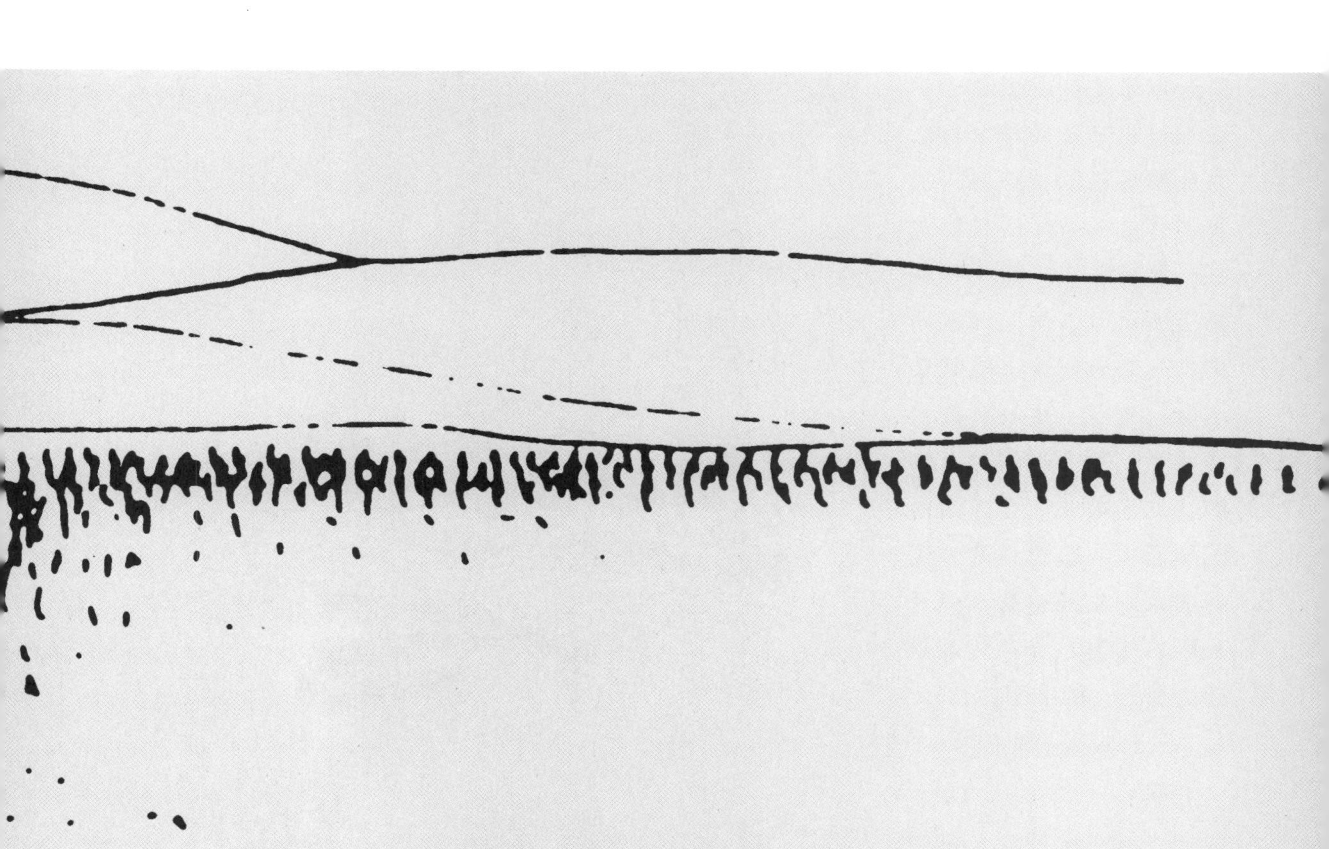

上帝与该隐

亚伯拉罕·考利写道："上帝造了第一座园，该隐筑了第一座城。"园林在一定程度上是建筑的延伸——是城池的一部分，或者说是自然的天堂，因此，一处园林能够造成什么样子，要进一步根据场地上自然生长物与人造物之间的平衡（或张力）加以考虑。

在野外无人管理的风景地，所有植物都会奋力生长以求达到平衡状态。在这种生物地质学家称之为成熟风景的状态里，植物群落中的各个品种都达到一种平衡——每个物种都有所贡献，同时索取所需的一部分阳光、空气及水分；萌芽、生长、死亡及腐烂，每个过程相互制约，此消彼长。在人造的园林当中，植物也都依类似的原则生死枯荣，但又会因为修剪、除草和灌溉而达到另一种平衡。

小树林

树丛

热带丛林

以树干和树冠界定空间

一处场地可能有现成的植物，这些植物可保留在园林当中，再加上茂盛的、五颜六色的本地植物（也许是新英格兰地区状若火焰喷射器的观叶植物，或者是贝佛利山乏味的棕榈树，直指烟雾弥漫的天空）。这些植物引入场地之后，园林同周围的自然环境就能融为一体。当然，还会有一些异域植物，从种苗场运过来，或者从其他园林移栽。有些很容易成活，另外一些来自遥远的异国他乡或者不同的气候带，就需要细心栽培。这些植物会成为园林中醒目的点缀，带来些许异域气息。澳大利亚的橡树和榆树令人联想到另外一个半球早期殖民者的家园，而苏格兰的棕榈树则带来地中海的熏风。

如同《鲁滨孙漂流记》所描述的那样，园艺家会利用自然提供的任何材料去建造一处住所。树干和叶冠可用来搭造住地，提供阴凉，同时蒸发降温。树木可组成树丛、灌木丛、树林或热带丛林，亦可砍伐成空地，或排列形成防风林、绿篱和林荫道。草本植物、苔藓、地衣、芦苇和其他低矮植物可铺成地毯一样的地被，不断延伸变成草坛、花圃、草坪、大草原和苔原。树木和地被形成户外空间的主体——墙壁、地面和顶盖，矮树丛和灌木丛则按照亲人的尺度形成摆设品。它们可以像雕塑一样自成一体，也可以紧密地形成一簇簇树篱、灌木丛、成片绿化或是边界种植。植物表面若修剪平整，可组成线条流畅的造型，让人回想起维多利亚时代的填充过度的扶手椅

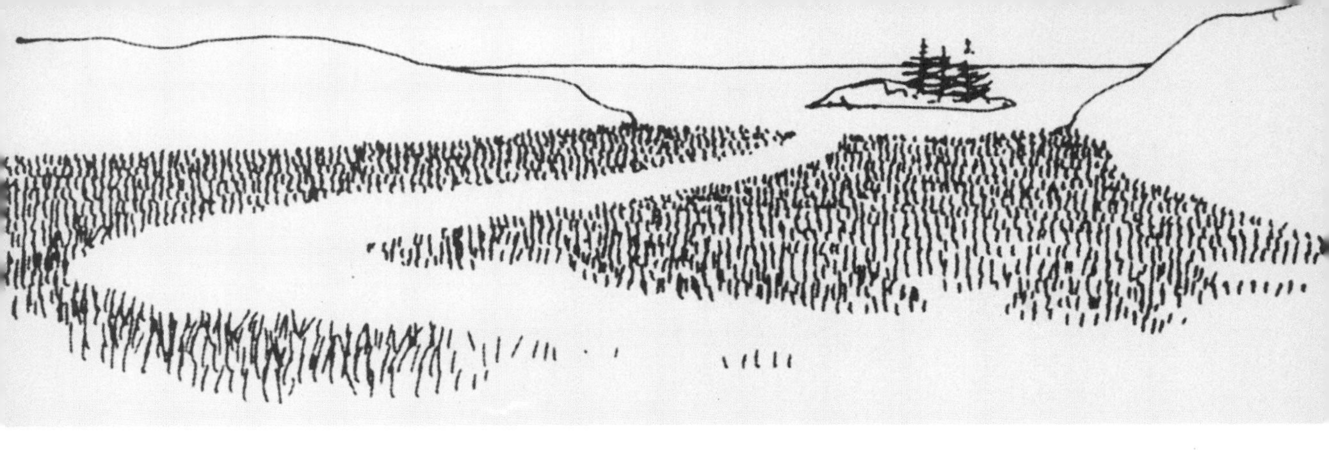

地形、树木和植被形成户外空间的结构

和长沙发，也可以打造成各种装饰形状。攀缘植物和藤蔓为墙体以及地面提供覆盖，也可以形成框景的帘幕。

自然风景可视作背景，一栋建筑的外形在此基础之上表现出来，正如一座希腊庙宇在荒凉的卫城上突出自己的存在一样。风景在自然之中，却独立于自然。在小尺度的环境中，亭台楼榭会在园林各处留下人类栖息的痕迹。有时候（特别在城市环境中），建筑阡陌绵绵不断，自然的片段就栖身在庭院、阳台、种植池和窗台上的花盆箱中。另外一些时候，建筑与自然水乳交融。印度建筑师查尔斯·柯利亚指出，在气候宜人的地区，白天人们并不需要更多的庇护，一把撑开的天篷就够了。如此才不会阻碍拂面的微风和清新的气息，周围景致也能够尽收眼底。而清晨和黑夜，最好的去处是置身于辽阔的天空之下。他写道："因此在亚洲，文明的象征不是学校的大楼，而是菩提树下端坐的大师。在印度南部，不仅要参观那些具有纪念意义的楼塔和神殿，在神殿之间的空地中穿行也是一种体验。"其他气候孕育的文化也有独特的将建筑与园林空间联系在一起的手法。在西班牙，浓荫的拱廊伸向露台；在中国和日本，住地与园林之间常常只隔一扇轻扉，轻轻拉动或者推开，园林景致就呈现在眼前。这样建立起来的人与自然之间的亲密联系远比抵挡夏天的酷热或冬天的严寒更为重要。欧洲和北美20世纪的建筑师则为我们展示了如何利用玻璃墙兼顾景观和舒适（如果我们准备好了为高额燃料费买单）。

林中空地

防风林

林荫道

阳光与阴影

有阳光才有园林。没有阳光，植物不会茁壮生长，水面不会泛起金色涟漪，地上也没有阴影。每处场地接收到的阳光都有所差别，不同的强度、颜色、移动方式、照射角度，大气和植物叶面的层层过滤，地面或水面的反射，形成了有节奏的乐章；这样的乐章似乎随处可见，但每处都不尽相同。

在北方大陆，太阳挂在低空，并且夏夜漫长，而在接近赤道的地带，太阳高悬，明暗转换非常迅速。不同纬度的园林，其接收的日光也有所不同。英国园林的特点体现在几乎与大地齐平的水平光线，它会在地面投下长长的阴影，在水面形成粼粼波光，树叶和草地的郁郁葱葱通过背景光源得以凸显。热带园林则完全不同，垂直光线在树下形成浓重的阴影，突出墙面和其他与地面相垂直的表面纹理细节。

小乔木和灌木

修剪植物

藤蔓框景

自然与文化：卫城的神庙

自然与文化：菩提树下的大师

大气层对太阳的光线的作用几乎不被人察觉，不同的大气组成会产生不同的漫射、渲染或是阻挡的效果。例如，英国湿重的空气会形成极夸张的大气透视，致使山峦产生后退效果，隐入远远的天际，如同经过了水彩涂抹（我们也不用对英国的水彩画和风景园林之间的紧密联系感到奇怪：水彩画家描绘出理想的风景，园林家照此建造园林，然后，水彩画师反过来再对这样的园林进行重现）。干燥的沙漠地带，清晰明澈的光线使远处的山头看上去异常清晰，似乎近在眼前。在澳大利亚，阳光经大气薄雾过滤之后，远处的桉树林变成了奇异的浅灰蓝色。在潮湿的热带地区，天空常常是一片耀眼的白色，物体映衬在太阳光下，只能通过侧面影像的对照才能够看得清楚（好像皮影一样）。北方多云的天空投下一种轻淡的漫射光，使地面错综复杂的细部显露无余。当午后斜阳从云层的缝隙中突然出现时，它给地上万物镀上一层金色的光泽，仿佛乔尔内尔和提香的画作。

太阳每天都沿着固定的弧形路线划过天空，所以一处场地的某些地方总留在阴影之中，凉爽清新（或是阴冷潮湿）。而另外一些地方却是终日阳光普照，温暖、欣欣向荣（或者燥热、无精打采）。有些地方早早迎接朝阳，午后变成树荫；另外一些地方也许早晨处在荫处，下午则是一片灿烂的阳光。即便寒风骤起，雪花飞舞，但只要上有遮蔽并且晒得到阳光，就是打发冬日午后时光的好地方。到了夏天，有遮挡的露台或阴凉处的门廊是避暑的理想场所，既能欣赏园中景观，又躲开了午后炙热的阳光。

19世纪，人们把想象力沉浸在自然天堂的画面中：阳光普照，微风吹拂，完美的和谐之中，栖身于其中的我们享受着裸体的自由，宛如伊甸园中的亚当和夏娃。这种幻想在赫尔曼·梅尔维尔的早期作品《泰比》中有精彩的描述。在南太平洋乐园里，波利尼西亚美丽的女英雄法娅韦“脱去编结在肩上的宽松长袍（穿在身上是为了遮阳），风帆一样展开，双臂高举，直挺挺地站在独木船头”。然而，在不那么舒适的气候下，园林常常需要对场地的局部小气候做些调整，使其适于居住或者让异域植物得以生长。自然的气候越是严酷，调节的幅度就越大。我们发现，《古兰经》将先知时代炎热干燥的沙漠与流水潺潺、熏风阵阵、凉爽而多荫的庭院作对比，而伊斯兰的园林则设计护墙抵挡烈日和沙土，通过成荫的绿树、微风吹拂的凉亭和流水叮咚的声响来暗示人间乐土的存在。与之相对应，工业革命时期的钢铁和玻璃使得欧洲人有能力在阴沉寒冷的北方建造棕榈和兰花的明亮的热带天堂。

在建筑内部，至少在能源危机之前，我们快步奔向机械工程师们倡导的单调乏味的环境——永远都是最佳强度的光线、恒定不变的温度和湿度。谢天谢地，户外环境与这样的单调绝缘。繁茂的树冠为我们遮蔽阳光，正午饱满的阳光下花朵向我们绽开笑颜，凛冽的冬季午后阳光温暖我们，凉爽的日子微风轻轻拂过脸颊，这就是我们造访园林的理由。

记忆和期待

普鲁斯特曾描述过这样一种矛盾的体验：现实当中的美常常会令人失望，因为最美的想象力只为不在场的事物存在。有时候，一个场地最吸引人的特质不是场所中的实体，而是我们的回忆和梦想穿过时间和空间与之相联系的一切。看到一朵花，或者更进一步闻到花香，会使我们想起往昔的某个时刻，同时形成未来的记忆，或者联想到对我们有意义的诗歌或油画。在澳大利亚内陆，在加勒比海或是马来西亚的种植园，殖民者重现远在千里之外的故乡风格的庭院草坪，这情景十分打动人心。如果草坪上还有令眼睛为之一亮的旅行纪念品，或者让人一直渴望但总也没有能够亲身去过的异域他乡的标志，则同样感人至深。

古树颓垣让人感到韶光易逝，深不可测，更令我们的想象回到往昔。在剑桥大学的一处园林，一棵老朽但仍然活着的大树让我们忆起旷世智人艾萨克·牛顿。斯里兰卡一棵历史更为悠久的菩提树让人过目难忘，仿佛在恳请佛祖再次现身人间，普度众生。在约克郡，中世纪的喷泉修道院留下的残壁立在18世纪林木中间，历史上两个毫不相干的时刻出人意料地并置一处，见者无不动心。

新栽一棵树同样是高尚的乐观主义行为。18世纪英国受过文明教化且自信的园林建造者乐于接受这样一个事实：他们这辈子是看不到自己亲手种下的小榆树长成参天大树的模样了。在约翰内斯堡贫瘠的高原上，第一批拓荒者（一群行为粗野但同样乐观的淘金者）种下了数千棵成熟极慢的树苗——橡树、枫树、柏树、桉树等等——目的是要装点他们的子孙后代赖以栖息的城池。德国的例子则告诉我们，在国家社会主义黑暗时期，这种前人栽树后人乘凉的事情不会发生。例如苗圃的橡树交易几乎下降为零，国民纷纷购买洋槐和其他可以快速提供阴凉的“杂木”，丝毫不为尚未出生的后代着想。身处当下这看不到出路的混乱时代，我们若像园艺家一样关注季节变换以及生长腐朽的循环，就会获得少许安慰，觉得自己仍然是自然的一部分。

2

人工的园林：克什米尔的沙拉玛尔巴哈地区的黑色凉亭

天然的园林：英国苏图海德的湖景

两种基本的园林概念

设计者的场地

斯特拉文斯基在《音乐诗学六讲》一书中指出，自然之声，比如鸟儿鸣叫和微风低语，虽然悦耳动听，却不过是构成音乐的材料，而非音乐本身。声音要成为音乐，必须经挑选而后精心安排；园林亦是如此。自然风景尚且不是园林，只有通过元素和材料的选择与合成才能够造出园林。合成就是要调节阳与阴之间的平衡和张力——山与水、人类秩序与自然之道、阳光和阴影、微风拂面和风平浪静、丝竹管弦与万籁俱寂，这样才能够形成有意义的关系整体。

围绕着如何平衡阴阳产生了两个基本的理念，这理念贯穿人类历史，除此外别无他法。对此，我们是该表示失望还是感到轻松，没有定论。从古至今，只有两种园林存在。它们的存在不仅仅是为了娱乐，而且还代表一种理想——在人类与自然之间建立起巧妙平衡的关系。

第一种园林是秩序井然的神仙乐土的化身，诞生于波斯一

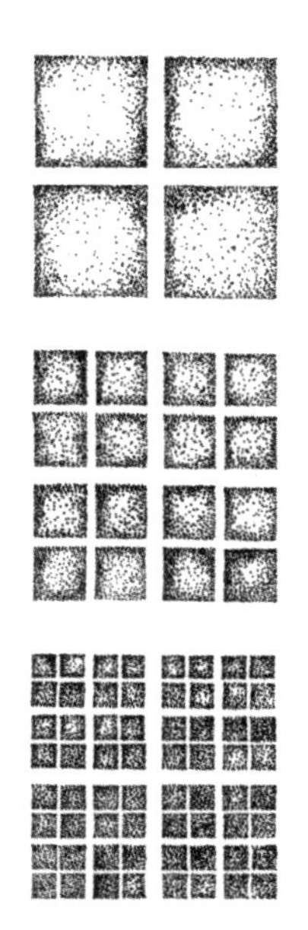

四重方形庭院及其分支

望无垠的沙漠地带。这样的园林有一堵墙围在四周，将混乱的世界隔绝在外。园林的中央是一处水源，有水渠将水运送至东南西北四个方向，并将园林分隔成四块。每一块再以同样方式分成四块，如果园林足够大，这十六块当中的每一块即再次分割（用数学的语言来说，就是“递归”）成四块。这样，小的方形庭院就嵌套在较大的方形庭院里。庭院里设置小树林或亭阁楼台供人歇息，躲避烈日暴晒；瀑布四处喷溅让盛夏的空气变得凉爽；鲜花缤纷的颜色和芬芳的香气，招引雀鸟翻飞，与花争艳，鸟儿婉转的歌声与潺潺的流水相互应和。

一分为四的方形园林（波斯语称之为“chahar bagh”）的图样被绘入细密画中，或者被织进地毯里，哪怕园林建造者已经对这种形式做了一些修正以适应不同的场址。在波斯本土，正方形的绝对对称经常会降低到较不那么对称的长方形，水渠也经常拓宽变成波光闪耀的反射池。莫卧儿皇帝巴布尔不幸征服了印度半岛，将波斯的园林思想带到了一个（如他所说）“缺乏魅力、杂乱无章”的地方。尘土飞扬的平原上，高耸的围墙之中，以水井为中心，巴布尔建立了布局对称的凉爽处所，以躲避外界的嘈杂和炎热。巴布尔的后人打算在克什米尔河谷建造消夏之所，却遇到了倾斜的山地，水的流动自上而下，不是从中间流向四方。结果，一条主轴线从高到低越来越宽，水流越来越大，同时伴随着数目众多的正交次轴线（与主轴线垂直的次轴线）。

阿拉伯人早先曾将波斯人的园林搬到了西班牙南部，这里遍布大小山头（凉风阵阵，更为宜人），可以选作修造园林的场址。方形庭院的形式作了一些调整以突出台阶状斜坡和观景台。意大利的园林设计师也采用了方形庭院的模式，不过，他们再一次作了调整，使其成为宫殿或豪宅的一个部分而非自成一体、以自我为中心的一处单独的建筑。到了16世纪中期，在兰特庄园的设计中，宫殿一分为二，成为依附在台地园两侧的两处娱乐场所，这样就使园林本身重新回到中心位置，再次成

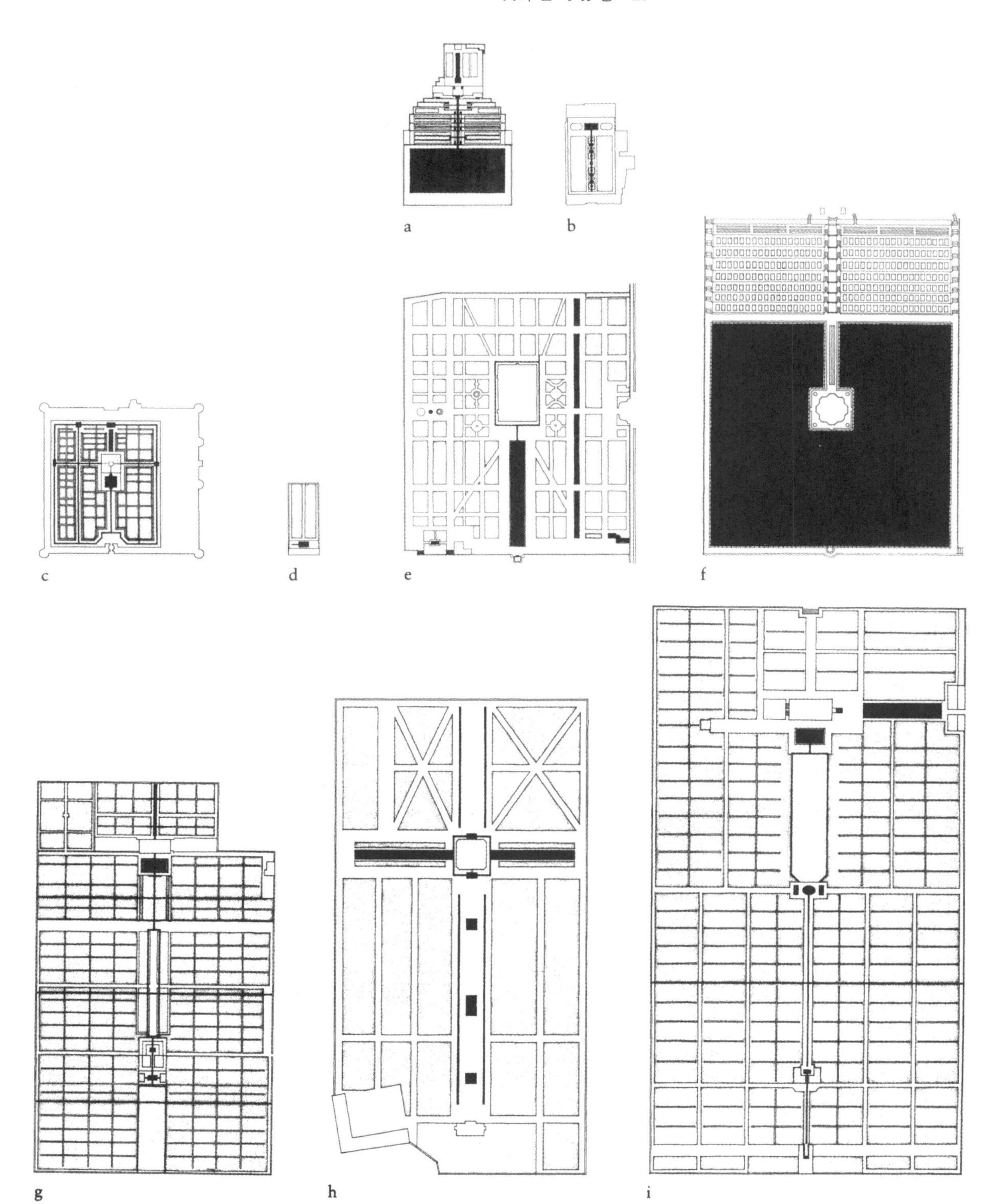

波斯人对四重方形庭院概念采取的变化：分布于各处的方形庭院

为风景的主体。

所有这些园林都只是四重围合庭院的简单翻版，运用了高明的手段使其适应各处的地形。直到自信的17世纪，安德烈・勒・诺特才打破桎梏，一如当年亚当夏娃走出伊甸园。一开始，他谨小慎微，在设计沃勒维孔特城堡之时，他将水渠变成了与轴线垂直的水道，水从园林里面流向外面的田野，人们的目光和想象力也随之走向远方。之后，在修建凡尔赛宫的时候，他放开手脚，大张旗鼓地将园中小径扇形铺开，从城堡一直伸展到无尽的远方，并奋力从整个“缺乏魅力、杂乱无章”的外围提取乡村景色，纳入整个园林范围之中。

这将我们带入了第二种园林建造思想。有这种思想流行的国家，人们没有与自然隔离的压力，也没有必要凌驾于自然之上，他们轻松地与自然建立密切的联系。自15世纪以来一直反复出现在日本园林图书中的一幅插图，表明了如何以看似轻松，实则严谨的方式构造一个“天然的”世界：16块土地和水体围绕着一块中心“守护石”。这些地块并不是形状相似的方块，也没有对称分布，而是非对称结构中的种类繁多的陈设。并不是所有陈设皆为任何特定园林所必需，许多关系的变化和突出的重点都隐含在图案中，但是，每一块都有独特的身份以及重要性。这需要逐个介绍，如同一出戏的不同角色。

1. 守护石（也称为主石或面石），是园林的中心点。石头的大部分有可能埋在地里，以突出其“来自于尘土”的感觉，也表示这块石头是本地所出，而实际上石头有可能是花费极大代价从遥远的地方运来的。

2. 偎依在守护石旁边的小山或石头（客石、侧石）形成一道裂缝，水自然地沿着缝隙落下形成瀑布；或者象征瀑布的植物在缝隙中生长，白杜鹃或者茉莉花皆可，白杜鹃让人联想到水面的泡沫，而星星点点的茉莉花质地更为细腻，仿佛飞溅的水花。

3．侧山（可能不过几英尺高）象征守护石之前的一个平面，同一般舞台场景两侧的平面作用相同。中央的物件因此看上去更具纵深感，也显得更大。

4．右侧的喷沙海滩与左侧的侧山达成平衡，让人想到更大尺度的真正的海滩风景。细腻的沙质使得一个极小的海滩也具有真正海滩的形状和特质。

5．在喷沙滩的右边是一处近山，以非对称的方式平衡侧山，并营造出一个舞台平面，为风景增添一层深度。

6．在这一切之后是对整个场景起着决定性作用的远山。远山必须有足够的高度（大概七到八英尺）以形成闭合景观。如果其上种植的植物，形状怪异或质地粗糙，不仅没有透露出远山的真实大小，反而强化人们的错觉，好像远山就是那样遥远，而不是一个近处的小丘；那么种植就是必要的。

7．除此之外，这后退的山脉的平衡序列中还有一个元素，就是中间山。中间山框住远山，同时使其后退。中间山最有特色的是其平缓却清晰的山顶轮廓。

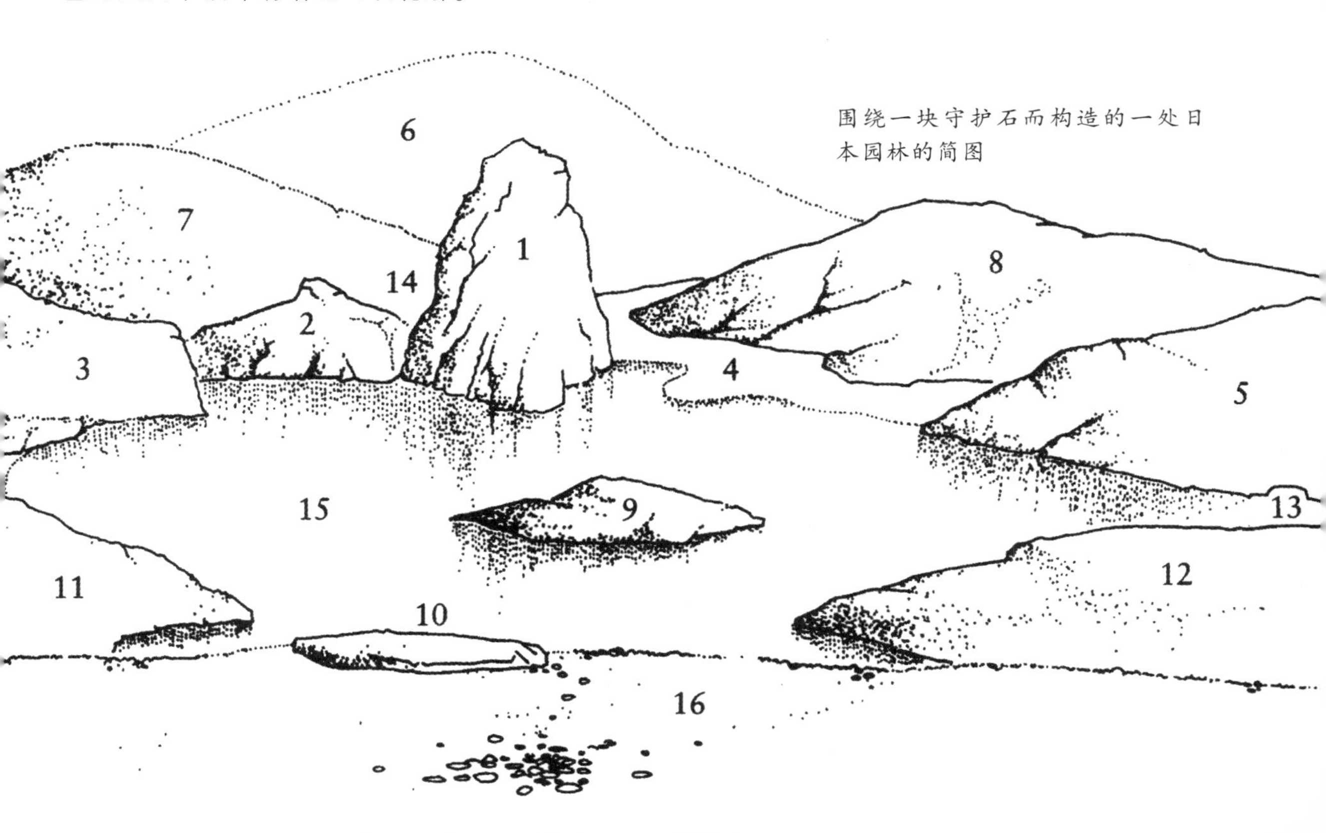

围绕一块守护石而构造的一处日本园林的简图

8. 一条支脉横在右侧，用以平衡中间山。没有顶峰的轮廓，表明它是山系的边缘，而不是某人后院里孤立的布景；山系绵延出画面，直到无限远。

9. 作为神秘的蓬莱仙岛的唯一留存，中央岛在整个场景中责任最为重大。据说，中国古代传说中的长生不老之人在岛上享受永恒的幸福。

10. 水池近岸的石头是祈祷石，其体量和位置都足以把人吸引到场景中，融为一体，同时又能激发人的想象力。这是人在园林中的栖息之处，人于此处融入并感受园林的精神。

11. 近处左侧，一直延伸到画面以外的是主人岛。主人岛本身已经很大，而其不完整性表明仍有很大一部分没有进入画面中。主人岛的重要性在于摆放的位置：它离观者很近，适于栽种有趣的植物而不会破坏整体的效果。如果这个园林展现其出人意料或者不同寻常的效果，那么在这里，主人岛的范围，东道主的位置，是最佳的选择。

12. 在右侧，与主人岛相呼应的是客人岛。虽然体积不大，却完全融入画面之中。它是主人岛的补充，但无意抢其风头，甚至完全无意平衡占据主体地位的主人岛。

13. 中心湖的出水口在客人岛的远端，把观者的视线引向画面之外。这模糊了湖面的界限，感觉比实际的更大。

14. 瀑布口是湖的源头，它将湖引入这一连续的体系当中。如此一来，处于中心的水体就不再是孤立的一潭死水，成为一个有机系统的一部分。这种暗示囊括了地球上所有水体。

15. 湖是山水园的心脏，与四周的一切相接，同时越过边界延伸到园外，分别从园林的左侧和右侧消失。在更小的微型园林当中，湖还可以修造成枯水，直接铺卵石或耙过的沙子，瀑布则化身为白色的花朵。

16. 宽敞的湖滨位于近岸，因为距离很近，因此细部就变得尤为重要。如果用卵石铺就，就需要一颗颗挑选。这样可以保证形状和颜色的协调一致，当然也可以有意突出不协调性。

采用这种方式来构筑微缩的山水世界，中国园林比日本园林早得多。西方人一直弄不明白，自由形式的园林设计与崇尚自然的道教思想如何与墨守成规的儒教并存。因为在中国城市设计刻板生硬的矩形体系当中，四处可见儒教思想规规矩矩的化身。然而，相生相克的阴阳也依然共存。因此，中国园林中的线条如果能曲就绝不会是直的，如果能够不对称就绝不会对称，如果能够曲径通幽则绝不会一览无余。例如在苏州老城，梧桐成排的街道与运河形成的网格布局秩序井然，同四分天堂园并无二致。但在白粉墙之后，在数十处隐蔽的园林里，石头与池塘错落有致，时而襟怀坦白，时而曲径通幽；整齐划一的儒家思想在这里变成一团迷雾，自然的气息徐缓进出。

远在西方，英伦三岛与日本列岛表现出惊人的相似性。跟日本一样，英国远离欧洲大陆块，从而获得某种程度的安全感。英国风景不似日本那般大起大伏，却依然动人。数百年来，美景与安全感使岛上居民对土地产生依附感。（这不难理解，处在外围岛屿上有助于沉思冥想；蒙古人的铁蹄基本不会从这里劫掠而过，人与风景之间尚未被风雨雷电剥蚀尽净的亲密关系，也没有毁于一旦。）不过，尽管如此，跟欧洲大陆一样，英国的园林在整个17世纪一直都还是封闭的园林。改变从18世纪的罗夏姆园开始，画家和建筑家威廉·肯特“跨越藩篱，发现整个大自然原来就是一处园林”（英国伟大的风景园林编年史作家霍拉斯·沃尔普如是说）。跟一个世纪以前法国的勒诺特一样，肯特认识到，再也没有必要把自然视为园林的敌人而加以排斥了。他跨出了一步，拥抱自然这个新的合作伙伴；而勒诺特则不同，他是在庆祝战胜自然的伟大胜利。肯特之后，英国园林致力于模拟自然、拥抱自然、完善自然（跟日本园林不同，但有惊人的相似之处）。

有一个观点可以拿出来争论：在这些中国和日本及英国的

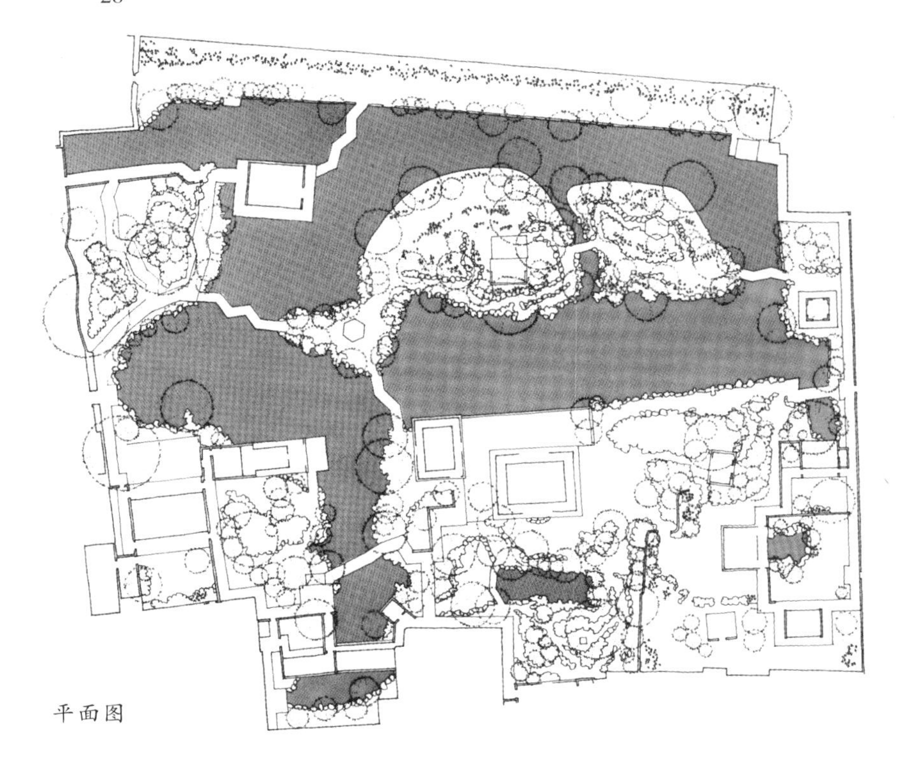

平面图

石与水

一座典型的苏州园林——拙政园的布局总图

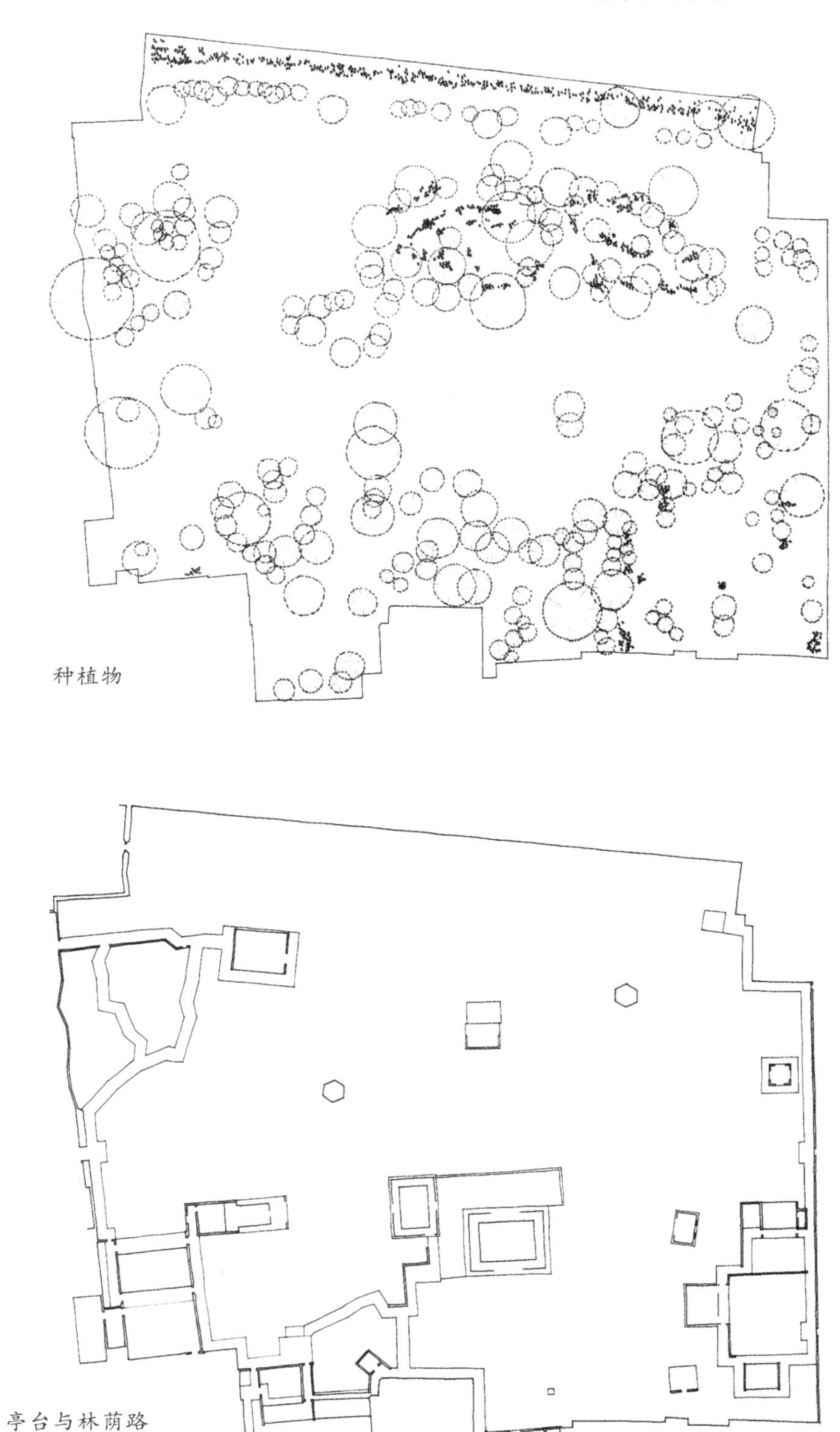

种植物

亭台与林荫路

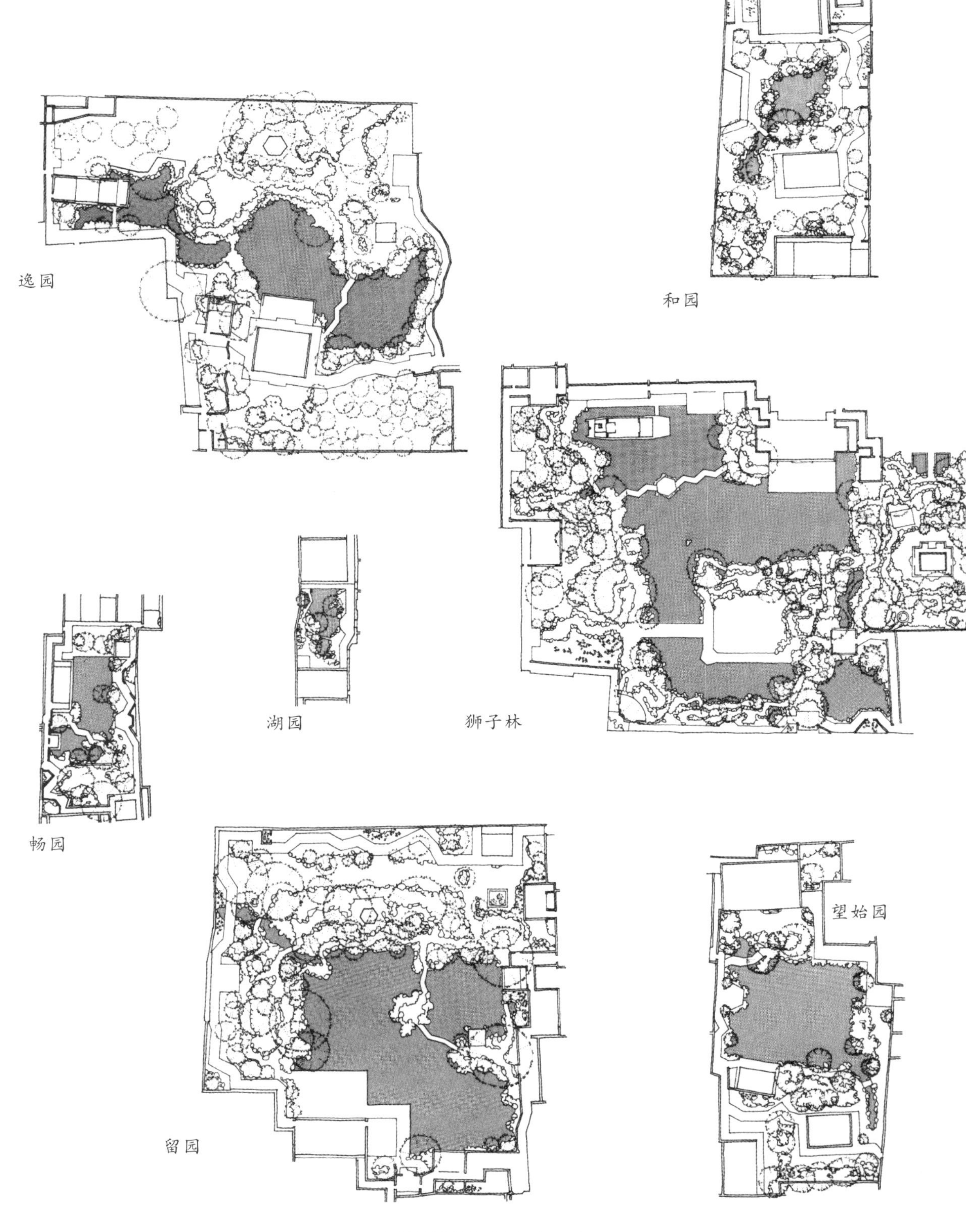

苏州园林的变种（一）

园林当中，人类哲学家能够理解的一种秩序仍然强加在园林之上，但是，这种秩序与自然界里找到的和谐并无太大差别。埃德加·爱伦·坡在《阿恩海姆的乐园》与《兰道的小屋》两部作品中，通过生动的描述，使得这种秩序的特点深入人心——这些地方因为一种怪诞的人为干预而趋向绝对的完美（没有杂草，没有落叶，每块卵石都光洁无瑕、各就各位）。

《阿恩海姆的乐园》围绕着爱伦·坡创造的一个似是而非的事物展开：现实中找不到克洛德画布上熠熠生辉的天堂。即便是最令人迷醉的自然风景，其中总会发现瑕疵或画蛇添足之处——许许多多的瑕疵和多余。虽然单独而论，某些构成部分远胜过人工技艺，但是其总体布局却有提升的空间。简短而言，在所谓的风景"构图"当中，以艺术家的眼光持久观察大地广袤的表面之时，没有哪一个位置是唾手可得而又不让人觉得心中不悦的。而这又是多么难于理解的事物啊！在其他所有的方面，我们所接受的教育都理所当然地将自然摆在至高无上的地位。而打量起自然的细节来我们就不敢苟同了。谁敢模仿郁金香的花色？谁指望改良山谷中铃兰的比例呢？

小说主人公艾利森是位园林家，对于上文的描述，他回应说："哪怕展现出一点点的艺术成分，也是人类爱心和趣味的最佳例证……园林中纯粹艺术会为其增添无尽的美感。"但是，也许还不止于此，自然元素一旦与"人类的艺术感达成某种和谐或者一致性"，就能够展现出"灵魂介入景观而带来的情绪"。因此，艾利森倾全部资财用以建造这样一处风景：

既广袤无垠又界限清晰，是美、高尚和怪异的综合体；它传达出关爱、文化和高人一等的理念，不仅是属于至高无上的存在，与人性同样密不可分……其中核心的情感得以保存，同时艺术的融入营造出过渡或亚自然的氛围——这样的自然不是上帝，亦不是上帝所赐之物；或许这出自天使之手，他们翱翔在上帝与人类之间，同时打造这样一个自然。

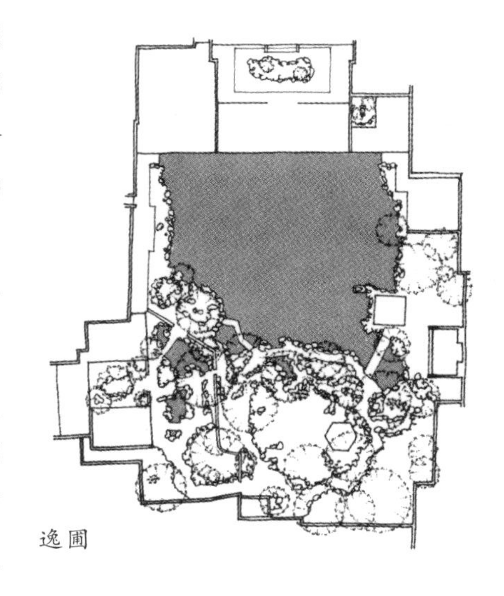

逸圃

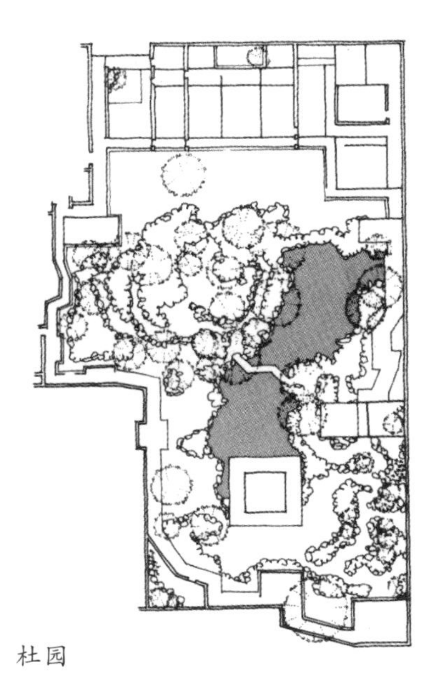

杜园

苏州园林的变种（二）

接下来，我们将列出一系列构图策略和措施。这个目录尚不全面，但我们还是希望它对大家有所启发，将一处场地变成先知的乐园——这些先知借由严格的规则给混乱的世界带来秩序和清晰，或者建成天使的乐园——这些天使令自然的内在趋向更高层次的完美。

占据园址

园林跟建筑一样可以多种不同方式融入场地。一个办法是让园林成为场地的标志，统领全局，正如造型完美对称的希腊庙宇对其脚下的风景行使精神控制一样。从亚瑟王和梅林王时代开始，在英国风景区的山顶上常常能看到一圈圈的树木，以类似的方式统摄周围地区。

中国古典园林家圈地方式更为柔和：在园林中修建亭台楼阁，将其打造成视觉焦点，然后园中另辟一处供游人远眺此景观。他们称之为“借景”。日本人称借景为“shakkei”，邻近田野山川的景色以及田中劳作的普通人展现出的力量之美（日本贵族美学的魅力大部分由此而来）都成为园林景观的一部分。桂离宫的边缘设计就运用了这一手法。不过，最负盛名

一处建筑可申明地权

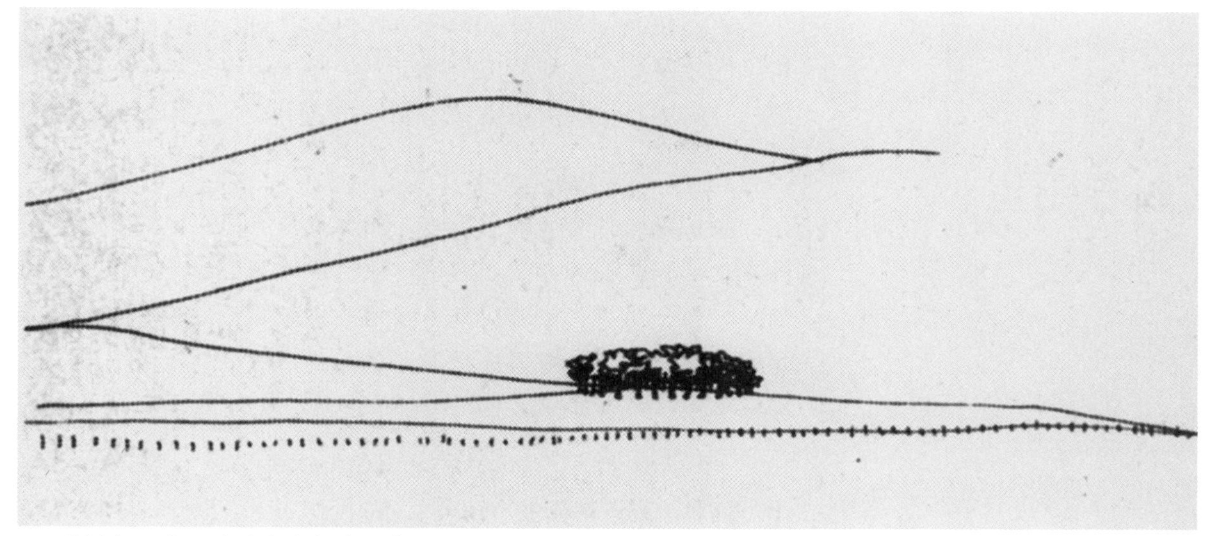

一圈树木可使四周的地块归其所有

的借景在京都北郊的修学院离宫，附近的稻田被纳入庄园的设计，成为其中一个重要部分。

有时候，圈地的行为会变成一种皇家风范。安德雷·勒·诺特在凡尔赛宫为路易十四修建的绿色甬道之所以为人纪念，或许是因为其中蕴含的圈地意味而非其构成意义。克里斯多1976年修建的流动的围篱——一道18英尺（1英尺=30.48厘米）高的白布墙，在加州草地上绵延26英里（1英里≈1.609千米），强烈的视觉冲击令世人赞叹。今天看来，巨型墙体依然代表一种厚重的力量感，跟很久以前中国人修造长城之时一样。

另外一方面，建筑物或园林可建成融入风景的样子，使其一部分非常特别，而本身又不会脱离风景。我们稍后将会看到的英式“天然”园林就是如此，自身成为周围环境醒目的一部分，同时又能融入远处的景色。日本园林（后文也有相关描述），往往很小，但从内部看去却像是从更大的世界中撷取的部分碎片，而这个更大的世界在各个方向上都无限伸展。

第三种参与方式是增加墙面，与环境相对而立，形成一种展示的效果。在美国西部的街道上，假立面建筑就是这样一种展示，同样一排树、问候来访者的花钟，甚至纽约帕雷公园占据整整一面墙的水瀑也能达到同样效果。

最后，围合（与融入相对）也是一种适应当地环境并从中获取一部分景观的方法。围绕一处风景的某个部分，将大自然的某一部分封存，或者在其中修建严格对称的院子。伊甸园就是围合的景观，伊斯兰天堂园亦是如此，中世纪欧洲的修道院园林也按照其独有的模式围合而成。

上述的这些手法，当用于某一特定场所之时，都能够表达对于一地场所精神的态度：要么冲突，要么控制，接受它或者反对它，驯服它或者异化它。不论何种态度，最终都演化成一种社会行为——热情接纳或厌恶排斥，浮夸卖弄或是虚怀若谷。

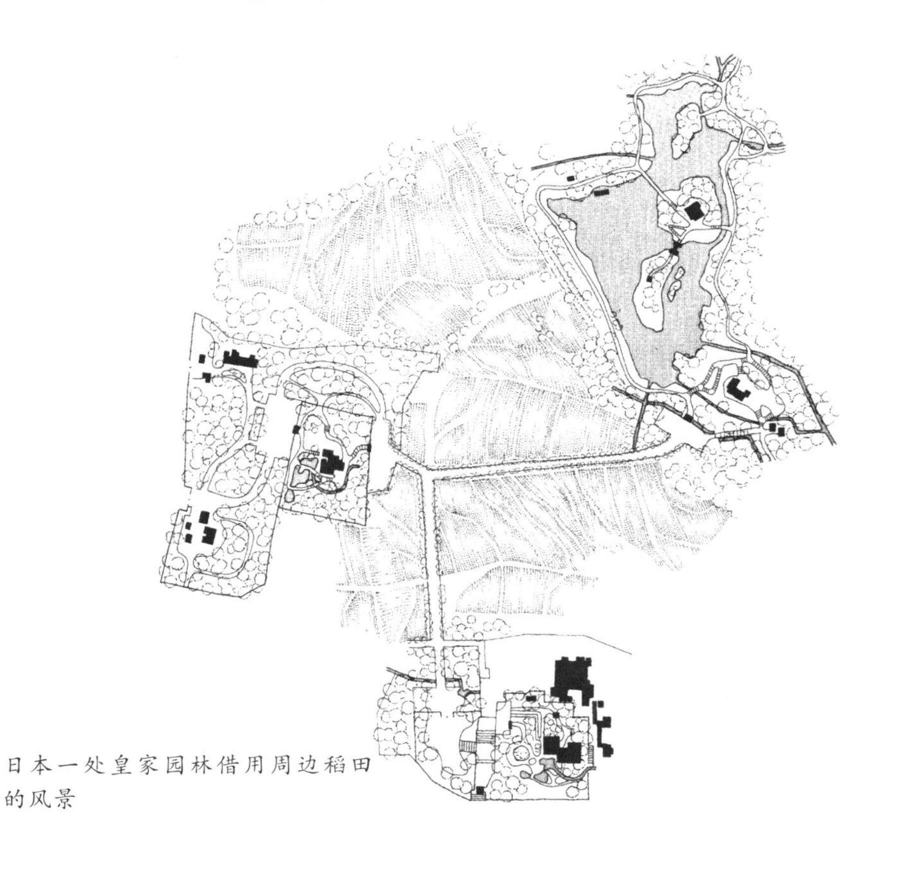

日本一处皇家园林借用周边稻田的风景

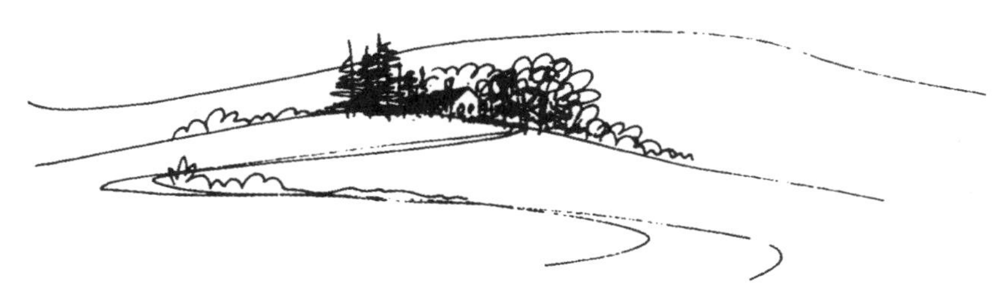

融合

增加墙面

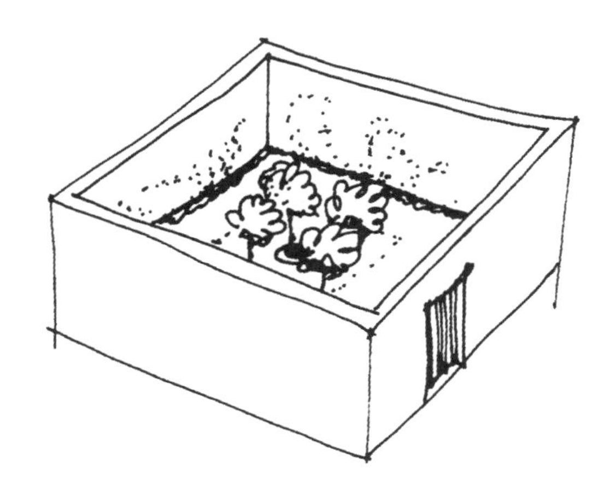

封合

确定游戏

园林的乐趣在于分享观点，以事先约定好的材料、规则和步骤游戏其间。有收藏家的游戏、画家的游戏、摄影者的游戏；有的游戏是在讲故事，有的在讨论哲学，当然还有其他许多游戏。称其为游戏绝没有削弱园林的严肃性；相反，它假定极度严肃的传统的存在，因此园林对于恪守传统的人来说就有了特殊的意义。例如，在英式花园当中，看到一些痴迷者热切地问及花事总是一件令人惊奇的事情，他们关心某些小小的灌木是不是跟他们自己的园中种植的，或在别的某处看到的一样。这是一种游戏，非常吸引人的游戏，打破规则就莫谈公平。

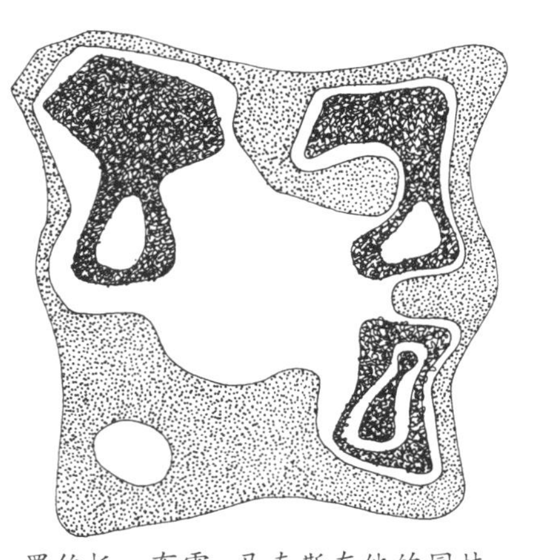

罗伯托·布雷–马克斯在他的园林设计中玩起画家的游戏来

收藏者的游戏可能成为一件强迫性的痴迷。数百年来，人们一直被异域来的植物以及在难以种植的地方种植这些舶来品的技术所吸引。人们在温室中、苏格兰和爱尔兰海岸遮蔽的开阔地及犹他州南部朝阳的背风处等，栽种棕榈树，不时嘘寒问暖，体贴入微。另一些人则培植和收集新的植物品种。中国人专门收集有怪异蚀痕的石头，日本人不远千里从别处搬来一些看上去特别“自然”的石头。提维里堆满了罗马皇帝哈德里安从帝国各处搜罗的纪念物（这个帝国包括了已知世界的大部分）。16世纪之后，中国皇帝乾隆在北京附近圆明园的藏品让人想到他庞大的帝国内各种各样的壮观景象。在我们自己这个时代，沃尔特·迪斯尼把对于电动火车和火车穿过的隧道及城镇的童年回忆推而广之，变成自己的魔法王国里令人眼花缭乱的模型收藏。普通人会收集和展示倒挂金钟、鸢尾花、高山植物、仙人掌等异域植物，或者花朵呈少见的蓝色和白色，以及秋天开花的品种。

这将另一场游戏带到我们面前——画家的游戏。17世纪的许多欧洲园林都是由形式多样的几何形状构成的（方形、三角形、圆形或更精巧的形状），镶嵌其中的花朵四季不同的缤纷色彩与女贞或紫杉绿篱一成不变的绿色形成对照——这些颜色来自一位画家的调色板，其图案可能来自一整套的印花模板。过去的四十年当中，巴西伟大的园林建筑师罗伯特·布雷-马克斯一直在创作巨大的花草画。形状他自己设计（跟马蒂斯、米罗和阿尔普等现代画家的画作关系密切），颜色是巴西热带风光中最艳丽的。在法国，莫奈从他吉维尼的花园，特别是从水上花园之中为他的调色板吸取了丰富的色彩；水面上是他亲手栽种的睡莲，微风吹拂，摇曳多姿。在英国，格特鲁德·杰基尔把园林平面变成了卡通画，生动展示了如何塑造和摆放花圃的形状，形成如她所说的“美丽的图画”。她设计的草本边缘反映出她对迈克尔·谢佛勒复杂的色彩理论的理解，以及对印象主义画派创作效果的由衷赞赏。

数百年来，画家们一直在探索各种办法在二维的平面上形成空间错觉。园林家努力在手头拥有的方寸之间暗示更大的世界，他们还借鉴不少绘画技巧。文艺复兴时期的画家发现了（或者不如说是重新发现）透视画法，通过消失于一个、两个或者三个焦点的线条使得一幅画的平面看上去有三维的效果。不久之后，透视效果的园林也出现了，会聚的平行线和按比例缩小的几何形体成为景观主角。随后就成了建筑家的游戏，通过会聚作用形成空间错觉的手法在三维空间设计中再度兴起。文艺复兴时期的建筑师让原本平行的线条和平面相交，夸大空间的深度（或浅度），以挑逗或是挑战观者的期望。

中国和日本画家采用其他规则来增加景观的深度，包括近、中、远三个层次的划分；将近距离内的东西通过夸大细节拉近距离，同时缩小远处景观的体积，增强距离感；还可以弱化对比或是消除细部。比如日本园林家利用同样的绘画原理来处理池塘，使近滩更近，远滩更远。

摄影者的游戏将视角从绘画技巧转移到时间对比上。比如，在南卡罗莱那州的柏树园，游客乘小船慢慢穿过柏树沼泽

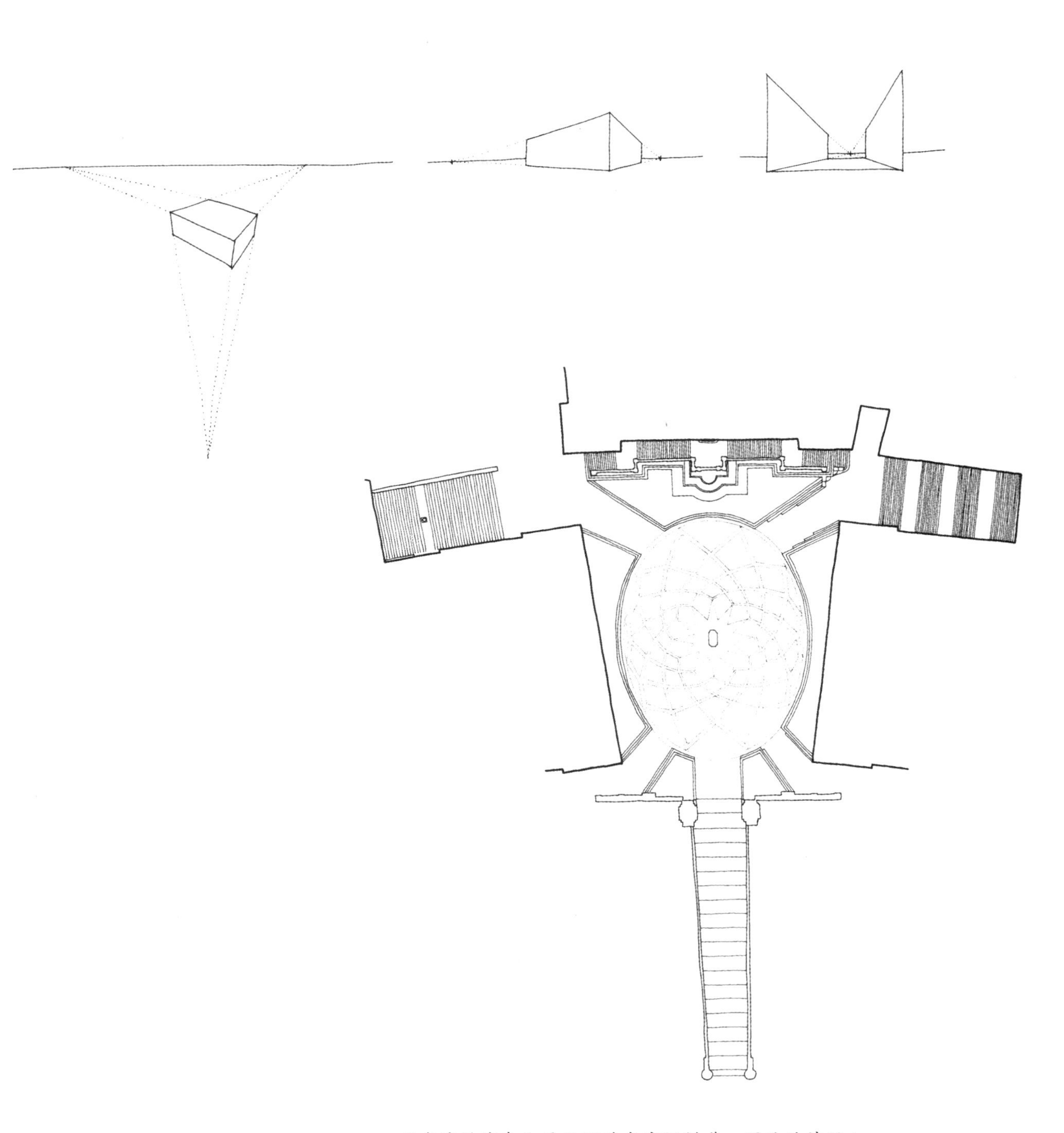

呈角度的线条和平面可造成空间错觉：罗马的神殿山

近距、中距及远距

细部的坡度

地，沿途可以观察绿色水面和黑色树干细微的形体变化，溪流间点缀着明亮的杜鹃花，是单调背景上的一抹亮色。在英国科茨沃尔德的黑柯特，一间接一间的户外房间形成外形和色彩的渐变效果。唾手可得的视觉焦点是精心设计的植物景观和花床，经过编排布置可以引导游客至任意一处。一座园林因为园中的栖息者而变成活动的画面，池塘上有人在滑冰，花丛间有蜂雀起舞；白杨随风颤动，棕榈摇曳多姿。

有些园林讲述的故事极其复杂或具有极大的感召力，会使人将它们与讲故事者的艺术做一个比较。以后我们会看到，亨利·霍尔爵士在英国斯托海德怎样唤起人们关于维吉尔的想象；迪斯尼乐园如何将海盗、鬼魂和美国英雄传说编织成花园。我们许多人对小时候读过的秘密花园、魔法森林和隐秘巢穴的故事记忆犹新，对成年之后听闻的传说也会产生幻想。

而有些园林，尤其是在日本，只能被看做哲学家作品，其中蕴含着理解世界的方法。一般说来，哲学家园林的材料力求质朴简洁，因此，细微之处的安排都显得至关重要。京都龙安寺的禅意园，不过是耙过的方形沙地上摆放的15块石头，背景只有白墙和树木；西芳寺也同样简单，湖泊被树林环绕，所有的地面都覆盖着苔藓。

园林设计者可以采用上述任一规则，园林可以表达任何有趣或感人的经历（可以是一首诗或是一幅画）。也可以设计多重游戏，或者揭示不同层面的意义。不过，这里有必要谨记埃德温·勒琴斯爵士（他与格特鲁德·杰基尔合作建造过许多非常精美的园林）的格言：每个园林都必须拥有一个清晰的中心概念。

塑造空间

造园经常与园艺紧密相关，但是，造园之首要步骤是塑造

阴和阳

空间中独立的物体

与周边融合在一起的物体

空间。园中的物体和物体之间的空间构成必要的互补（又是阴阳），这些互补的东西能够交换特色以彼此协调。一个物体，有可能是一处建筑、一棵树、一丛灌木，也有可能是盆形装饰物，可以在空间中独立存在，从各个角度都可以欣赏，也可以融入空间的边界中（比如篱笆，花径、花圃或头顶上的细树枝）。两者之间的空间（其本质是哲学家们探讨了数百年之久的，因为无论如何，它也就是虚无）对设计者来说（使哲学家们极其讨厌）是可供触摸的，可以准确地用墙体或门框以及吊顶等饰物加以限定，或者在角落里腐烂褪色，在画面的模糊之处退出人们的视线。

从这个方面来看，园林设计者的艺术跟建筑师的艺术有异曲同工之妙。地上的平面是天然的起点，竖直的物体拔地而起，限定和标识空间；需要避风雨，则加上屋顶和帐篷；可构筑开阔地建立联系，形成连续不断的流动序列。

垦殖地貌

但是，设计一幢建筑与设计一座园林之间还是有差别的。最根本的差别是，建筑地面是一个平面（一般是水平的，偶尔也有稍微倾斜），一处园林场地的土层却不一定如此。这样，园林设计者的第一要务是要考虑基地的土层，并决定如何修缮表面以承接建筑、水体和植物。

有两种办法处理地面的起伏：可以将地面修整成光滑连续的斜坡，也可以是陡然起伏的梯形平台。有些地方需要长年浸水，那就必须将山坡分成几级梯田，亚洲水稻种植区的风景即是如此。

修造台地最有效的方法是将设计平面之上的土壤挖出，填到平面之下的地方。填充的部分往往不够稳定，因此，将重物（特别是游泳池）放在上面要特别注意；除非有足够的空间来使地面形成稳定的角度，否则必须在边缘上构筑墙体来使其保持稳固。墙体越高，施工难度越大，造价也更加昂贵。挡土墙的问题和运送泥土的成本通常会限制梯形台的宽度。同时坡度越陡，宽度就越小。

传统的梯田全靠手工辛勤挖掘而成，挡土墙因材质所限不能做得太高，因此它们与大地原本的起伏紧密相连。挡土墙完全顺应地势，坡度越陡峭，梯台就越狭窄。阿马尔菲小镇上的柠檬树梯田，依靠着石砌的挡土墙而长得更为挺拔。现代的挖掘设备和水泥挡土墙让人们有更大的自由来重塑大地，但对地形特征漫不经心的破坏让人触目惊心。

梯状山坡

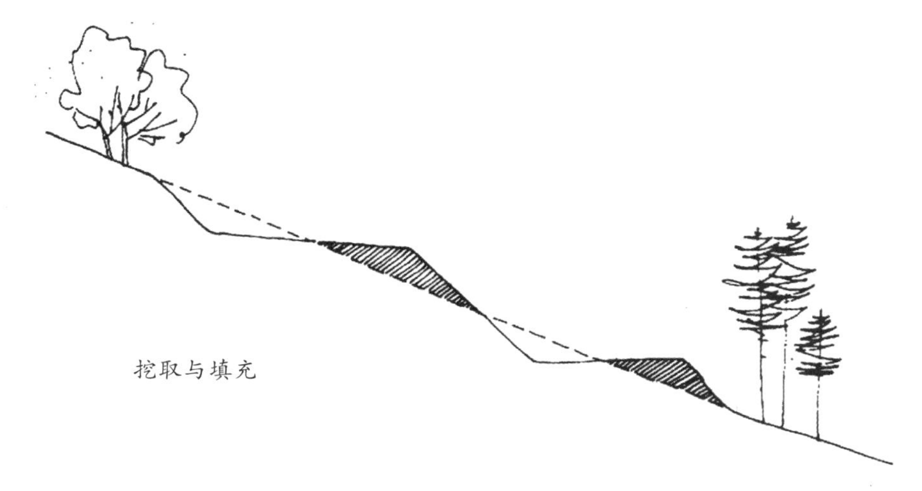

挖取与填充

根据不同的自然地形，可设计不同的梯台构成：让挡土墙穿过谷底的台地会加快溪流的流速，同时在每一个平面变化之处有机会形成水瀑。或者将一座山坡切割成巨大的楼梯，凹进去的部分可建圆形剧场。比较罕见的是北京的天坛和爪哇的波罗浮屠，孤立的山坡经过改造之后变成了同心圆梯台。将梯台削成平地之后，还可以建下沉式园林。

如果有办法，可以堆砌土石形成完全人工的台地园。此类结构的杰出先例是著名的巴比伦空中花园。尽管今天从巴比伦遗迹的地下，或是考古学家的壕沟中难以寻觅这座花园的踪迹，但根据狄奥多罗斯的记录，它是“层层叠加的结构”，而且还“很像一座剧院”。

园中的石阶即是缩小至步幅尺度的梯台。常有的情形是，在开阔地有更多的空间能够营造宏伟壮观的楼梯，而在建筑墙体内则囿于空间而难以施展手脚（尤其是意大利和法国的巴洛克园林设计师，他们十分高兴地发现这一点）。园林中的台阶可唤起无限的神秘感：它能通向广阔的天空，也可以消失在大地或是池塘中；这不禁让人联想到，不知在多深的地下，隐秘的废墟在绵延伸展。

光滑的地表易于重现小尺度的自然景观。圆形的山坡象征

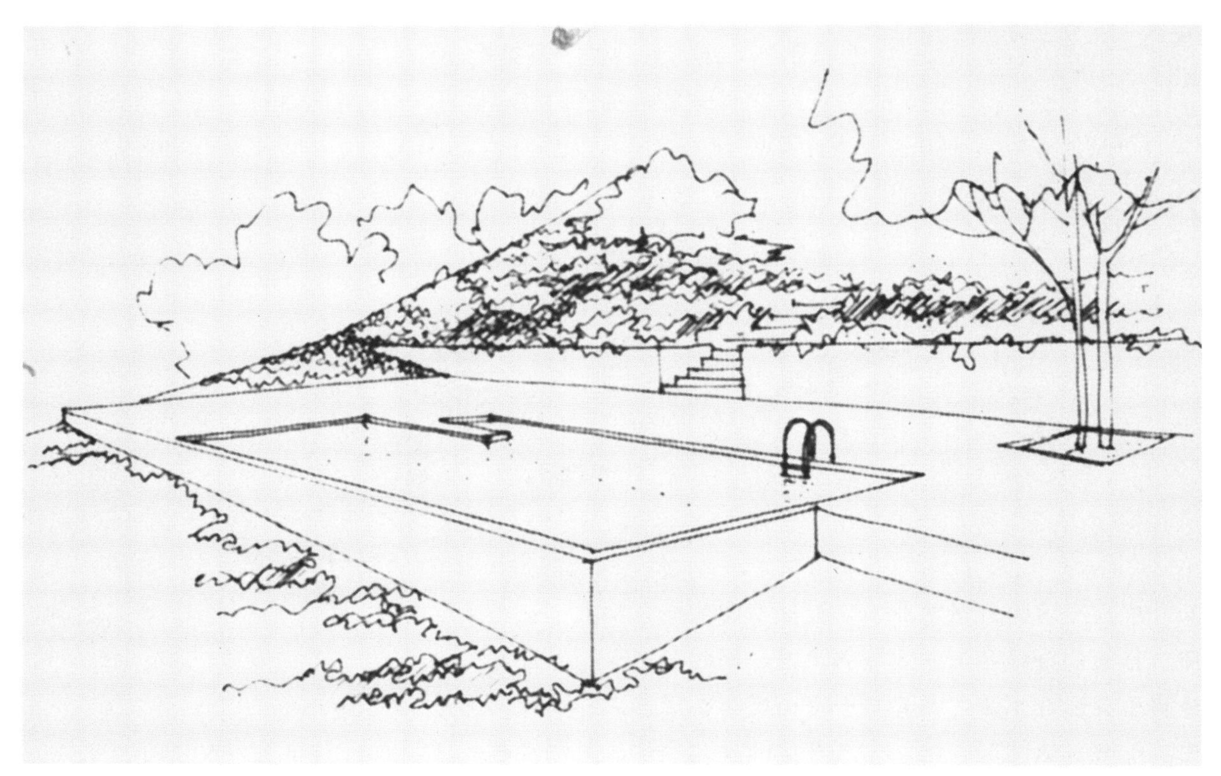

修在坡上的游泳池

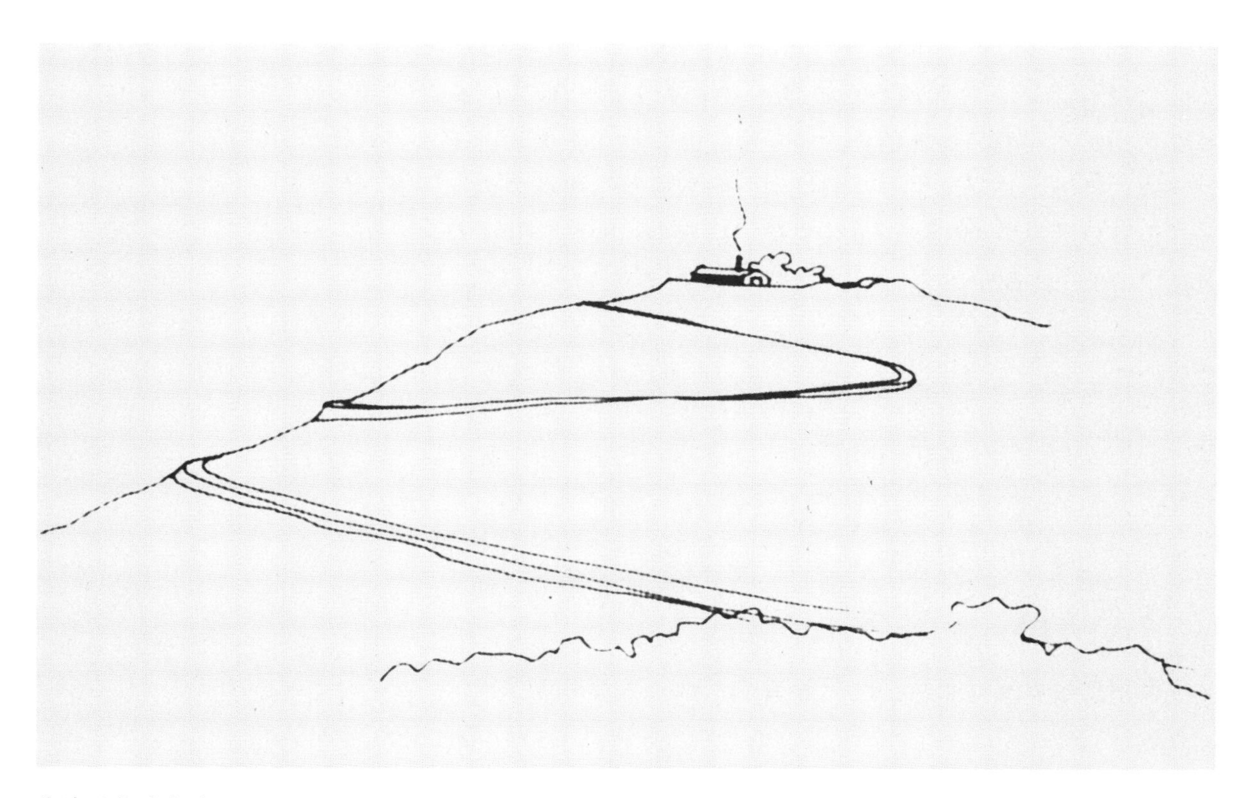

依坡而筑的小路

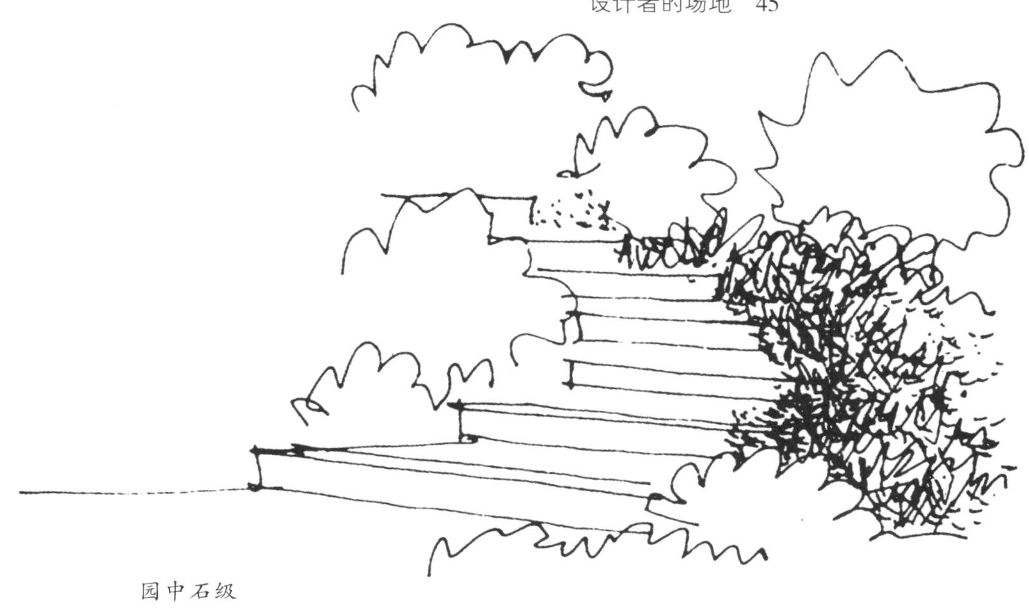

园中石级

堤岸、台坎或小丘，山谷象征洞穴；即便是伸向天边、一览无余的起伏草地也能够通过高低不平的草坪加以暗示。

覆盖地面

园址的地表可分为平坦之地或是陡峭斜坡，种植地或是铺装地；可用一种材料，也可用数种材料，可以是土地、植物、砖石或者树林。但是，想象不能毫无节制，必须受常识约束。地表不可能绝对平整，雨水也会积存于地面，很有可能会带来不利影响。如果是土层，则其坡度也是有限制的（一般每条双行道只能够抬高一英尺），否则雨水的侵蚀会将其瓦解。当然，如果是砖石或木头，那就可以按照自己的愿望要多陡就有多陡。木头或砖石的硬质表面有经久耐用的优点，并且能承受任何天气条件。松软的地面，比如土层或沙砾及野草在潮湿的天气里会有积水，但它们会让水通过，而这对树根或灌木丛来说至关重要。砖石地表可铺在沙地上，连接处留出一定缝隙，既能渗水又能够供人行走。

砖石地表材料包括砖块，最常见的是23/8英寸×8英寸（1英寸=2.54厘米）大小（减去接口缝隙）。当然也有窄一些的（称为铺路材料），或是长一些的（罗马式）或是大一些。有的特别硬，带着尖锐的棱角，有的很软，边角呈弧形。砖的颜色由于制造黏土的性质不同，呈现白色、黄色、红色、棕色，甚至几乎全黑等不同色彩；而每个人不同的联想和回忆也能把这些砖块从美丽到糟糕分为几个不同等级。

接下来是石头，其大小和色彩更为多变（蓝色、红色、褐色、棕色等等），一般没有砖规则整齐，因此铺装成本更高。还有很小的一些石头，比如卵石和沙砾。在美国，光滑的“水洗石”最受人喜欢。它们踩在脚下感觉很好，雨后又很干燥，能让雨水渗入树根，并且带给我们愉悦的联想，比如豪宅的庭院。它们的缺点也很明显，小孩子们或者喜欢搞破坏的人捡起来就可以朝别家窗户上扔。在别的一些国家，特别是在法国，经常使用差不多大小但有尖锐棱角的小石块。这样的石块咬合更为紧密，能够铺成相当紧凑的表面。这样的铺装在雨天会有些滑，但在法国的许多园林当中（特别是在杜伊勒利宫的花园中）却是惹人喜爱的一道风景。水泥和沥青用来铺地面相对便宜一些，并且有砖石地面的效果。它们可以用来美化地面，比如让混凝土的表面呈现颗粒感，或者混入碎石和沙子之中隐藏起来。

还有方形或矩形的地砖，或者定形的烧制瓷片，通常是赤土色的，但也能够染成一系列花朵一般鲜艳的色彩。色调或沉闷，或闪亮；还可以呈现反光和闪烁的湿润效果，炎热的天气下，让人觉得凉爽舒适。

木板或木块也可以做铺地的材料用。天气凉爽的时候，木头感觉起来比砖石温暖，因此坐在上面感觉更好一些。木制的地面还有一个特点：重量轻，因此可以轻松地安置在离地很高的地方，甚至在树顶都可以。

大地本身就是沙、沙砾和有机物质的综合体。大地本身有

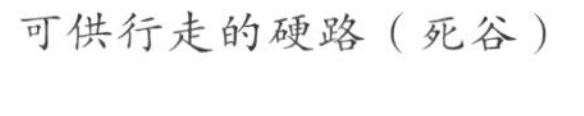

可供行走的硬路（死谷）

各种各样的色泽和很多种硬度，色泽多变，硬度不同。从多孔的（雨后极干燥）到不渗水的（雨后一片泥泞），从碱性的到酸性的，从贫瘠的到肥沃的。在园林当中，它们可能是光秃秃的地面，也有可能被草坪、地被、灌木或是草本植物覆盖。这样的地表让人禁不住想上去踩一下（确实，黄春菊一类的植物踩上去会散发出令人愉悦的香味），而另外一些只能远观不可亵玩。

软软的地面，哪怕看看也好（塞赫济）

土壤、气候和苗圃资源决定了覆盖地表的植物材料的组成。植物的选择要考虑颜色和叶片的质地，还有香气以及花朵的颜色。自19世纪起，英国的传统园林当中，最受人关注的便是植物的色彩（就如同中国和日本传统的园林家特别喜欢石头，而伊斯兰的园林家喜欢展示水一样）。植物收藏者和育种者的热情以及商业苗圃的发展为设计师提供了无限可能（正如合成染料和色素的发展使我们将衣服染成几乎任何颜色）。高级的园林家总结出复杂的园林理论，可与画家的理论媲美。这些理论讲述花朵的组团，不同种类的搭配，以及如何形成微妙的和谐或是戏剧化的对比。

莫卧儿皇帝和之前的波斯人都喜欢将羊毛或丝毯铺在自己的园林中，而地毯的图案往往是园林景观。将如此珍贵的材料暴露于风雨雷电之中使现代的许多园林家深感不解；但是，对他们来说，只要有需要，室内和室外的铺装可以随意转换。

竖立陆标

在地表竖立标志是人类普遍的本能之一。陆标为一片世界树立中心，尤其在周围的风景没有参照物的情况下，陆标就是醒目的指引。围绕这一举动，澳大利亚沙漠上的土著部落编织出美丽的神话：曾有一群先祖在沙漠里流浪，身上背着一根长杆。每天晚上，他们都小心地竖起长杆标识营地。有一天晚上，他们在埋杆子的时候不小心将杆子折断了。没有了标识特殊地界的工具，他们变得身心疲惫，最终倒地而亡。

陆标用来昭示一个目的地，是希望所在——表示前方即有人类居住了。普鲁斯特对于贡布雷教堂尖顶的回忆就反映了陆标的暗示力量：

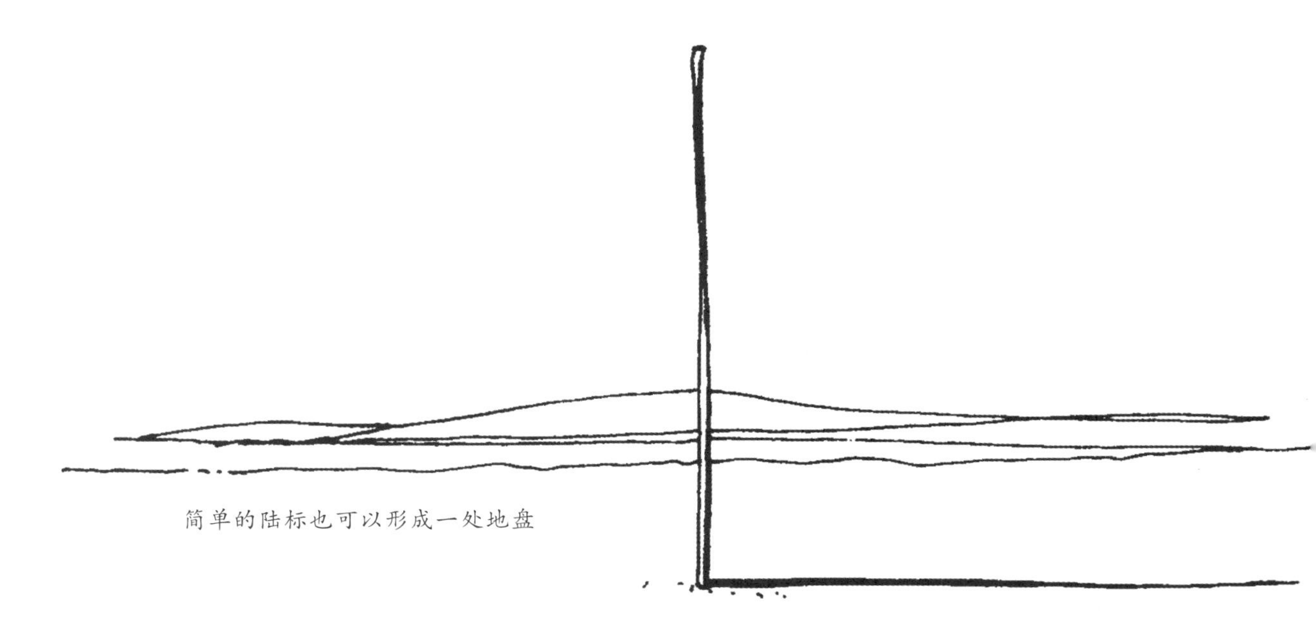

简单的陆标也可以形成一处地盘

无垠的平原上突然出现一条羊肠小道，通向天边的大片森林。森林之上耸立着圣伊莱尔教堂的尖顶，锋利的粉色尖顶，是如此突兀，以至于看上去像是某位急于给这片风景——一片纯净的“自然之地”，增添些许艺术痕迹的画家用手指甲在天空勾勒出来的。这小小的艺术印迹，明白无误地指出人类的存在。

园林中小尺度的“艺术印迹”可能是风景尽头的一具雕塑、一座方尖石碑、一间避暑别墅，或是远景中的视觉焦点——一件“引人注目之物”。

除了构成中心这一作用之外，陆标还可以用来限定边界。罗马人利用特米纳斯神像来保护地产的边界。在伊斯兰园林的矩形围墙之中，我们经常会发现守护各个角落的高塔。

我们可以从竖立陆标开始构筑一处园林。可能是一棵树，或一块石头，或是场地发掘的废墟，甚或是可以身处场地映入眼帘之物，比如远山的山峰；也有可能是从别处带来的一件战利品。不过，现代园林家跟几个世纪前的园林家不同，现代人有能力购买和运送大型树木，因此不必花时间等候想象中的关

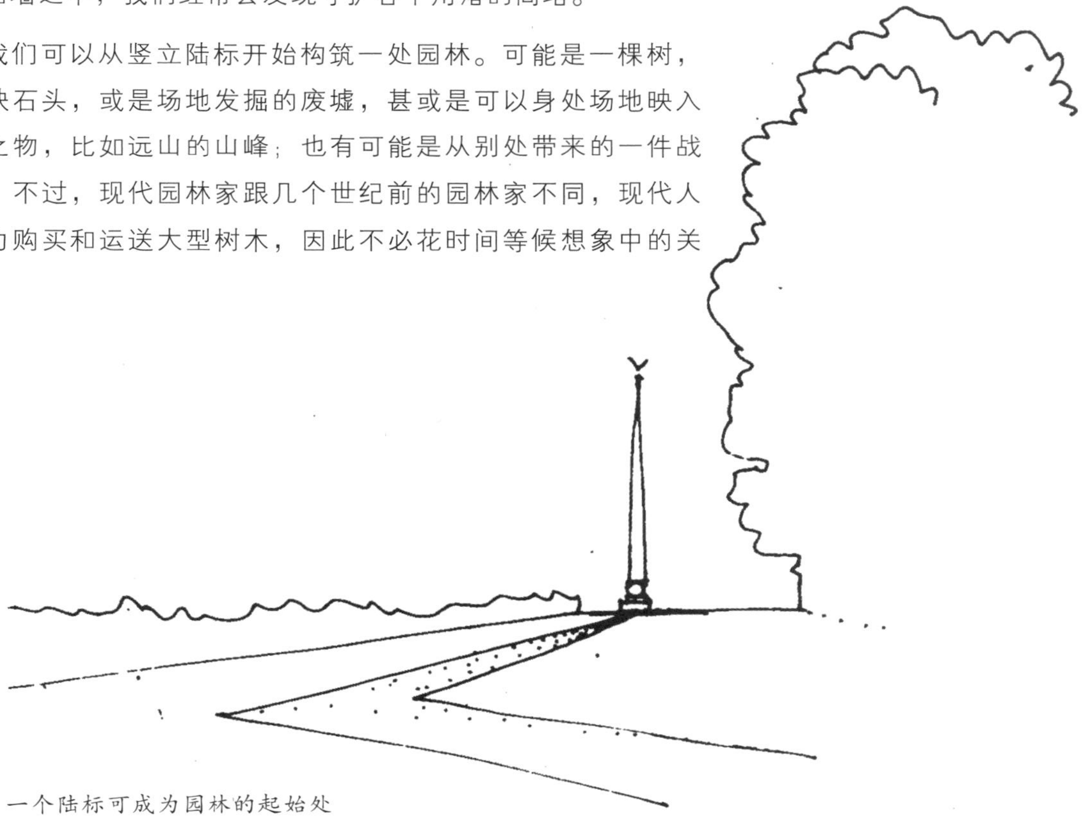

一个陆标可成为园林的起始处

键部分自行现身。

围边和围墙

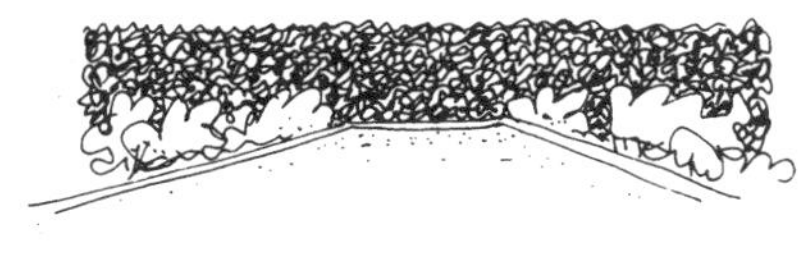

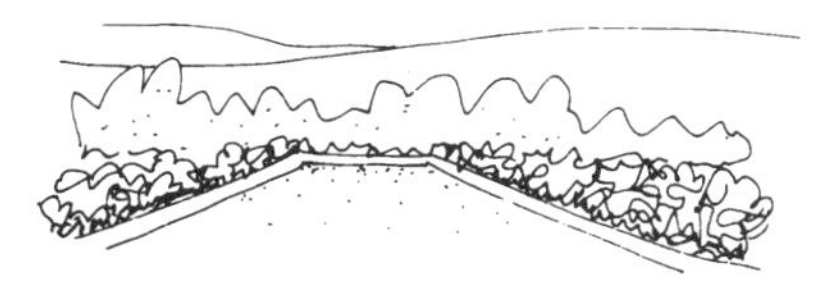

以墙体、树篱和土层构成的隔断

藤蔓攀爬的木篱

一个场所中决定我们所见所感的最重要的因素往往是围墙。这一点也不奇怪，因为我们自身的构成即是如此，直立的姿势和眼睛的位置使得视线水平看出去，正好看到围墙。建筑内部的墙体，有时会有层层拱廊和柱廊增加边界的深度，不过大多数时候还是保持平坦竖直的。园林之中，围墙的可能性趋于多样化，墙体上可以增加篱笆、藤蔓、灌木或是树丛。

园林的墙体可以用木头搭建（竖直、横向或者交叉的木板、木条或者木板加上板条）或者砖头垒砌，也可以使用“装饰”石（就是矩形切割石）、天然石、瓷砖、灰泥、纤维板、金属等各种材料。当园林中需要用栅栏隔离之时，葡萄桩、芦苇或木质百叶窗（让空气流通）都能派上用场，有时还可以使用铁丝网或是植物藤蔓。园内坡度的突然变化，比如河岸、护堤、悬崖甚至是瀑布，都能产生景观结点。种植绿篱也能产生同样效果，看上去同实体墙一样牢固。若需要稀疏的边界，就可以栽种灌木，甚至小树丛或是树林，让空间在林立的树干中渐渐消失。

与室内墙体不同，园林的围墙要经受日晒雨淋，并且迅速老化，还有可能长满植物。于是墙体表层的装饰成为园林的一部分，墨西哥和加州贫民郊区的后花园也因此让人过目难忘。这里的围墙不仅破旧不堪、污迹斑斑，还打着土坯补丁；有些墙皮脱落，露出很久之前涂抹的灰泥和白涂料。苔藓和地衣会在潮湿的表面生长，你可以让一堵墙被一些攀缘或者爬藤植物盖住，比如精心照料的常春藤、硕果累累的葡萄藤、西番莲或花开繁茂的九重葛。

篱笆的表层不外乎两种：有时修剪整齐，有时不加修饰，这两种都能够以不同方式调节光线。绿篱可雕塑成规则曲线，

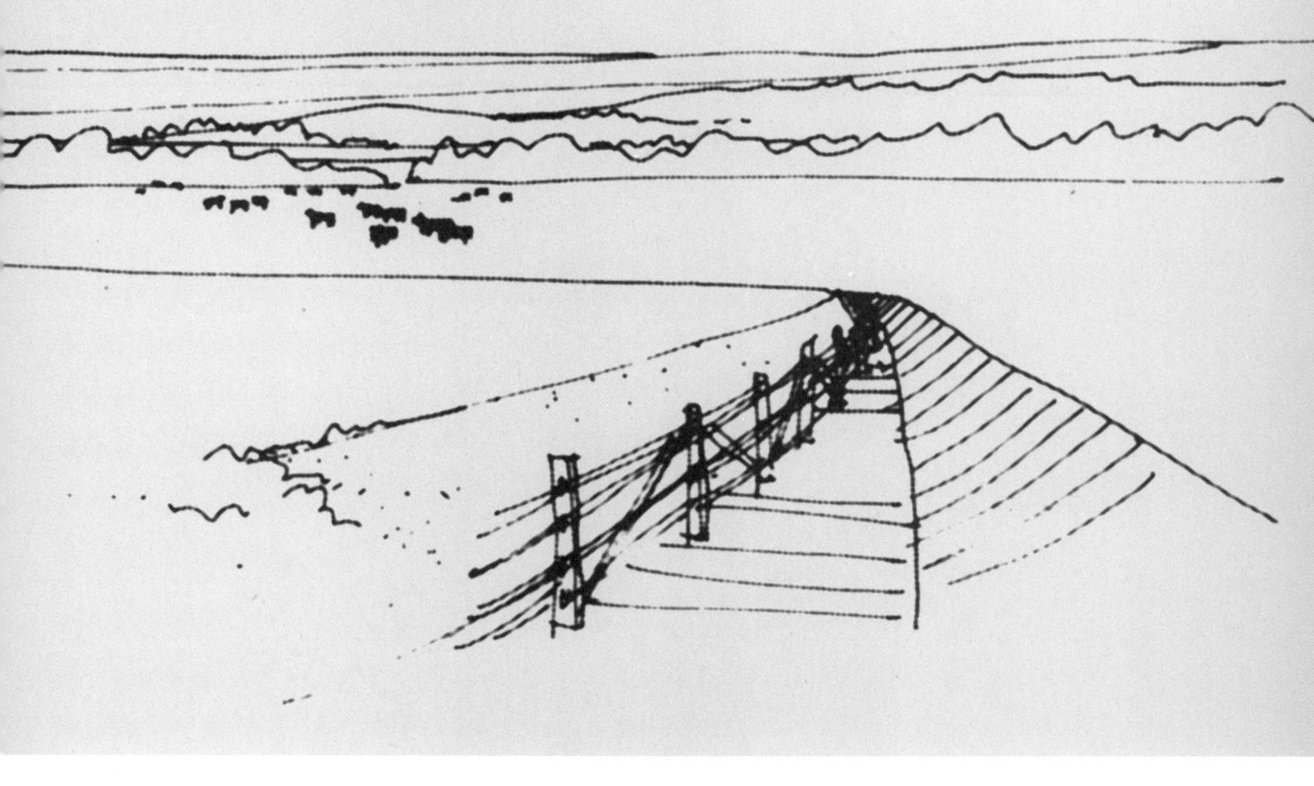

沟中扎篱也形成隐藏的边界

或者剪成不规则团块，好像体量巨大的残石。

另一种趣味是把墙当成一张白纸来处理，让放置在前面的物体的侧影或阴影在墙面构成图像。中国园林经常以这样的方式让平淡的白墙与种得很稀疏的竹子产生联系，疏影横斜的姿态让人联想到水墨画的笔触（水墨画若画的是竹子，人与景观之间就形成圆满互动）。

在园林当中，我们的视线可以越过矮墙向外张望，因为矮墙不似室内墙体一样必须有足够的高度撑起屋顶。这就造就了这样一些邀请我们打量但不欢迎我们涉足的地方：海堤之外的大海，城墙之外烟雾弥漫的远景，低矮绿篱围起来的花圃。

有时会把墙修在沟壑里，这样看上去墙完全消失了，人们会产生一个错觉，以为看到了一大片无垠的原野。这个方法因为在18世纪的英国景观中经常出现而为人所知。这种被人称为壕沟的篱笆有着令人称奇的景观效果，让田野看起来直达别墅

在风景中形成轴线的边角

的墙角，而省去了在树丛里放几只羊，或在草坪上堆上几堆牛粪这些让人心烦的步骤。

仅仅利用地面标记也可以达到划分地界的效果：地面材料的变化、挡边石和排水槽、低矮的土坎、修剪和没有修剪过的草坪之间的过渡，还有灌溉区和非灌溉区之间的界限（以地表绿色或棕色区分），以及不同植被形成的向阳处和背阴处。这些方式可用作提示和警告，让造访园林的人脚下留神，也形成各种模式的消遣之地。

人造的边缘，比如石墙，一般会形成相当长远和稳定的边界。而自然的边缘常常是交错地带，比如海岸线和森林的边缘。在这里，自然过程达到一种不稳定的暂时平衡。因此园林中的自然边缘变动性较大，甚至有可能消失；同时它们的外表与石墙和建筑的外表形成对照。这一点亨利·沃顿爵士在很久以前就有所认识，并且总结在《建筑要素》一书中：

> 我必须指出建筑与造园之间的一些矛盾所在：如果说人造结构应该尽量规则，那么园林就应该是不规则的，至少应该被投入非常宽泛的规则之中。

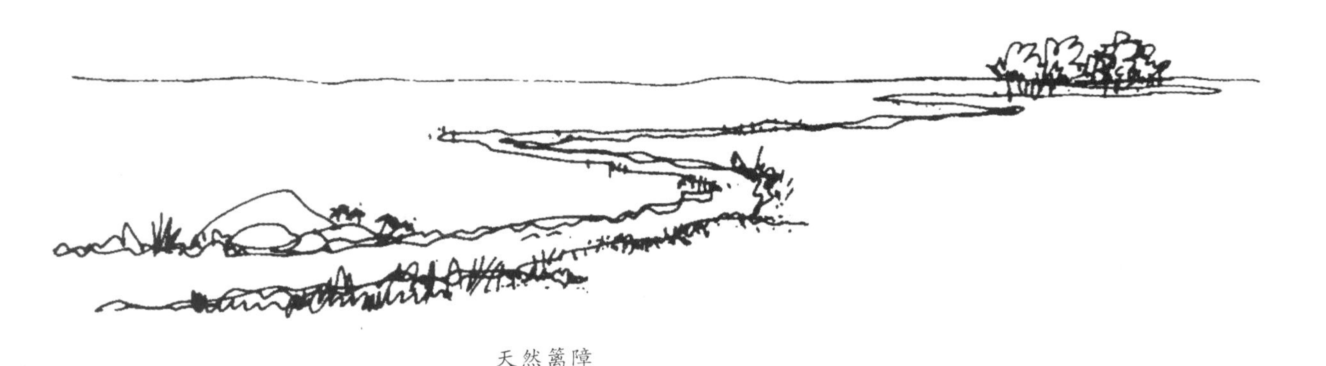

天然篱障

围合

正如单独的陆标也可以形成园林中心一样，风景中辟出单独一个边界或墙体可形成一个轴线，整个布局可沿此轴线予以组织。也可以利用墙体形成多少有些模糊的边界。几个世纪以来，中国画一直都在利用“龙脉”的概念，流云一样的曲线和空间，深入材料和景观，风一样掠过其间，然后消失在物体周围，或者退出人们的视线，以表明在画的平面之外尚存广大无垠的空间。中国和日本的园林以及西方（尤其是英国）一些风景如画的地区都有这样的模糊空间，在边界游移，暗示人们景观在无限伸展。

如果把墙体做成确定的围合物，里面的空间就有了确定的形状、比例和宽度，跟乔治王时代的精美的房间一样（房间的屋顶是建造好的，而园林的顶却是通过暗示表现的）。不过一个围合处不一定非要用墙体形成，还可以通过四个角落的柱子暗示出来。克什米尔人用四角法（方形地带的四棵树）实现围合，而且现实生活中常常能看到建筑初期的格局，同四角法种植树木一样。洛吉亚神父著名的“原始棚屋”就是以这种方式建造的，它在新古典主义建筑学说当中占据了非常重要的地位。维欧勒·勒·杜克说，要把树干弯曲才能形成尖拱；若让树木直直地挺着，就成了“哥特式”原始棚屋。

当然，最基本的围合形式是单一围合区域。界使这个世界分成两个部分：要么是在外面，要么是在里面。分界线的行为具有特别的意义，它是要从外部世界划出一个特别的内部空间。

早期人造园林包括亚述国王建造的绿色狩猎地，一片片的保留地与周围的沙漠区分开来。他们给这些地方起的名字，经过波斯语和希腊语的渲染，最终融入英语，形成“天堂”一词。中世纪的画家有时候只围绕亚当和夏娃的人像画上简单的围合，就可以表示出天堂这个词所暗含的宗教意味。有些园林实际上就是墙体内部的围合空间，或者用树木圈出的一块地

模糊的空间

墙体构成的封合处

由柱体构成的封合处

方。但这些地方将一切缩减为最基本的内容，因而拥有格外强烈的感召力。此时萦怀于我们脑海中的，有喜马拉雅峡谷中泥砖墙围绕起来的白杨树丛、新几内亚丛林中小心培植起来的林中空地，还有牛津克莱尔学院中草木繁盛的规则庭院。

令人惊讶的是，只有少数几种基本的方法将多个围合区域组合。比如两个围合区域只有两种组合方法：第二个围合区位于其内部（暗示其中的层次感）或在旁边（暗指同等地位）。不难看出，如果增加一个新的围合区，不管是在内部还是在旁边，都可以形成三层围合的园林。用铅笔和纸做个小实验就会发现，此时总共不过六种可能性。如果画出四个或者五个围合区域，就会发现这样的可能性会快速地成倍增长。但是，同时却只有三种基本的原

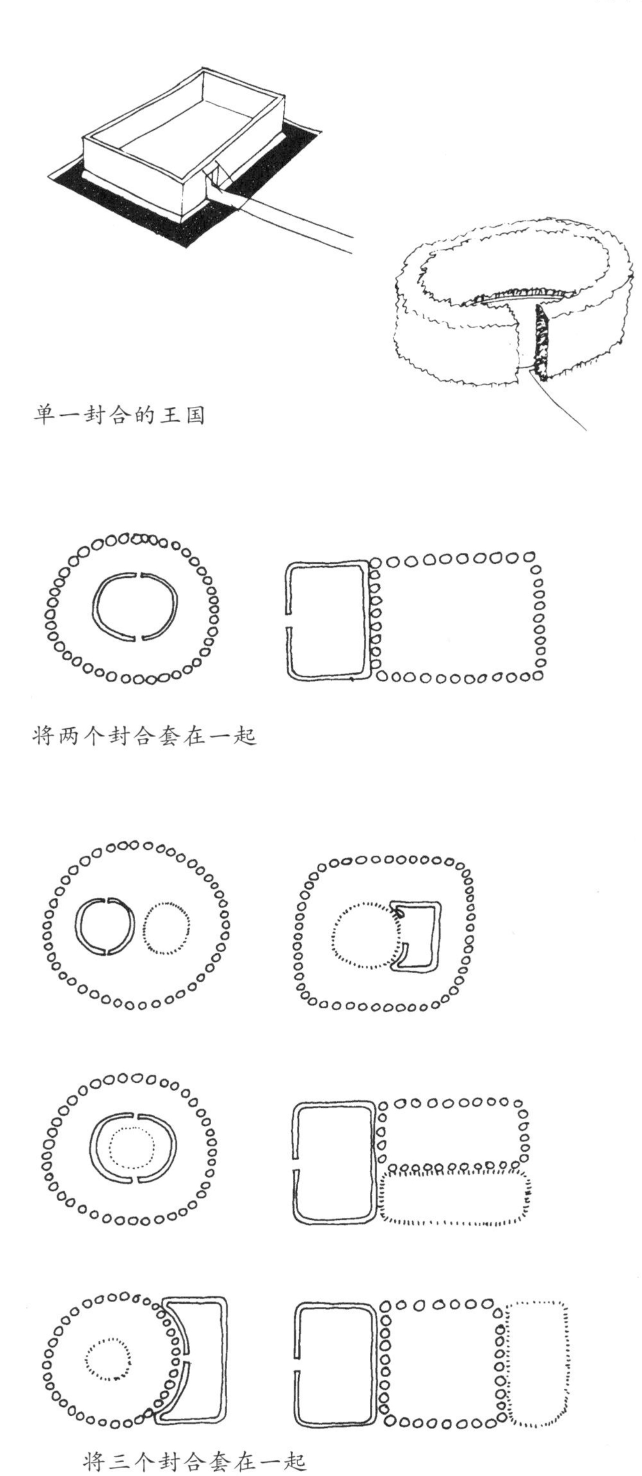

单一封合的王国

将两个封合套在一起

将三个封合套在一起

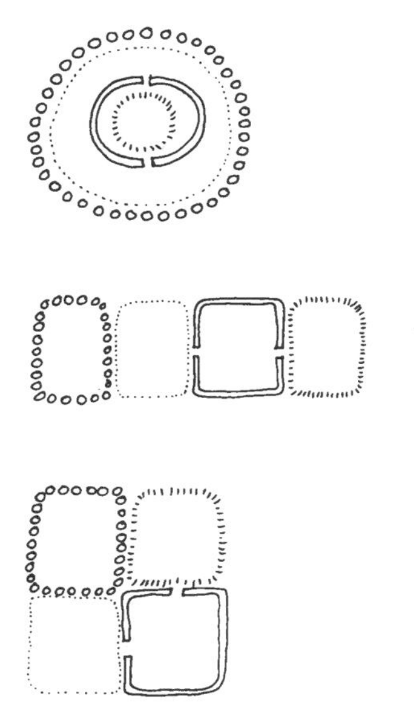

封合处的嵌套、成串和成簇

露台

格子

中国园林墙体上的开口

理包含在这样的多重结构中：第一是将一个围合区嵌套在另一个之中，第二种是将围合区像珍珠项链一样串在一起，第三种就是组团。

上述任意一个围合区都有无限种几何表现形式。可以用直线、弧线或不规则的曲线构造而成，边角可以平滑，也可以尖锐；角度可大可小，或者形成九十度角。有时会出现重复和对称的明显秩序，有时则完全相反。

造顶

功能性是建筑地面和墙体的内在属性，而屋顶则没有太多功能性束缚，因此成为建筑神秘性和象征性的展示之处，聪明的建筑师会在这方面下很大的工夫。园林的顶层则不会轻易被设计师摆布，因为其基本组成是天空。

当然，天空各有不同。英格兰云层低垂的多雨天，仿佛低矮的天花板；而美洲草原上大片的积云疾速翻飞的景象与之完全不同。同一片天空也会有不同的变化。中午天高云淡，日出和日落时霞光染红了半边天。晚上，如果城市的灯火足够远，还能看到天空中的星星。当南十字座从桉树叶间升起，夜鸟开始歌唱的时候，澳大利亚的一处园林就会变成令人陶醉的乐园。

在园林中某一区域可以设置出尺度更为亲人的顶层，一般以伞状为基础，产生各种造型上的变化。单独的一棵树，如同海滩上巨大的遮阳伞，在中心的支撑下为四周提供阴凉。群植的树木可以形成有规则树冠的滨河绿化带或是果园，或者树林中随意种植，以展现不同深度和质感的阴影与围合。不同尺度和种类的树木能够形成高低错落的遮盖（低层，较高层或高层），也可以形成不同类型的阴影（或浓密，或稀疏）。

即便在户外，用木头或布料做顶层有时也是必需的，偶尔还会用砖石垒砌。可以围绕一个中心点修建露台或是凉亭；也可以修成线形的棚架或者花廊，甚至还可以更大胆一点，在园中建成一系列相连接的廊道。它们可以避雨、遮阳，还可以进一步渲染围合感。

开孔

墙体、屋顶以及围合这些结构还有一个有趣的地方，即可将其部分打通，破坏界面的连续性。很多建筑体都有开孔，可分为门洞、窗户以及拱廊等。数百年来，人们不厌其烦地为这些开孔塑形、铸模、镶边、加顶，为建筑物增光添彩。园林中这种开孔更为随意，不过中国园林或许是个例外。中国人有很多传统的开孔形式，月洞门不过是其中一种。而月洞门之所以备受推崇，据说是因为其形状对墙体的连续性破坏最少，特别是其周边并不与地面真正接触、圆形的顶层墙体曲线过渡平滑的时候。但是，对于墙面和开孔，还有其他一些看法。在巴厘人的庙宇当中，庭院的墙面开有裂口型的门洞，门洞的墙面会增厚、加高，再覆以精美的雕刻作品，接着被相平行的平面陡然分隔，这样可以更好地突出界线的被侵犯感。

在西方，如果想在园内观赏园外景观，墙体可能会消失。也可以换成梯状挡土墙宜于远眺，或者建一座开放的凉亭便于

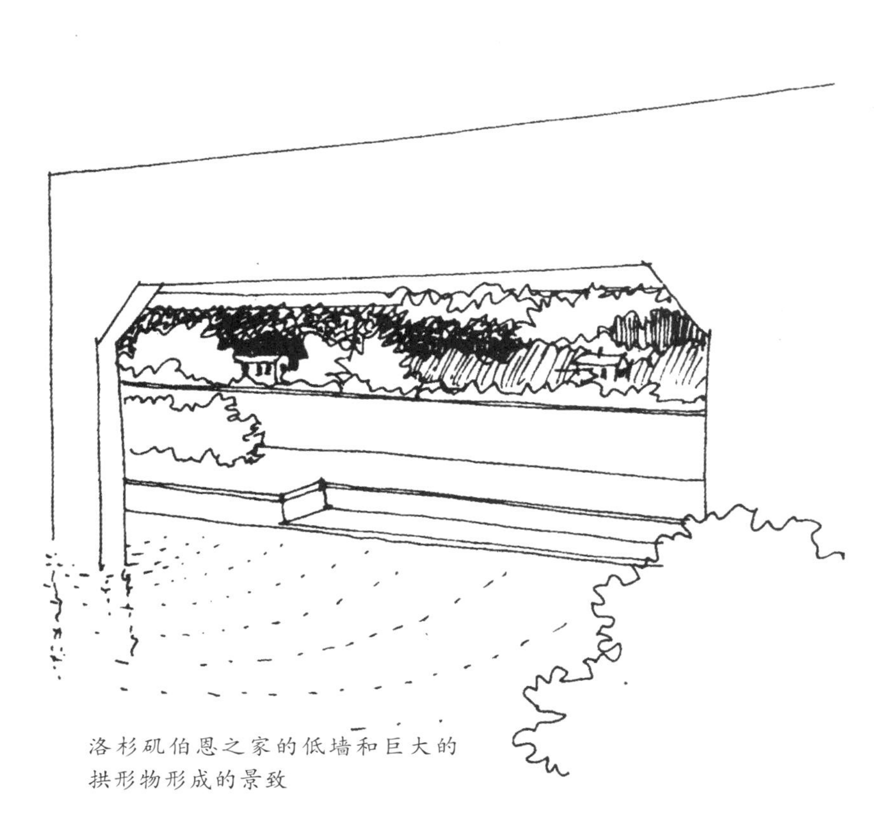

洛杉矶伯恩之家的低墙和巨大的拱形物形成的景致

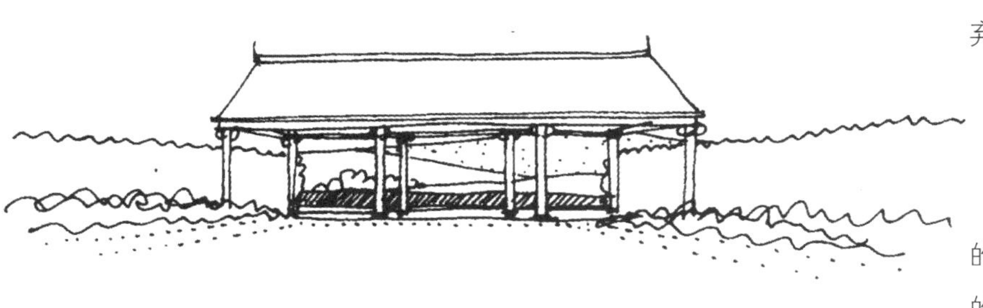

可朝下望的凉亭

俯瞰，或者两者都有。洛杉矶一条小峡谷之上有一道令人愉悦但有些迷惑的景观：一面过顶墙（有一个巨大的不规则单拱），与四周低矮的挡土墙一起框住远处的景色，在没有破坏其私密性的前提下增加景观深度。

风景画家有他们的招数。克劳德·洛兰总是用前景树木框住风景，以至于这种手法被很多18世纪的英国风景园林家效仿。随后，这些风景主义的践行者们发展了各种各样的方式来阻隔、分割或是装饰景观，比如放置几块石头、修剪枝叶或者堆砌一些类似舞台背景的废弃物。

连接

澳大利亚土著部落的传统（比我们所遇到的其他任何种文化都更为鲜明）体现出风景、音乐和叙事之间密不可分的互动关系。这些游牧民族的神秘祖先漫游在荒野之中，一边行走一边梦想着把大地的特征变成现实，这片土地也被他们隐秘的踪迹划分成若干部分。传统歌谣的节奏使人回想起黄金时代缔造者的足迹，歌词叙述的是沿途创造的事迹，从高山到水坑，从动物到人类。歌词成为地图，表演成为再现世界的神话，大地本身被看做乐谱和文本。同样，园林作为世界的缩影、人工的世界，其中的阡陌道路创造了山和水的顺序，也能够形成不同的韵律，讲述不同的故事。

伊斯兰园林通道直而狭窄，直接通往方形庭院的中心。凡尔赛宫的园路同样专注而集中，但最终会在太阳王的寝处达到高潮。17和18世纪法国狩猎场的鹅足式布局在讲述雄鹿匆忙逃命的故事，而英国公园的道路也许是按狡猾的狐狸七拐八弯的路线来设计的。洛可可园林跟随着宫廷轻佻的节奏把道路切割成繁复的花体。几个世纪以来，日本园林家都采用不稳定的踏步石和极富艺术性的不规则图案，以至于木屐踏出的每一步都成为刻意却精致的表演。

园林的道路可成为剧情的脉络，使不同的场景和事件连接起来，讲述一个个故事。叙事结构可能是一根单链，事件有其开始，有过渡，有结局；也可穿插岔路、斜路或是引人入胜的曲折小道；也可设置与主干道平行的次干道（次级脉络），或者故意引人入彀，分头进入多个死胡同，就跟侦探故事当中分几条线索探案一样。（博尔赫斯就意识到这种类比关系，因此在他神秘凶杀小说《小径分岔的花园》中，路径的分岔不是在空间而是在时间当中发生的——将读者带向不同的未来。）如果一条路径最终回到起始点，则会发生事件的环路，其中蕴藏着无限循环的可能性，正如萨缪尔·贝克特炮制的荒诞故事。

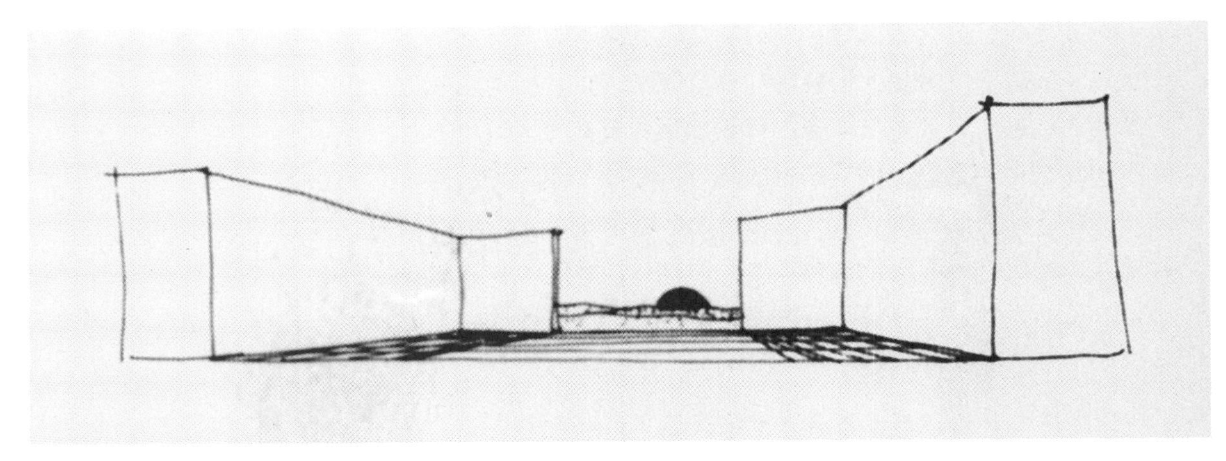

可从中间看的两扇墙体

树叶形成的视框

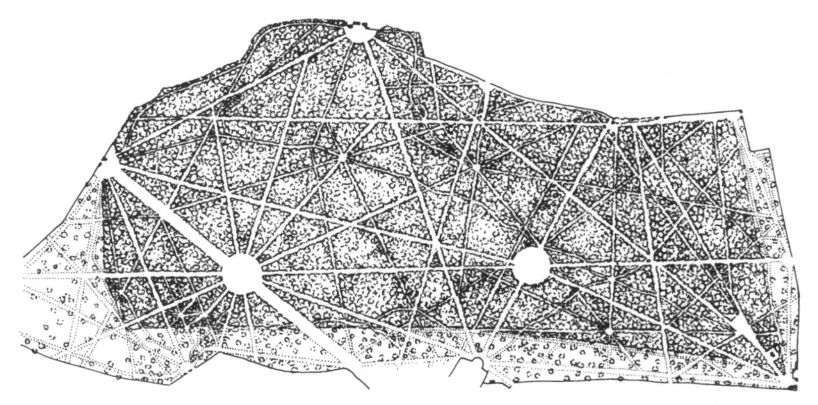

布伦港的鹅足小径

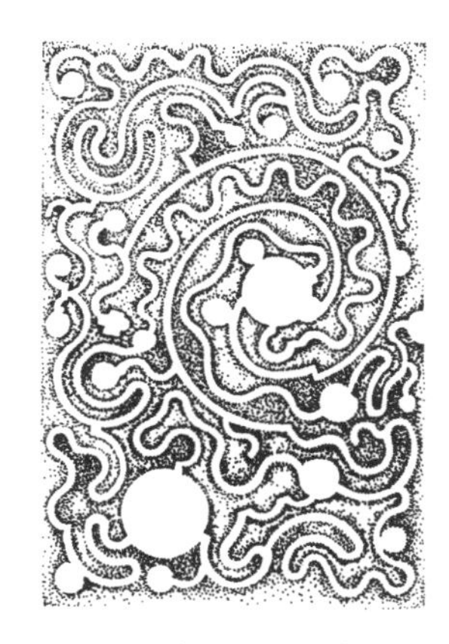

洛可可花饰：贝蒂·朗雷设计的路径布局

营造气候

建筑师必须在一栋建筑的多重空间里营造合适的气候，园林设计者也一样，必须在园林空间里实现同样的空间气候构成。园林必须有水，植物才能存活（有时也为降温使用），排水也是同等重要的，这样，植物就不会淹死或腐烂，地面也不会臭气熏天、泥泞不堪。光影的安排也要下一番工夫，而空气或温暖或凉爽，同时香气弥漫，流声悦耳。

灌溉与排水

水在景观中有着决定性的地位，同时又富于实用价值。水景气质万千，波光粼粼的水面、氤氲的雾霭、奔腾的瀑布或是静水深潭，既能供人玩乐，又能让人瞻仰。

波斯园林的中央往往将一口水井开凿成反射池，而地下汩汩而出的泉水经过夸张处理可形成喷泉；山泉之源能够异化成洞穴或是瀑布。在很多景观中，泉水被奉为神明，一侧往往设置神龛或是摆放神像，让人顶礼膜拜。在干旱少雨的澳洲腹地，高耸的风车不断将低处的水井里的水抽到上方蓄水池中，令人赞叹的外观赢得了一些简单却富于诗意的名字，比如“破桶激泉”“月光水箱”。而日本传统园林典籍《作庭记》则煞有介事地规定，水的源头必须隐于园中，不为人所见：一座假山中的水景只能透过石头背后流下的瀑布彰显其存在。

水景的呈现别有一番趣味，可以是池塘、湖泊、运河、游泳池或是水库。水中种植荷花、睡莲、水葫芦、鸢尾以及各种芦苇和水草。水可以流动、跌落或是顺着马赛克的水槽汩汩流出。如果是静水，平坦光滑的水面能够衬托出周围地势的起伏崎岖。几乎没有哪种土壤能够抵抗水的侵蚀，所以水槽需要砌筑边角线，水泥是常用材料。有时还要铺设一层黏土或是塑料（或者两者皆有，黏土层用来保护和掩盖下面的塑料涂层），现在的做法上面还要加一层膨润土（同样也是猫砂的原料）。水需要不断的循环，水中要充入氧气，以保持水质清新，防止浮游生物的大量繁殖。

水的流动严格遵循水力学原理，所以水景的设置必须考虑这一因素。我们来看《作庭记》的建议：

如果将水渠的落差定位为水渠长度的3%，则水流动时就会发出汩汩的声响。如若挖水渠之时不能有水

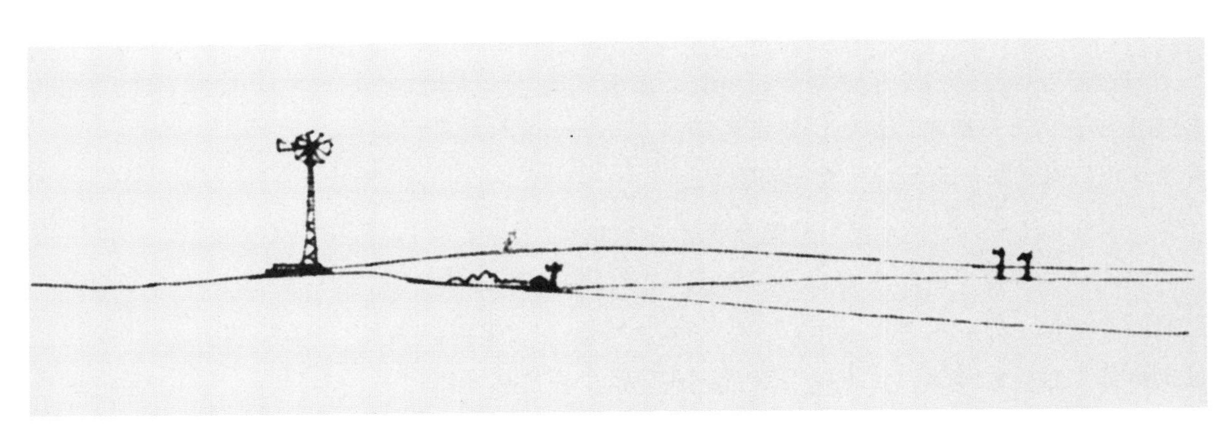

风车标记水源

水自隐蔽处流出

及时通过，可以用劈开的竹筒来确定。竹筒开口朝上一个接一个铺在地上，水从中流过即能确定落差。

其中还提出了改变水流的方法：

溪流中石头的排放应始于水流转之处，水撼石而石不动，水之流转拜石所赐。

同时还告诫人们为池塘祛瘀：

静水放置一两晚则昆虫滋生，因此喷泉需定时流动，水底之石应不时清洗。

在有地面落差的场地，可以模仿自然的瀑布让水自行下落，或者设计规则的导流槽和喷射装置。在可得到所需水压的

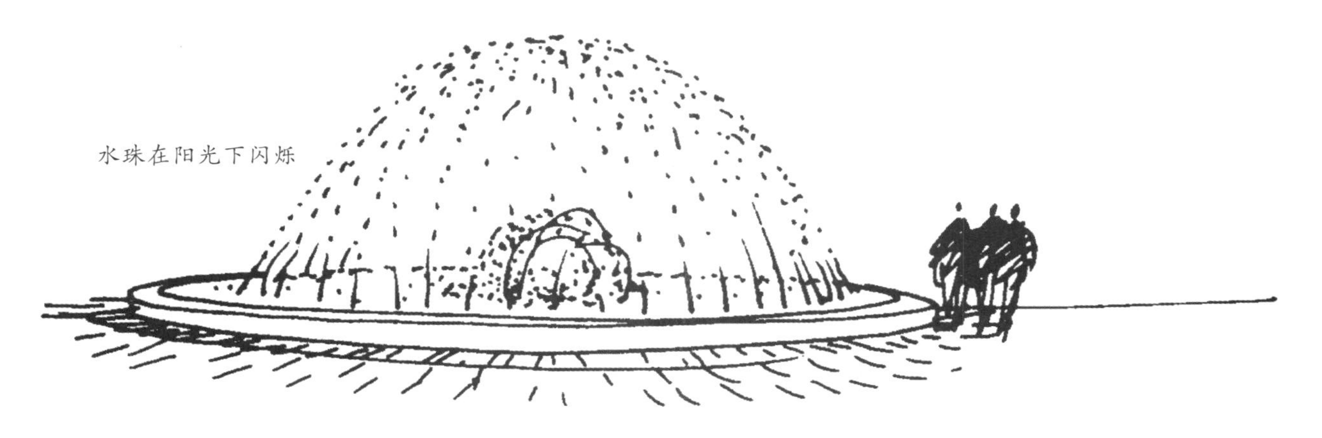

情况下，还可以安装喷嘴喷出结实的水柱、羽毛般精致的喷雾或是一系列小喷泉组合。水或汩汩流出，或缓缓滴落，或水花四溅，还可以洒向空中随风飞舞。水、观者和阳光之间的关系每一次改变，都有新的景观，散落的水滴在阳光照射下晶莹剔透，彩虹飘忽不定难以捉摸，闪烁的灯光喷泉熠熠生辉（在深色种植背景的衬托下，效果最佳）。喷嘴可以安放在规则喷泉中，成为景观的焦点。更为实用的设计手法是隐藏的喷灌系统，没有这个条件用软管或是喷洒器也行得通。

大自然有一套复杂精妙的集水蓄水系统，池塘、湖泊、溪水和河流都进化出排水功能。运气好的话，景观中有自然的排水系统。但多数情况下需要人造设施将水排出，可以是隐藏式，在地下建造农业排水渠；也可以模仿自然，将地面设计成较平缓的斜坡，形成微溪流和微型池塘。在规则的园林中还可以采用建筑结构，比如水槽、排水沟或是滴水嘴。

照明

照到一处园林的阳光（月光以及星光）从来都不是静止不动的，也不会单调乏味。每一分钟，每一小时，这些光线都会产生方向上的变化；而光线的质量也会随着天空的阴晴发生改变，午间或许是湛蓝晴空，到了夕阳西下之时，又散发出温暖的光芒。人造光源也可以产生动感：容器里的大蜡烛有时会在草坪上产生摇曳的效果，也可以在池塘水面上浮动；油灯隐藏在瀑布后闪动，烟花甚至将园景延伸到天空。只有电灯照明一直保持均匀稳定。

在园林中填充浅色的反光层，并使之向天空开放，可营造出明亮（甚至灿烂）的氛围；表层变暗以后，用树叶或天篷隔断天空，使园林背向太阳，就形成了遮阴之处（或暗处）。人们也有可能需要极醒目的对照：在阳光灿烂的庭院里造就一个荫蔽的回廊，或者在树林深处留下一块阳光灿烂的空地。人们还可以在细节、级差、过渡上变出众多花样，使游园者进入林木深处或一个阴暗的洞穴，然后缓缓地再次投入阳光明媚的怀抱。

园林中的色彩会随着光的明暗发生变化。中等光强之下，树叶和花卉的色泽最为纯净；但在柔和的月光下，大部分色泽都会淡化。日本园林中常见观月平台，让人观赏尚未褪去的银色和灰色、白沙之上的月光和映衬着黑暗天空的樱花。热带灿烂的阳光会使色泽几乎褪尽，只留下淡淡的痕迹，以至于猩红的九重葛都变成了羞涩的粉红色。

墙面和地面以及平坦表面的亮度取决于入射光线的角度：光线垂直的时候最明亮，光线几乎与表面齐平的时候最暗淡，同时随着太阳的不断移动亮度也不断发生变化。但是，有纹理的表面在垂直光线下看上去最平整，斜照之下则变化多端。为云层所包裹的阳光在英国园林红砖墙上投下的阴影会形成柔和的渐变，爱琴海地区的阳光在白墙上投下的阴影却会形成耀眼的反差。仔细规划太阳在园林上方划出的弧线，研究冬至和夏至之间的阳光变化，然后调整墙体和地面的表层角度，形成色度、阴影、质地的交响，在日间缓缓流淌，并且随着季节变换主题。

光线的另一美妙之处是发光的物体在黑暗背景映衬下发出的光芒。夜晚，我们能够观赏月亮、星星，也许还有火苗的闪动。舞台设计人员一般采用背景光和半透明幕布形成对比效果，建筑师则利用彩色玻璃。园林当中最耀眼的常常是背光的树叶或是花朵；草儿在低矮的清晨阳光下闪烁，有露水或霜降的时候尤其如此。草地之上，绿色的树冠会过滤阳光，投下斑驳的阴影。

最后，阳光在闪亮的表层会形成点点闪光，特别是照在玻璃、瓷砖和金属的时候也会发出微光，但最突出的还是水面。为产生这样的效果，我们必须使阳光照向闪光表层的入射角等同于射入观赏者眼睛的反射角。举个例子，当水面保持静止和平坦的时候（或在离观者很远的地方），太阳很低（或者你处于一个特别高的视点）或近在眼前的时候，整个水面如同熔融的金属一样。当水面泛起波澜之时，哪怕太阳位于一天当中的

英国的阳光轻柔的浸染

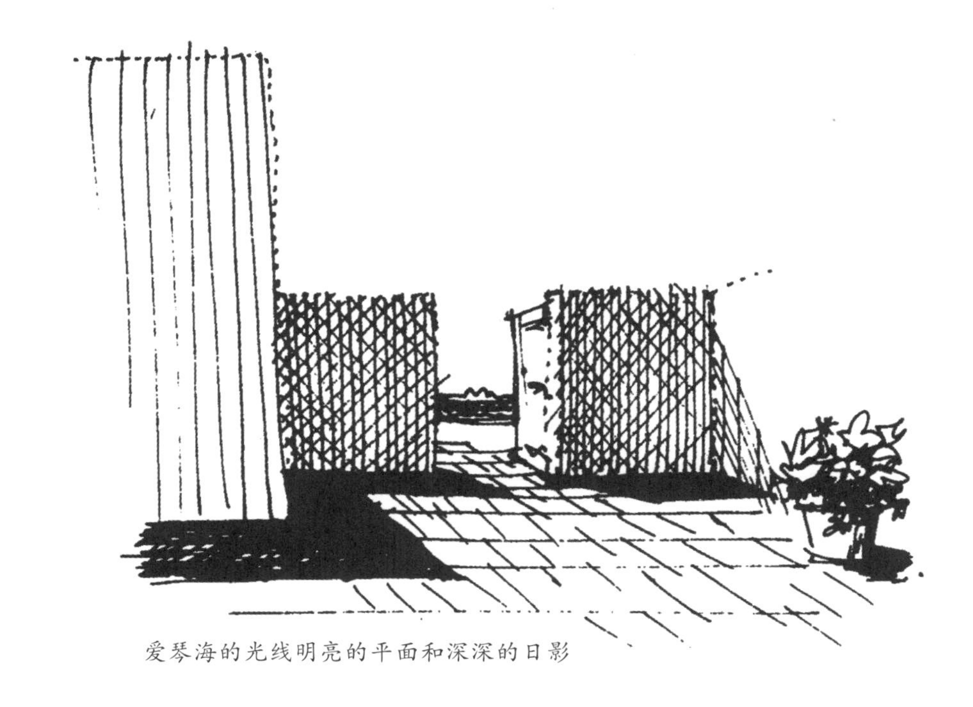

爱琴海的光线明亮的平面和深深的日影

最高点，水面也会因为角度的不断变化而产生短暂的反射，泛起粼粼的波光。

采暖及冷却

园林家利用阴影和水流打造凉爽之地。它们的物理原理有所不同：阴影处减少阳光辐射热，而来自池塘、树叶或（最好的方法）喷泉水雾的蒸发则会降低空气的温度。绿树成荫的绿洲在温暖的天气里让人感觉清爽，而即便是太阳直射，水也能够带来凉爽之感。

另一方面，如果人们希望营造温暖之处，则必须利用一些方法捕捉阳光的能量。寒风瑟瑟的早晨，朝东的遮蔽角落依然温暖，朝西的角落则能够捕捉午后的金光。利用玻璃来建造围合空间可保留更多的热量，也就是我们常说的温室。温室时刻准备着接纳辐射能量，同时阻止热量的散失。在温室建设早期，人们据此原理搭建柑橘阳光房，尚在盆中的幼苗可用手推车推进去过冬。但这样的方法并非总是那么有效的，因为在砖石结构中，很难把窗户做得很大。例如，威廉·钱伯斯在伦敦邱园用白灰泥修造的漂亮的橘园温室从来都没有能够有效地实现设计效果。工业革命改进技术工艺，催生了轻质钢结构温室——比如德西马斯·伯顿后来为邱园设计的棕榈温室。这些温室哪怕在北部冬天的严寒当中也可保持热带丛林的气候（只在必要时稍加人工采暖即可）。

像木材这种绝缘材料，看上去就有温暖的手感。而金属一类的导体一般会使热量从皮肤上流失，因此感觉很冷，但在炽热的阳光下又有可能变得很烫。另外像石头、砖块和水泥材料，温度升高起来很慢，但保持热量的时间会相应变长。整天暴露于阳光之中的砖石墙体在太阳高高挂在天际的时候还能保持夜间的凉爽。石窟之内一年四季都可保持相当稳定的温度，夏凉冬暖。（博斯威尔曾经记述这样一段轶事：林肯郡的一位女士向约翰逊博士介绍她正在建造的一处洞室：“约翰逊博士，这样不是会在夏天形成相当凉爽的一个栖息地吗？”“那是当然，夫人，”他回答说，“对于一只蟾蜍来说的确是这样。”）

阳光的温暖

在冷风瑟瑟的季节，人们想营造阳光灿烂的避风之处。而在气候温和之地，尤其在空气湿重之时，人们可以建造阴凉、通风、开敞的高地——露台、凉亭、避暑别墅和高山别墅——迎接凉爽的微风。人们还需要避雨。18世纪的英国园林里满是神殿和漂亮华丽的建筑，那不仅仅是为了赏心悦目，同时也是为了在阵雨到来时游客有躲雨之处。热带园林如果没有提供躲避肆虐季风的凉亭，游客根本就没有办法置身其中。

温暖、凉爽或遮蔽处的暗示与实体同样重要。方形庭院中涓涓细流的滴落在阳光灿烂的白天提供凉爽的遮蔽处，山顶的一处望景楼则暗示温暖的晚风。

洞穴的凉爽

香气扑鼻

园林的乐处在于芬芳的气味。波斯诗人哈菲茨写道：

> 啊！搬出你无数玫瑰铺就的床榻，
> 园林隐幽的欢乐透出阵阵香气；
> 细枝交错低垂，舞弄婆娑的树影，
> 吐纳香气馥郁，如同啜饮葡萄美酒！

弗郎西斯·培根在他的文章《论园林》中说，植物发出的香气的品质是营造园林者必备的知识：

> 由于花的气息在风中散播比捧在手中更为可爱（花香在风中来去，如同音符的低语），因此，了解何种花与植物能够使空气更为清新，再没有比这更合时宜的乐事了。

然后，他把花卉和树木根据其香气的强度、飘香的时节分成几类，看哪些是“飘过时”好闻，哪些“腐烂和压碎时”最香。

但花和树叶的香气并不是园林可以利用的唯一的香源。英国风景园林经常散发出湿润的夏土、干草和农家场院的气息。久旱逢甘露之时，澳大利亚园林的气味会变得格外浓烈：桉树浓烈的气息掺杂着雨水扑打在温暖的尘土上产生的那种绝对不会弄错的味道。我们知道希腊园林经常发出一种希腊加饭酒和洋葱的气味，土耳其园林常常有梅酒和玫瑰的气味。印度的园林会让我们回忆起熏香、椰子油、茶壶或野炊的烟火味。还有巴厘的庭院散发出多层次的气味，让人觉得是由天赋极高但又

花香

疯狂的酿酒者打造，其中包含海风微咸的味道、稻田泥土的清新，还夹杂着丁香烟和鸡蛋花香。

填充声音

园林的声源多种多样，都可以削弱或强化。林中的风声能轻扰人的思路。托马斯·哈代说：“几乎每一种树都有自己的声音。”在《作家札记》中，萨默塞特·毛姆这样描述：轻风抚动常绿树花边状树叶，发出“人们谈话”一样的响声；据当地人说，“夜半站在树下，人会听到陌生人的声音在讲述大地的秘密”。

如果种植能够吸引鸟类的植物，并用食物和栖息地来引诱它们，就可以让园林中歌声不断。假如选择豢养，要记住许多鸟儿非常挑剔，就好像它们已经付了很高的租金一样：有些喜欢群居公寓，有些喜欢独处。入口的门洞必须做得有大有小，内室也必须尺寸相当，同时保持清洁卫生等。显然，建筑风格并不影响鸟儿的选择，不过，除此之外的一切因素看来都很重要。

园林中更为持久的声音来源是水，喷泉的喷溅、潺潺的流水、喧嚣的瀑布、滴答的水珠，有时候还会从天上落下。水的声音和水的形状都可操控，比如莫卧儿园林里规则的瀑布。我们甚至发现，用钳子可以为微型堤坝的锯齿形铜边调音，以模仿小溪发出的潺潺水声。这种做法在现代看来有些天真，因为

鸟的歌唱

现在帮助我们入眠的是插在床边的小匣子，传出一波又一波电子模拟的海浪声。

注入生命

亚历山大·蒲柏在他的《人论》中如此激发读者，他说，人类因骄傲而从天堂被逐，这种傲慢的罪恶引导人类离开动物群体，开始建造房屋和城镇用于定居。在天堂的日子：

> 人类不知自满，也不懂傲慢的艺术，
>
> 人与兽同行，人兽共聚同一处荫蔽。

人类在植物、动物和鸟类等生命簇拥下在园林中建造人类栖息地，从而唤起人类对于伊甸园的想象。

种植

园林可以绿树成荫，既提供遮阴之处，保证私密性，又能欣赏光线的变化。种植的色彩会发生季节性变化，从夏季的青葱到秋季的明亮，从冬天的肃杀到春天的姹紫嫣红。或者到美国南部的阳光地带，那里6月盛开蓝花楹，10月是淡紫色的丝绵，11月欣赏红色和紫色的九重葛，2月则轮到黄色的金合欢。种植还能带来芬芳的气味，比如玫瑰、黄杨，亦可栽松柏或药草。为盲人设计的园林特别注意芳香植物的组合，我们这些健全人也不能错过这种乐趣。

园林最容易吸引人的特点之一是种植的易变性。如果不细心照料，渐渐就会被疏忽遗忘，最终花草会死掉。而园丁的细心照料通常会得到回报，他们的活动会在人类与大地之间建

立牢固的联系。树木和灌木必须整枝和造型，草坪需要平整；边缘要修整，树篱也要不时修剪。土层必须施肥和翻新，花圃要定期播种；季节变换的时候，花盆还要随之移动。自然园林掩盖人工照管的痕迹，让风景看上去是自然而然进化到完美状态。与之相对的规则园林，修剪痕迹是故意而为之，彰显出人

对自然的控制而不是任其自生自灭。我们会看到完美的草坪，修剪整齐的树篱，甚至是造型绿篱，以及纹路精美的花坛。

随着时间的推移，园林慢慢在生长和变化，这既有乐观的一面，也有在构成上造成的麻烦：我们都知道阳光灿烂的园林曾慢慢变成凉爽宜人的地方。虽然人造结构，比如建筑，会老化或爬满苔藓，但一般会保持它最初的尺寸和形状，树木却不然。左边的树木可能看上去正好跟右边的草皮达成平衡，也许上面有一个露台，也许是一堆矮树丛。但要小心！露台不会增长，矮树丛不会长得太高，但是，树木却会长成参天大树，因此可以非常肯定地说，这里的平衡一定会被打破。

活体构成物会随时间发生变化

居住

孔雀在欧洲的漂亮公园里神气活现地走动，日本的许多园林池塘里都有神圣的大鲤鱼，克什米尔的莫卧儿园林里充斥着夜莺的歌声。在少数几处特大的园林中，人类的居住地也会成为风景的一部分。乾隆皇帝把一批勤劳的农民安置在圆明园中的一个岛上住着。18世纪英国的一些绅士会不时把蓬头垢面的隐士请到他们风景如画的园林中，安排他们住进专门建造的村舍和洞穴。在里士满，卡罗琳女王公园的梅林之穴曾经住过一个叫斯蒂芬·达克的人，他在洞里完成了大量糟糕的诗篇。热内·路易德·吉拉丁侯爵一直想在埃尔默农维勒镇的“英式”园林里搞一次高品位的活动。1778年，他邀请当时已经十分潦倒的卢梭到他的园林里去住一阵子，为此吉拉丁准备了一座用石头和草顶做成的村舍小居，即后来为人所熟知的“哲学之居”。但是，房子还没有造好（或者说，卢梭还没有准备好前往居住）卢梭就去世了。

除去招待客人，在园林里摆放雕像也是一种实用的方法。这是罗马时代以后欧洲园林的一个传统，在中国和日本园林中则比较少。迪斯尼乐园里塞满了真人大小的动画人物，甚至还有会说话的雕塑——斯迪芬·达克被唐老鸭取代。

1829年，华盛顿·欧文造访阿尔汉布拉宫的宫殿和园林，发现那里一片断垣残壁、人迹渺然，因此他用想象让这里充满生机：他写到了匪徒、乞丐和王子，写到了阿尔哈马尔、优素福·阿卜杜勒·哈吉格，还有博阿布迪尔。他再述或者干脆杜撰出一些传奇故事，有精于哲学思考的伊布拉辛·伊布恩·阿布·阿尤布，他“经常乐于找一些跳舞的女人”，最终跟一个“美艳惊人的基督教少女”一起消失在地底下；王子艾哈迈德·阿尔·卡迈勒生活在孤独的城堡里，跟飞到这里来的鸟儿诉说心中的爱情；有来自丹吉尔港的一个摩尔人和一个地位卑微的剃头师傅，有三姐妹和三个英勇的骑士，还有阿尔汉布拉宫的玫瑰和她警惕的姨妈。“要构思如此完美的东方景致而不联想到早期的阿拉伯浪漫故事是不可能的，我们期待着看到某个神秘的王子从画廊里伸出白色手臂召唤人们，或者一只黑幽幽的眼睛在格子窗后面闪着幽光。”他写道，“美妙的居所就在这里，就如同昨天之前还有人在这里生活一样。”

装饰

我们通常会在一栋房子的房间里看到主人的珍藏品和财产。园林的空间也可以放置一些物体，供人使用，让人愉心怡神。

中国园林里常常把奇石放在基座上展示，日本园林则点缀着制作精巧的石灯笼。欧洲园林里最常见的装饰是一流的树木，树木四周留有供人观赏的空地和花卉组成的花境。另一种方法在地中海沿岸沿用达千年之久，就是让花卉动起来；把花种在花盆里，只在盛开时搬出来展示。

园林中的摆设可以很低调，仅供人们休憩，或是放置一些东西。这样的摆设在某些较大型的园林中是一些庞大的砖石建筑：兰特别墅中央的石制宴桌可坐数十人，中间有水径流贯

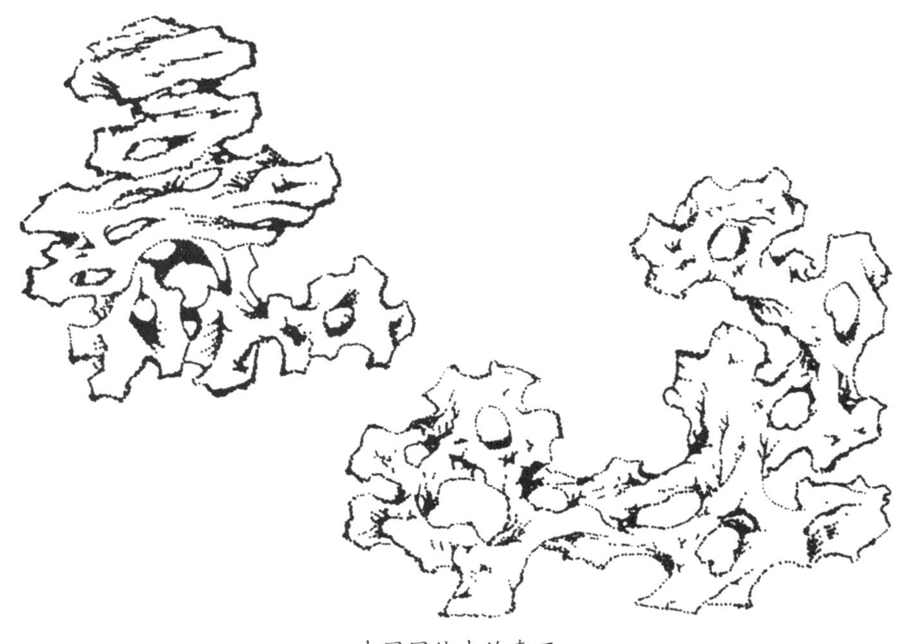

中国园林中的奇石

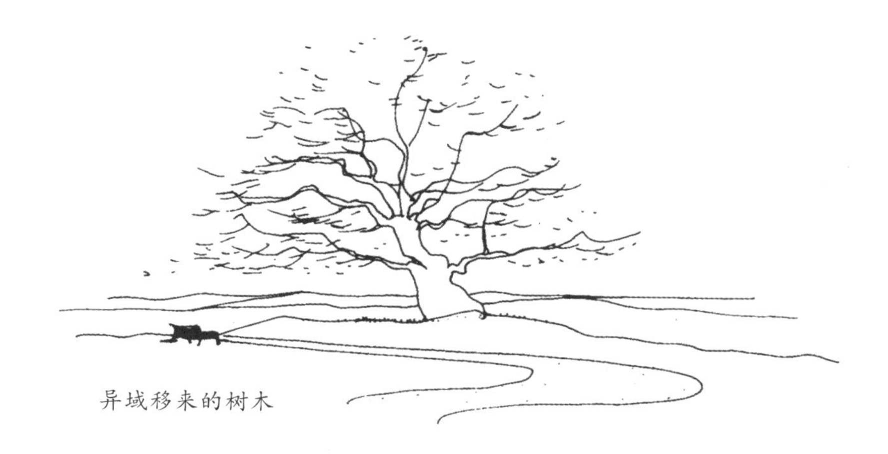
异域移来的树木

其下，颇有些中国和日本园林亭榭里四处穿行的曲水流觞。水杯漂在水面，顺流而下；附庸风雅的人们坐在水流边，饮酒作诗。至于一饮杯中物是即时创作的奖赏，还是未能及时应对的惩罚，我们早就忘记了。在其他的一些园林中，精美的石凳和木质长椅感觉坐上去会很舒服（实际上很硬），出于舒服的考虑，最好是放置一些带垫子的靠背椅或者躺椅，可供人懒洋洋地打发一些时光。

池塘、热水浴、烧烤、秋千、狗舍、鸽笼、捕飞虫器和晒衣绳等设施也可以满足游客的需求。（“我们的园中什么也不长，”波莉·卡特在《奶树下》中抱怨说，“只有要洗的东西越来越多，再就是小孩子。”）

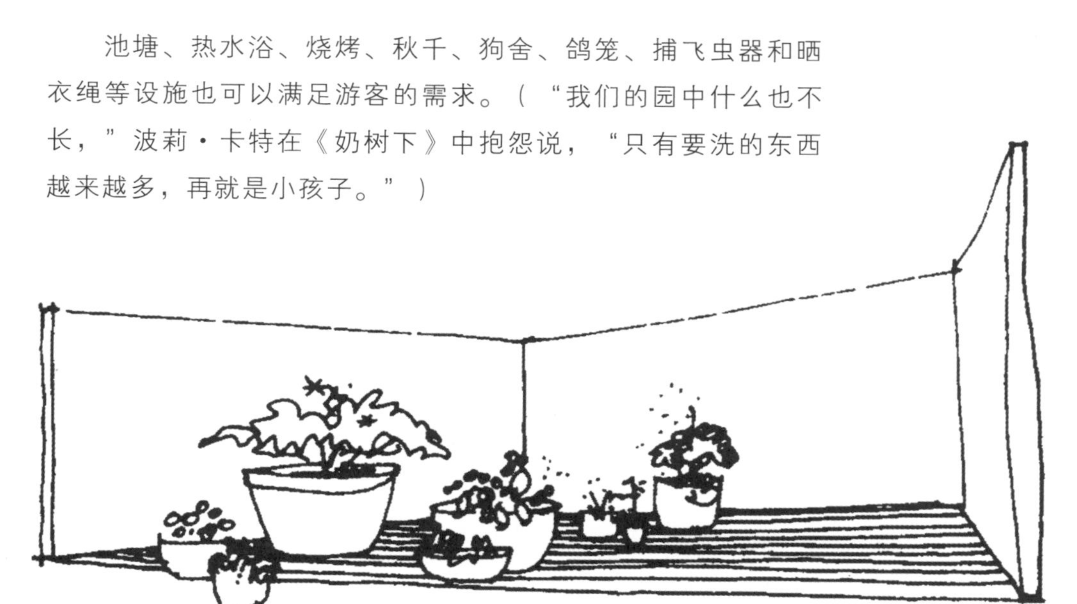
放在花盆中可移动的花

命名

中国18世纪的一部伟大的小说《红楼梦》中有这样一幕，父亲贾政谈到新近落成的一处园林："远景近亭，以至石树花草固美，若无文字点化诗意则算不得完美。"之后，一行人去到园中一一命名，纪事赋诗，把彼此用过的一些词来回引征。于是在读者眼前，园林变得丰满起来。

现实中，这种命名游戏当之无愧的冠军非乾隆皇帝莫属。他的圆明园不仅仅是方圆数百里之内最大最宏伟的园林，而且也是命名和描述最为全面的一座。的确，四十处引人联想的名字、书法和入画的景观是圆明园唯一剩下来的东西（当然还有几处感伤的遗迹），19世纪，圆明园被泄愤的英法士兵毁坏。

当然，英国人自己也有一套给园林命名的办法：大部分还有仿古格调。罗夏姆有维纳斯谷和普莱恩纳斯特。为了确保大家能够明白喻义，这个园林还布置了阿波罗、墨丘利和其他神灵的雕像。斯托庄园是18世纪最伟大的风景之一，里面有一个希腊谷，其中最引人注目的是和谐与胜利的爱奥尼亚神庙、极乐之土和冥河。

英国人还发明了一种复杂和极有趣的游戏，把园林中的场景归入美学范畴。艾德蒙德·伯克最早（或至少确立了最重要的一些原则）在其《论崇高与美丽概念起源的哲学探究》（1756）中定义美丽和崇高：美丽就是小巧、平滑和渐变，在万能布朗设计的缓缓起伏的风景当中得到体现。

与美丽相对的是崇高：可怕、粗糙、狂野，比如山峰、深坑和凶猛的野兽。威廉·钱伯斯爵士采纳了这个暗示，并表现在他所著的《东方园林论》中，他甚至构想了一幅令人恐怖的中国园林景象：

建筑变成了断垣残壁，或者一半为战火所焚，或者为汹涌的洪水所吞没。除了几处可怜的棚屋零散地分布在山上以外，其他一切都破损不堪，足可见此处生活的惨淡。蝙蝠、猫头鹰、秃鹫和各种猛禽在丛林中飞动；狼群、老虎和豺狗在森林里吼叫；饿得半死的动物在平地上游走，绞刑台、十字架、车轮等等各种刑具都可在道路上看到。

参观者要非常小心，避开“人工降雨的沐浴”，“突然的一阵狂风”，“火势瞬间蔓延”，甚至还有“不时的一阵电击”。不过在沃尔特·迪斯尼之前，没有人会做出如此夸张的举动。

让现代人更为不解的是17至18世纪园林评论家的观念——他们常常声称在一些特别受欢迎的景观中发现sharawaggi（说的是园子里的不规则性）。这个词语可能是某个中国短语的讹用，代表着令人愉悦的、似乎是无心铸就的错落有致的组合，以及不对称和些许中国元素。

18世纪末，“风景如画”这个词因为威廉·吉尔平和尤夫戴尔·普莱斯爵士（1794年发表了《论风景如画》一文）而流行起来。普莱斯的意思是，风景如画的概念应该适用于那些“已经和有可能极好地表现在画作中的所有风景”。他指的是浪漫主义的风景画，这样的风景画典型的特征是笔触狂放，色彩对比强烈，以及不规则的构图。逼真的如画风景倾向于崇高，但又没有恐怖的暗示和无穷无尽的意味，同时还避开了美丽所包含的流畅平滑之感。出乎意料也是景观的一部分，如托马斯·洛夫·皮考克在他的《海德隆大厦》中让“一位爱丁堡来的深刻的批评家”庄严地宣称这一点，却落得被人质疑的下场：“对不起先生，一个人第二次从这里走过的时候，他通过什么样的名字来区别这一特点呢？”风景园林家汉弗雷·莱普顿是风景如画风格坚定的倡导者，他的风格在19世纪和20世纪初期的园林和公园中被大量地模仿。

日本有自己的一套分类系统——传统的主题分类，包括山地园林、平地园林等等。还有精巧程度和完成情况的不同：shin，即完全人造的精美园林；gyo处于中间状态；so指简单、纯粹的自然化风景。也有与英语当中的美丽、如画和崇高等词相对应的一套系统，比如shibui,暗示未被人类染指的自然美，wabi指自然环境中安静的孤独状态，sabi是风吹日晒的朴素的乡村景色。

福楼拜禁不住要拿这些概念开玩笑。他在小说《布瓦尔和佩居榭》中让两个英雄讨论园林的形式“千差万别”：有忧郁和浪漫的（永不凋谢的花朵、残垣败壁、坟墓和献给圣女的牌匾）；有崇高和令人敬畏的（突出的石头、残花败柳、烧过的棚屋）；有来自异国他乡的（秘鲁百合），有庄严的（哲学之殿），有壮丽的（方尖碑和凯旋门），有神秘的（苔藓和洞穴），有深思的（湖泊）；还有幻想的（一头野猪，一位隐士，几处圣物储藏所和突然出现的一处水源）。带着人物特有的热情，他们毁掉一片芦笋田，用黑泥糊成一座伊特鲁里亚坟墓。“看上去好像狗窝，”他们在草坪上扔了一块石头，“就跟一个巨型土豆一样。”

栖居

在中国山水画当中，常常会有极小的人物，或一处离群索居的隐士木屋。尽管隐藏在群山浓雾中若隐若现，但这些隐居处仍然将山水同人类的生活联系起来。同样，在中国的园林建筑当中，亭台楼榭不仅仅容纳了石头和水构成的微型世界，而且体现并歌颂人类的栖居。

楼台亭阁也是波斯园林的核心部分，伊斯法汉古老的皇家园林里有两处特别出色的例子。阿里普卡园中，柚木柱的大厅仿佛巨大的宝座，与脚下矩形的国王广场相映成趣。切赫尔·苏坦（四十柱亭，其中二十柱是水中闪烁的倒影）位于绿树成荫的绿洲之中，是对称的景观中骄奢淫逸的中心。

在土耳其，慢慢形成了一种凉亭——人们在慢慢品味亭外风景的同时，可以抽烟，喝咖啡，听音乐。波斯和莫卧儿园林当然都建在内陆地区，但是，土耳其园林都建在博斯普鲁斯海峡和金角湾沿岸，因此，这些凉亭可以俯瞰大海，而不是面对封闭围合的狭小空间。

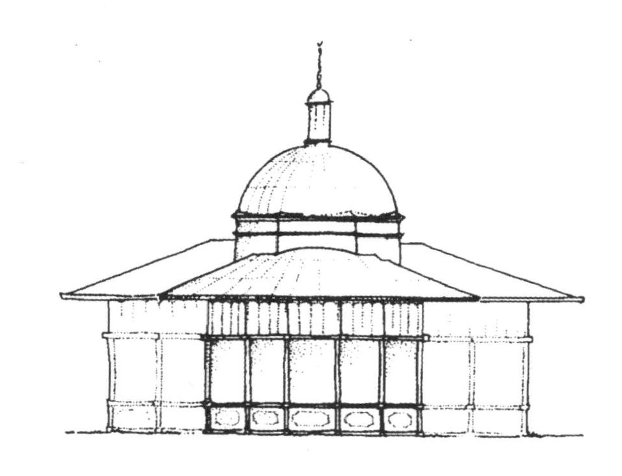

莫卧儿园林采纳了印度的巴拉达里外形，其作用在莫辛德·辛格·兰德哈瓦所著的《各世纪的园林》一书有描述：

> 巴拉达里是典型的印度建筑结构，目的是要满足多雨季节的要求。人们坐在巴拉达里感受清新的微风，观赏风云变幻。在康格拉画派的作品中，我们常常会看到为女奴所簇拥的公主，在巴拉达里之下看白

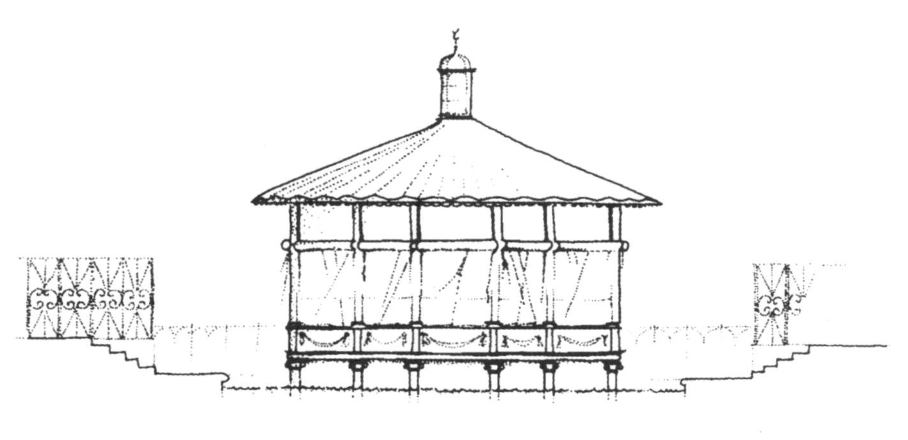

土耳其式的凉亭

鹭飞过，白鹭雪白的羽毛与背景中的暗蓝色云彩形成鲜明的对照。

这使英国人感到十分惊讶，很明显：

在北欧，特别是在英格兰湿冷的气候下，下雨是常见的事情，阳光却极少见，人们无法想象第一次季风雨给北部印度炎热的平原上的男女老少带来的欢喜和快乐——六月炎热的太阳烤干了所有的植物。对他们来说，这些印度的图画看上去十分可笑，他们无法想象竟然会有人喜欢下雨和乌云，因为这总会跟坏天气联系在一起。

但是在印度，一切都不同，任何经历过季风季节的人都肯定会明白这一点：

印度人喜欢季风雨和乌云。他们坐在巴拉达里凉亭里倾听舞女的歌声，一边看雨水落下，看云朵飞过，一边吮吸放在冰水中冻过的芒果。正因为这个原因，莫卧儿皇室采纳了巴拉达里，在平原的园林中也建造了同样的巴拉达里亭。他们用自己最喜欢的花瓶的图案涂饰巴拉达里的亭柱，还在里面铺上厚厚的地毯和垫子。

英国人后来也形成了自己的园林亭榭概念，使这些亭子适合他们的气候、天空和多愁善感。在18世纪的风景园林中，我们会发现无数微型的古典神殿，一般在山顶或在湖边，可以观赏精心框住的景色。这些地方可供人度过漫长和安静的夏日午后，此时光线较低，有拉长的阴影，和慢慢淡去的柔和远景。这其中最庄严的要属约翰·凡布鲁所设计的帕拉第奥式的四面殿，建在霍华德城堡的山顶上。凡布鲁的传记作家克里·唐斯描述此地为“极好的去处，可带上一本好书，一瓶好酒，还有西塞罗的一些想法，来此度过一个极美的下午”。最令人感动的是“考珀的座椅”，这个亭子并不是建在园林里的，而是在奥尔尼乡下的田野里面，用以纪念诗人喜欢的一处乡村地点。

到过东方的欧洲旅行者，有时候会略带轻蔑地提及东方人在凉亭或是巴拉达里中久坐休息的习惯。这反映出一种观点，在北温带上更为合适，即园林是积极主动栖居的地方，应该有人走进去（甚至骑马进去），并加以探索。

在供人们探索的园林中，当然不能够把一切景点一下子呈现出来。亚历山大·蒲柏是如此建议英国园林家的：

为求逗乐设置重重迷津，

一惊一变方可有所收获。

稍后，我们会看到两处18世纪的英国园林，罗夏姆和斯托海德，其建造者听从了蒲柏的建议，把神殿和一些华丽的建筑藏在林中和山坡上，并在其中织就曲径通幽的小路。我们还会看到一些供人漫步其中而不是坐在房子里或船上沉思的日本园林。

供人探索用的园林当中，最极端的形式就是迷宫：一些小路自成一体，相互交织，长长一段距离浓缩在极小的一块面积上。乾隆皇帝在圆明园里造了一个迷宫，勒诺特在凡尔赛宫中也造了一个迷宫。在汉普顿宫苑、在萨福克的萨莫雷顿，在弗吉尼亚州的威廉斯堡都还有绿篱做的迷宫。中世纪还有在教堂外的草地上修整出迷宫图案的习俗（莎士比亚笔下“茂盛草地上精巧迷宫”）。这样就可以进行小型的宗教朝圣活动——是朝向尘世圣地的远足，是信仰者对天堂之城曲折的精神之旅。

在爪哇，婆罗浮屠巨型佛塔的规模更大，同时也是一种高度浓缩的宗教朝圣。佛塔是一系列的同心台地，形成了一座人造的山

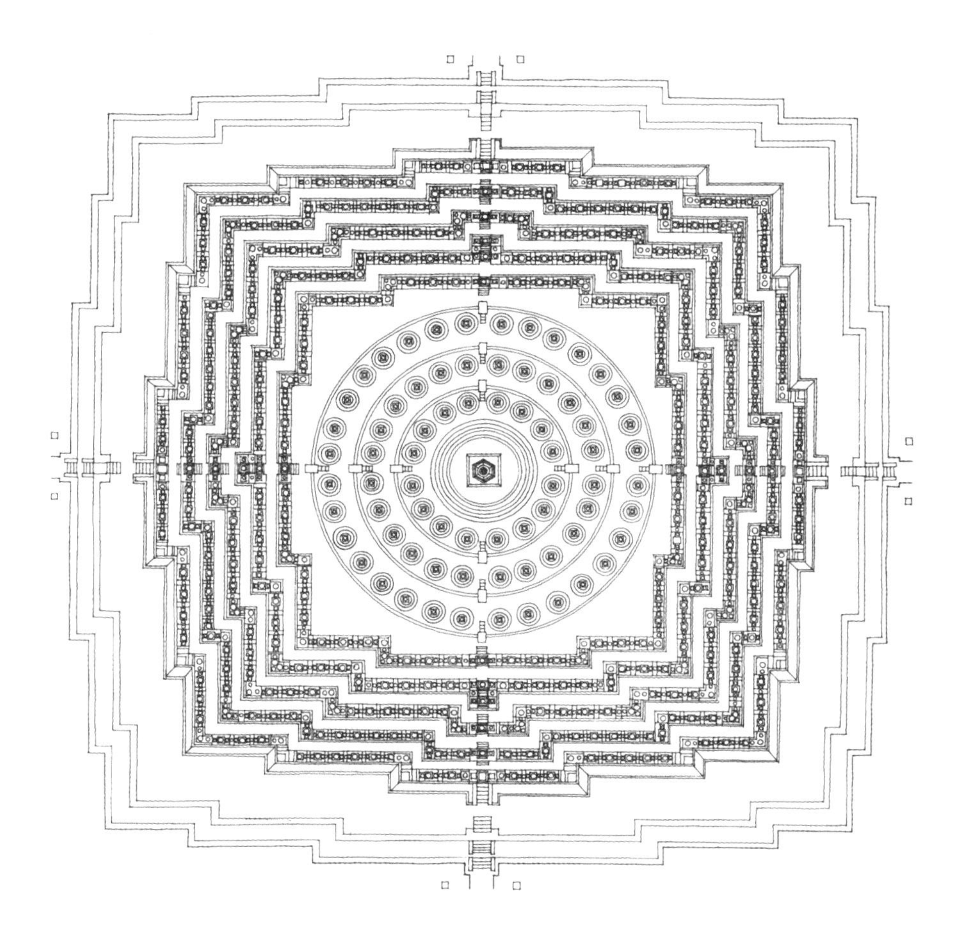

爪哇的波罗浮屠佛塔

体。朝圣之旅围绕着每一个台阶走一圈，然后才能等到上一圈，这是模仿少年悉达多成佛的重重道路。悉达多的宗教追求过程的情景都记录在巡回柱廊的画匾上。每一个台阶都象征更高一层的悟性：朝圣者一般首先会看到生命轮回的苦难，然后会见识佛陀讲解得救之法，如何获取佛性以及寻找最高的智慧。最后就到达台地的最顶端，永恒冥想之处——精神的最终居所。

3

历史的场所

园林是修辞的风景。世上园林皆由同样的材料造就，如同修辞学家的词汇皆出自同一门语言。不过两者的存在都是为了发人深省、使人感动，同时让人愉悦（这是西塞罗给修辞学家的职责下的定义）。我们同样可以研读园林的内容，也可以分析各种园林为达到效果而使用的结构、形象以及修辞方式。

地球上有数百万处园林，我们从中选取了约二十多处过往岁月里建造的园林，并按照如上方式详加研究。这些园林充分展示了园林设计中的各种可能，其中不乏引人入胜的例子，可以为我们所用，形成自己的设计。

很明显，如此伟大的园林内涵丰富而且结构复杂，不太容易进行严格的分类。同样，对园林进行分类的方法也是多种多样，比如根据气候、地形、大小、形状或土壤分类，或按情境和气氛这样一些不容易留存的品质予以划分。我们觉得将这些伟大的园林分成如下四类最为合适：场景、收藏处、朝圣地和范型。这四个类别中的园林在大小、形状和气氛等方面各不相同，不是天堂乐园的对称样式，就是经过封装和修饰美化的非对称自然形式（有时候两者兼有）。

我们的这四个类别实际上是按用途来划分的，主要看我们打算如何解释和欣赏一个地方。场景跟文学当中的暗喻有些类似，是指一地事物之间相互关系感人至深，或是无比清晰，能够启发我们去感受园林之外的世界。T.S.艾略特曾给剧作家的作用下过这样的定义：在现实中创造一个秩序，从而帮助观赏者更加明白现实的秩序。园林设计者创造一个场景来做同样的事情，即创造自然的场景来帮助我们理解自然；而自然本身也不时以风景的姿态出现在场景中，如此清楚的呈现与艺术作品一样引人注目。

如果场景是暗喻，收藏处不妨视作转喻。这些收藏处是一些断壁残垣的遗迹，引导后人追根溯源。大自然有时候会在某些特别的地点汇集一大批自然奇迹，让人啧啧称奇；而收藏处更大程度上是人类的游戏。哈德里安在提维里的收藏之丰，据说会让人依次回想起埃及、西班牙、古代泰尼亚或其他任何地方。乾隆的收藏热情更高，他的园林包罗万象，从法国喷泉到西藏喇嘛庙，各种珍稀，应有尽有。在自然科学崛起之时，伴随着欧洲人对亚洲、非洲、美洲和澳洲等地的殖民开发，异域的植物传入欧洲，大型植物园开始兴建。在我们这个娱乐大众化的年代，阿纳海姆的沃尔特·迪斯尼（后人在佛罗里达、东京和巴黎照搬了他的收藏品）和威尔士海岸波特梅里恩的克劳夫·威廉·艾利斯爵士这样热心的收藏者，他们内心的急切本能广为痴迷的追随者所支持。

有些伟大的园林，当我们漫步其中，看到精心编排的景观徐徐展开，如同一个动听的故事，或是一首优美的歌谣。我们称这些园林为朝圣地。这样的朝圣地在自然当中也有出现，朝圣者长途跋涉，直到那些神圣的地方。园林中的朝圣经常围绕着一座湖或池塘进行，朝圣的回忆就如电影中一连串承前启后的景象，而非油画或我们称之为场景的园林一样，所有内容一下子呈现出来。

再有一些园林，我们称之为范型，几何形布局，表达出某种视觉上的秩序：有围绕一个中心或轴线的对称，或是规则和重复的节奏。这与诗歌非常接近，诗歌以节拍和韵律形成声音的范型。

我们读一篇文字，或欣赏它的暗喻和转喻，或感受它的韵律和节拍，或寻找其中的叙述结构。每一种阅读的方式都会揭示文章不同层面的形式与意义。在园林当中亦是如此。收藏处有可能安排在朝圣者的路上，对称的范型可能是一种暗喻。因此，我们自认为这种分类代表了探索范本最有趣的一种方式，但这并不意味着它是客观的，也不排除其他分类方法的存在。

我们为所要描述的大部分园林精心制作了轴测图。这些图看上去像是航拍图，但是，在航拍图中（即透视图中），离摄像机越远的物体看起来越小，而在轴测图中，沿*a*或*b*任何一个方向，或沿垂直的*c*向的尺寸都是按比例尺绘制的。其他方向则有些变形，斜线*d*和*e*的长度实际上是一样的，但在图中却不同；*f*的真实长度也比图上更长一些。除了全园的鸟瞰，我们还分别绘制了园中的水系图、种植图和结构图。

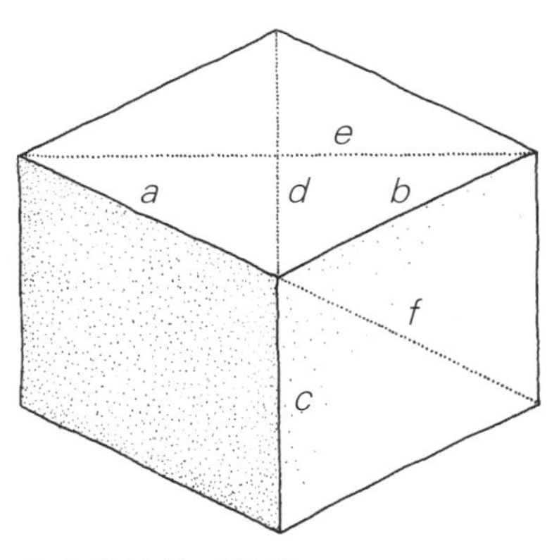

立方体的轴测投影

几乎所有有些年头的园林都随着时间的流逝而面目全非，我们只能向读者展示这些园林在某一时代的模样。有人已经或者将要制作这些园林的学术年史。经商讨，我们决定哪个年代最容易说清楚问题就展示那个年代的模样。如果我们觉得过去的布局比现在的样子效果更好，对我们更有启发，我们就把过去的样子画出来。

接下来就是这本书的重心所在——一个图像和思想的仓库、形状和关系的百科全书，我们自身所处的20世纪末期的众多形象必定也源自其中。建筑的外形会淹没在历史进程中，再也不能够为我们所用；而园林虽然生命更为短促，却较建筑更接近永恒。材料并没有变化，思想也没有变化，不管我们今日的园林设计如何拙劣，却依然与那些伟大之作一脉相承。

场景

某些特别的地方有着超乎寻常的力量，成为整个世界的暗喻。这样的魅力通常来自于浓缩的风景——删去不必要的细枝末节，保留精华部分；它总的效果就是为了吸引我们，让我们陷入其魔力之中。一些天然形成的巨石阵就有这样的魅力，而一些巧夺天工的堆砌，虽然体量小得多，却也获得同样的效果。在日本京都附近的龙安寺，整个世界浓缩为一块耙过的矩形沙地，上面摆放着几块不起眼的石头。万能的布朗创造的英国风景也不过由区区几种元素构成——起伏的草地，或孤立、或簇生，或成排的树木、水体，奶牛及英国的天空——同样构成了一个清晰生动的世界。马吉奥湖上美丽的小岛花园伊索拉贝拉，展示了图像的多重叠加而产生的暗喻的力量。小岛既像一条船，也像一个魔幻岛，形成了独立完整的景观，千变万化，摄人心魄；它的形象留在人们心里，填满整个脑海，挥之不去。在巴厘岛上，水流源源不断地从山上流向大海，太阳每日自东至西从天上划过，它们的轨迹成为善恶与生死的暗喻。我们发现，把这样的一些地方称为场景非常有用。有些场景很大，有些很小；有些可以一览无余，尽收眼底，有些必须徐途缓进，但所有这些场景都有清晰的条理和丰富的层次，它们的形象都能够充溢人的脑海（填满以后的回忆）。

乌鲁鲁

世界各大洲都散布着一些广为人知的天然巨石场景。人们走向这样的巨石场景时，都会禁不住感叹，这些乱七八糟和并不整齐的巨石怎么可能与场地结合起来，形成一个像模像样的

Tsaybegui：岩间空地

地方的。可是，等我们到达的时候，就发现并确认了这种奇观的可能性。

亚里桑那州东北角的纪念碑谷几乎完全是由柱状石构成的，这些石头的颜色从基部的赭色沙渐变成上层的柔和的红色。这些柱状石的基部与地面呈约45度倾斜，而上部却几乎与地面垂直。最高的柱状石的顶部是平坦的，标志着先前平原的高度。数百万年的风吹雨打剥蚀掉软岩，只留下这些高傲的幸存者。从远处看去，它们孤独而沉默；直到走近它们形成的那个地方——被一群巨石围绕在中央的“岩间平地”（Tsaybegui），你就明白自己到达了目的地，这就是自己所寻找的地方。那里只有沙、石、一些凌乱的沙漠植物，以及偶尔出现在巨石脚下、很难被人发现的扭曲的雪松，除此之外什么也没有，具有魅力的是这个空间本身。

另一处巨石密集的地方是中国西南部云南省的石林，参差不齐、密密麻麻的石灰岩巨石直挺挺地立在平地上。史前这里是一片汪洋，巨浪不停地冲刷较硬的石柱之间的缝隙形成了林立的石林。不知过了多少年，人类用双手在石柱间狭窄的空谷

中国云南石林：巨石间的狭窄空间

亚利桑那州的莫纽门特谷地：岩柱

里栽下树木，并在里面修成石径和台阶，池塘之上还架起了桥梁。人类的出现让自然更加赏心悦目。

这些巨型岩石中最高大的一座独自耸立在澳大利亚西部沙漠的中央，周围是红色的沙丘、三齿稃和丛生的灌木。这个地区的土著称这块独石为乌鲁鲁，是澳洲大陆中心的标志，数百英里尘土飞扬的土路将其与沿海城市连接起来。在整个欧洲刚刚对澳洲大陆模糊的轮廓有所了解的时候，乔纳森·斯威夫特已经把《格列佛游记》中的小人国、巨人国和慧马的故事搬到这里了。早期的澳洲殖民者想象，如此广阔和尚未开拓的地区有可能珍藏着神话中的失落之地，亚特兰蒂斯古城或是澳洲祭司王约翰的领土。但是，19世纪探索的结果，用阿兰·莫尔海德的话说，不过是片“鬼魅的空虚之地”。

乌鲁鲁石高一千英尺，平面状如风筝，地面周长约五英里。两侧陡峭，光秃，呈深得惊人的赤褐色，远远看去褪成淡淡的洋红色（背阴的一侧是较深的紫色），而西侧的一面在日落之时，是一片火红。风雨把岩石表面雕刻成跟随光线一同波动的条条曲线，好像皮肤下的肌肉和肌腱的纹理。顶层有岩洞，罕见的夏日暴雨之后洞里会有积水，接着会形成短促而迅疾的水瀑顺势倾泻，在底部沙地形成一个个上有桉树遮阴的池塘。在其四周，主要是在基部几英尺之上的地方，以及在任由沙漠西风劲吹的正面，岩洞被风沙穿透。同样的旋风使周围的沙漠一片平坦，几乎完全没有起伏，只在西边地平线上留下被称为奥尔加斯的圆顶怪石阵以及东部远处叫做孔纳山的岩石台地。这就是乌鲁鲁的全部，还有伴随乌鲁鲁的长久的沉寂。

澳大利亚的土著部落Yankunitjara和Pitjantjatjara远在欧洲人知晓这个地方之前一直就居住在这些风景当中，族人认为乌鲁鲁和其他一些风景是其神秘祖先留下的痕迹。因此，乌鲁鲁是神圣之地，婆罗浮屠的沙漠，不是靠雕刻石头，而是靠更微妙的讲故事的方式营造出来的。乌鲁鲁起先只是大自然的一个片断，但是，当你了解到这些故事之后，它会变成一座纪念

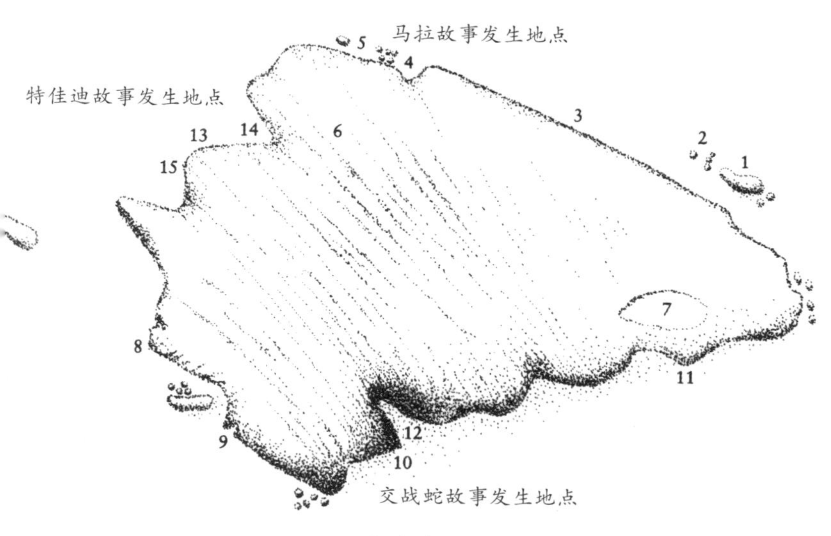

乌鲁鲁平原

碑，成为一个古代文化想象力的建构。在这里，如果你具备这样一种眼光，会看到澳大利亚的亚特兰蒂斯宏伟的庙宇。

乌鲁鲁的位置

从阳光充足的北部边界的石山和洞穴里，可以读到马拉人（在澳大利亚土著文化中，马拉人其实是棕兔袋鼠人）的不幸故事。他们因为拒绝赴约参加温托卡人举办的一项启动仪式而得罪了对方。为了教训马拉人，温托卡人的巫师就派一批凶残的魔犬，扑向乌鲁鲁的马拉营帐，将他们赶出了沙漠。人们根据描述将这些传说刻在石板上，我们列在上面的地图标出了石板所在的位置。

1. 塔普吉，马拉妇女的营帐。她们所用的一种挖掘用的尖物已经刻在石块里。

2. 逃亡中的马拉人。

3. 印宁迪特佳拉，是马拉男人被魔狗惊醒的地方。兰帕是翠鸟女，她想警告它们，结果却变成了一块巨石，这块巨石俯瞰着魔狗的爪印，这可以从乌鲁鲁的正面看到。

4. 马拉妇女的洞穴。

乌鲁鲁从沙床上升起

棱角分明的一面，由风和水整成平滑层面

基部潮湿、青绿的区域

基部的洞穴，由风沙长年刮蚀而成

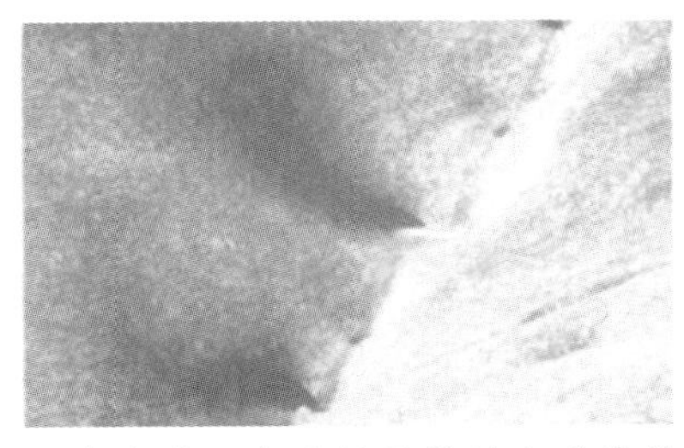

一串水孔，由已经干燥的水道连接起来，从侧面下沉

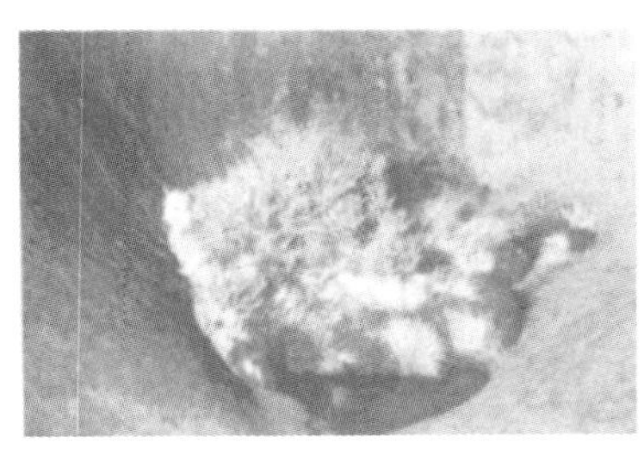

每处水孔都成为一处微型绿洲园林

山峰

山脊

剥蚀成各种形状

乌鲁鲁的表面

5. 特居特佳平亚，是澳洲魔狗暗中监视跳舞的马拉妇女的地方。她们的衣服变成了石头挂在洞穴里。

在南面的阴影里，已经允诺要去参加温托卡人仪式的昆里亚人（地毡蛇）与一些蜥蜴妇人相会，并与她们一起留在木迪特居鲁岩槽里。温托卡男人因为这样的藐视而大怒，派遣利鲁（毒蛇）战士去惩罚昆里亚人。可以从岩石的裂缝和断层露头上看到后来发生的战斗的故事。在乌鲁鲁的顶上，深槽标记着昆尼亚人的踪影，在这些地槽的东南端就是那个非常重要的乌鲁鲁岩槽——据说这里仍然为一位昆里亚人据守，他控制着流向山下陆地的生命之水。

6. 昆里亚的踪影。

7. 乌鲁鲁岩槽，这里生活着一位昆里亚人。

8. 阿利乌兰古，利鲁武士在这里的岩面上留下了长矛的印迹，还可以看到两个武士的尸体。

9. 米塔康潘特佳，两个蜥蜴人在这里烧死了。他们的尸体变成了石头，岩面上的青苔是大火留下的烟熏痕迹。

10. 库拉姆帕，蜥蜴人屠宰鸸鹋的地方。沙石板层就是鸸鹋肉。

11. 卡莱亚非拉特军塔，蜥蜴人埋藏鸸鹋腿的地方。

12. 木迪居鲁岩槽，昆尼亚人和利鲁人作战的地方。受伤的利鲁武士和砍掉的鼻子可在岩壁上看见。在乌鲁鲁的西端，有生活在洞穴中的袋鼹的痕迹，还有小蜥蜴特佳迪疯狂挖掘的痕迹，它们是要找回丢失的飞旋镖。

13. 瓦拉里特佳，特佳迪将飞旋镖投掷在乌鲁鲁的岩面上，一边找一边挖出一些空洞。

14. 康特居，特佳迪在绝望中死去的山洞。

15. 伊特佳里特佳里洞，这是袋鼹的家。

所有这些都发生在很久很久以前（澳大利亚土著神话中）的黄金时代。

1872年，探险家恩内斯特·盖尔斯首次看到了天边乌鲁鲁的轮廓，但是，他还没有走到跟前，马匹和骆驼就必须要回转了。一年之后，另一位探险家威廉·克里斯迪·高斯到达此地，并丈量了这块巨石，并给了它一个合适的欧洲名字叫艾雅斯岩，以纪念南澳大利亚殖民地当时的首领。现在，从艾丽丝泉至艾雅斯岩之间有一条道路，行走十分方便。人们可以攀登西侧的岩石，可以翻越昆里亚的踪迹，可以在风中站在山顶上。立于山巅，人们会突然之间理解D.H.劳伦斯在《袋鼠》一文中所说的话，他说，澳大利亚的丛林地“看来一直在等待，头发都等白了”。“它带着可怕的、没有年代所限制的警醒耐心等待着，等待一个年代久远的结果，它看着成群的白人纷至沓来。”

龙安寺

艺术家最基本的冲动之一是简化、清除，用越来越少的东西表示越来越多的意义。日本枯山水的水通过沙子来暗示其存在，雄伟的山峦不过用几块小石头来表达，这或许是园林的终极理想——思维景观。在这样的园林当中，如15世纪的一位禅宗僧人所写，“会出现这样的一种艺术，致使三千里江山尽收于方寸之中”。他有可能是京都附近的一座寺院，也就是著名的龙安寺的设计者。

龙安寺园有网球场大小，铺着细心耙好的闪光石英，西面和南面立着低矮的围墙，墙外是浓密的森林反射出青葱的微光。南面及东面的大部分都是带游廊的平台，供游客观赏沙园。

沙地上摆放着15块石头，分五组排列。从任何一个角度看，最多只能看见14块。石头在和谐惬意的氛围中激起游人的好奇心，纷纷用各种形象来解释这一组合。有说是虎妈妈带着

沙原上的大石头：乌鲁鲁，远处是奥尔佳斯

人类登上乌鲁鲁山

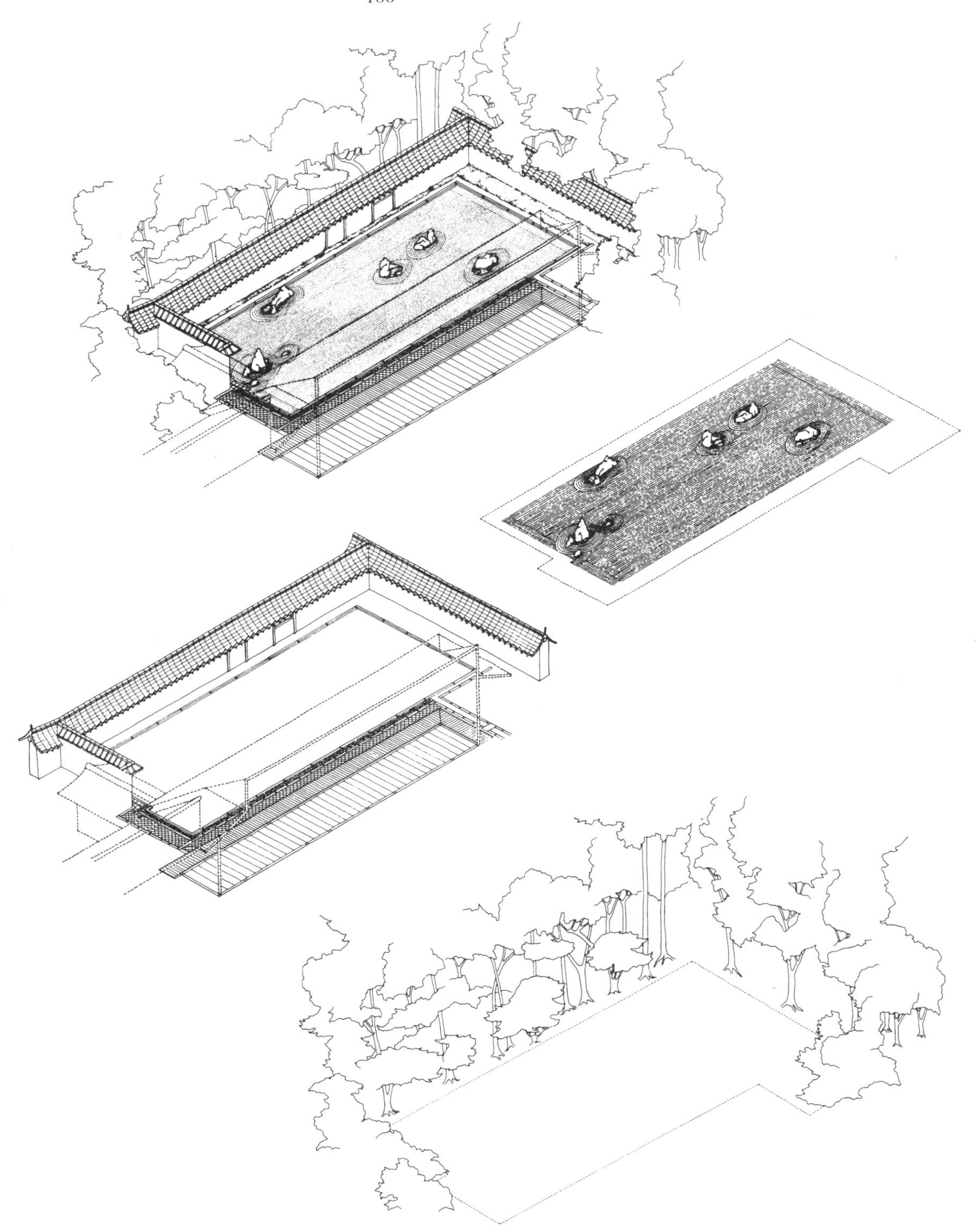

龙安寺（全景、地形、建筑、种植）

小老虎渡溪；有的说像海景画，以沙为海，以石为岛。还有人将其解释为宇宙中固定点的图形，还有更有禅宗的解释，说这些就是石头。伊藤贞司在《日本园林》一书中称之为“园林的理想，它是完美园林的生动蓝图”。

根据我们的图形来琢磨着15块石头与实地观察是两码事，但是，哪怕在这样一些轴测图里，它们也能散发迷人的气息。它们是那样的完美，各组石头内部和各组石头之间的平衡处理得如此巧妙，在全神贯注的观察者心中激起了内敛的平静。但究竟为什么如此，我们不想不懂装懂。没有哪一种宇宙哲学的解释能够真正说服我们这些无神论者，但是，毫无疑问，带有感染力的力量就摆在那里。

日本园林界另一位权威早川方夫指出，我们今天如此器重的石头实际上在龙安寺建成200年之后才被人提及。他认为，在此之前这个园林的主要景观是一簇樱树，其中一棵还是著名的独裁者丰臣秀吉造访时亲手栽种的。他栽下的那棵树的残迹今天仍然可以在角落看到：看来经过部分擦除，场景的隐喻变得更加精致，默默无声却趋于纯粹。

龙安寺以微缩取胜，将宇宙浓缩在几英尺的天地之中，简化、削减、压缩、删节那些对中心思想没有直接作用的东西（当然，毫无疑问，龙安寺的确有其中心思想，尽管园中景色一直带着我们围着它打转）。20世纪末期，我们大多数人依然将沿着微缩景观的道路走下去，将整个世界浓缩到合适的场所之中。龙安寺的案例表明，景观经过大幅缩减之后，不仅仅反映浓缩的现实，而且还能够形成更加纯粹和自由的新视野，并且跟宇宙同样宏大（艺术家一直都清楚这一道理）。

“万能布朗”的公园

沙漠民族想象中的天堂就是凉爽的绿洲，里面有潺潺流水和果实累累的树林；猎人则期待布满猎物的森林。《圣歌》反映农牧民族的渴望：绿色的田野、安静的水面，还有能够保护

"美之线条"，如霍加斯的《美之分析》所指出的一样

他们的牧人。18世纪下半叶，风景园林家万能的布朗在英国的乡间多次将这一田园理想变成现实。

布朗为其贵族赞助人建造的那些园林的基本要素，不过是随处可见的风景：起伏的山坡，山坡上的草地和树丛，牛羊和鹿漫步其间；平静的水面、薄雾以及云朵。他以这些元素的现有形式为建园起点。也就是说，从这些场地的"潜质"出发，然后加以"改进"，使其更接近他的自然美的概念——像辉格党人一样，他对通过渐进的改造和调整逐渐趋于完美充满自信。布朗是位讲求实际的人，并不太在乎理论分析，不过两位和他同时代的人所提出的"美"的定义却对他的设计意图做了很好的阐释。哲学家埃德蒙德·柏克在《崇高与美丽概念起源的哲学探究》一文中提到，美存在于小巧、平滑、规则、渐变、精妙与和谐之中。为证明自己的观点，他提醒读者留意"坐在轻便马车上快速地驶过一片平整的草地时产生的那种感觉，那种渐次上升和下滑的感觉。他说，"这一点，比别的任何东西更能说明什么是美。"画家威廉·赫加斯在《美的分析》中倡导使用起伏的"美之线条"。这是一条优雅的曲线，不是洛可可紧绷绷的两维曲线的扭动，而是一根平缓、放松的三维蛇形线条。霍加斯在人体中看到了这样美丽的线条，也在齐本德尔家具中看到了这种美；布朗作品中也随处可见。

典型的布朗风景是一个开阔的公园，里面有宽敞的乡间别墅。房子周围是平整的草坪，有时候，草坪还会爬到墙上。这样的初步“改善”通常伴随着对邻近原有旧园林（通常是规则式园林）的破坏。评论家并不总是支持这一做法。佩恩骑士后来抱怨“改进者的破坏之手”让房子：

> 被修剪草坪包围，
>
> 在无限起伏的空地上苟延残喘。

为防草坪被园林内栖居的牛羊毁坏，同时又保持前景和中景视觉上的连续性，布朗经常会用到低矮围墙。这一手法成了布朗的典型设计，以至于后来的评论者都错误地认为这种低矮围墙法是布朗发明的。

一般来说，草坪会顺势而下，延伸到宽阔河流或湖泊的岸边。这样一来，从房子望向园林，或者从园林回头向房子看去，水成为处于横亘其中的元素。水体的形成取决于现存的地形和排水条件，不过水体特征却源自布朗的园林美之理想。

第一个理想是，水体与房子和周围风景之间应该形成体面的比例关系。一般来说，这意味着必须修建水坝。但是人工结构必须不留痕迹，水坝要伪装起来，人工河流要在远处自然地消失。利用山坡和植物可以掩盖两端，达到隐藏的效果；也可以用假的桥梁来掩盖堤坝。堤岸要有美之线条的曼妙曲折，同时与灌木和树丛保持一定距离。

以威尔特郡的波伍德为例，布朗在两条溪流的汇集处筑了一座大坝，形成Y形的水面。大坝掩蔽在带形的树木之后，从

“万能布朗”为威尔特郡的波伍德所做的风景设计图中的美的线条

“万能布朗”为塞雷的佩特沃斯所做的风景设计图

别墅看过来，这一排树木就成了水景的背景。堤坝形成林间飞瀑，只有环湖漫步的人才能够发现这个惊喜。背临树木，形成房子和草坪方向的景观焦点的是一座多利安神殿，它吸收夜晚的光线，在平静的水面上投下白色的倒影。

在苏塞克斯的佩特沃斯，布朗的湖泊则展现出完全不同于以往的潜质。在这里，水体被安排在缓坡草地浅浅的凹陷处。海岸基本上没有树木，因此，蛇形的线条在草地与水面相接之处清晰可见。视线通过周围起伏的山坡和精心布置的隆起以及带状树林来确定。因此，观者透过缝隙来观赏湖泊的片段：蓝天在湖面投下倒影，大雁的叫声在湖面上回荡。

越过前景草坪和中景水体，布朗还设计了起伏的草坡背景，其上点缀树木，似乎向着远方无尽伸展。为了塑造“缓缓上升和下降”的景观，他不能够像我们今天一样大兴土木（不过，他的确填平了一些沟壑）。相反，他巧妙地利用树木来修饰外轮廓：顶部栽树造成上升感，用植被填平深沟使其平整，并把风景当中不想为人所见的部分掩盖起来。现在我们在佩特沃斯仍然可以清晰地观察这一点：树木的图案覆盖地表，如同立体剪裁的衣服一样。

在树木的处理上，布朗遵循后来人们熟知的带状、团块和点状种植原则。带状种植的树木沿着园地外围轮廓线排成一条条曲线。团块种植十分紧密，大致呈环状，与周围的草地形成鲜明的对照。点状种植的树木散步在草坪和草地上，可以单独一株，也可以组成小的一丛。托马斯・洛夫・皮考克在他的小说《海德隆大厦》里拿布朗的种植开涮。小说主人公帕特里克・奥普里塞姆爵士（风景画品味的倡导者）毫不客气地奚落布朗的一位崇拜者：

平整、修剪、堆土、抛光、抹光、播种然后收割，你用的这些方法不仅破坏了自然妙不可言的错综

一带树木扫过山顶

成簇的树

树木点缀山侧

成簇的树与点缀的树相结合

擦地视线

波伍德的一处多利安式的神殿，背对着树叶，投射在湖中

桑德森·米勒造的伪哥特式废墟，使围绕牛津附近温波尔的一排树木顿生活力

布朗的种植模式与建筑相对于地形的关系

佩特沃斯：特纳的画，远处是迪林顿教堂

> 复杂的关系，光与影渐次的和谐也没放过。它们原本水乳交融，如同远处那块石头一样自然和谐。我从来都没有看到你所说的改善之地，那不过是硕大的一块绿地，单薄得如同一张张绿色纸片；这里那里散落的几处圆土堆，如钢笔随意甩出的点点墨迹一样。哦，还有那几只动物，孤零零地被摆在各处，看上去像是迷途羔羊。我觉得这些跟整个豪恩斯洛没有一点契合之处，那里不过是长满灌木的强盗之地。

山上不仅有树，还有动物。在郎利特的佩特沃斯，以及几处保留至今的布朗园林中，我们仍然可以看见鹿和牛排成长队在林间穿行，羊在山坡上悠闲吃草。它们带给风景尺度感，观赏者一看便知树木的大小和整体景深。另外牛羊的啃食能够保持草地表面和树根部的平整，从而使得观赏视线与地面保持齐平。

公园的周界一般是由带状树林组成，其间点缀土堆显得自然。在波伍德和牛津附近的温波尔，能够清楚观察到此种手法的运用。在带状林合适之处会留出空隙，便于在园中观赏园外景色。如果树林看上去缺乏特色，可以通过一些建筑上的要素予以激活，比如波伍德的神殿以及桑德森·米勒在温波尔附近

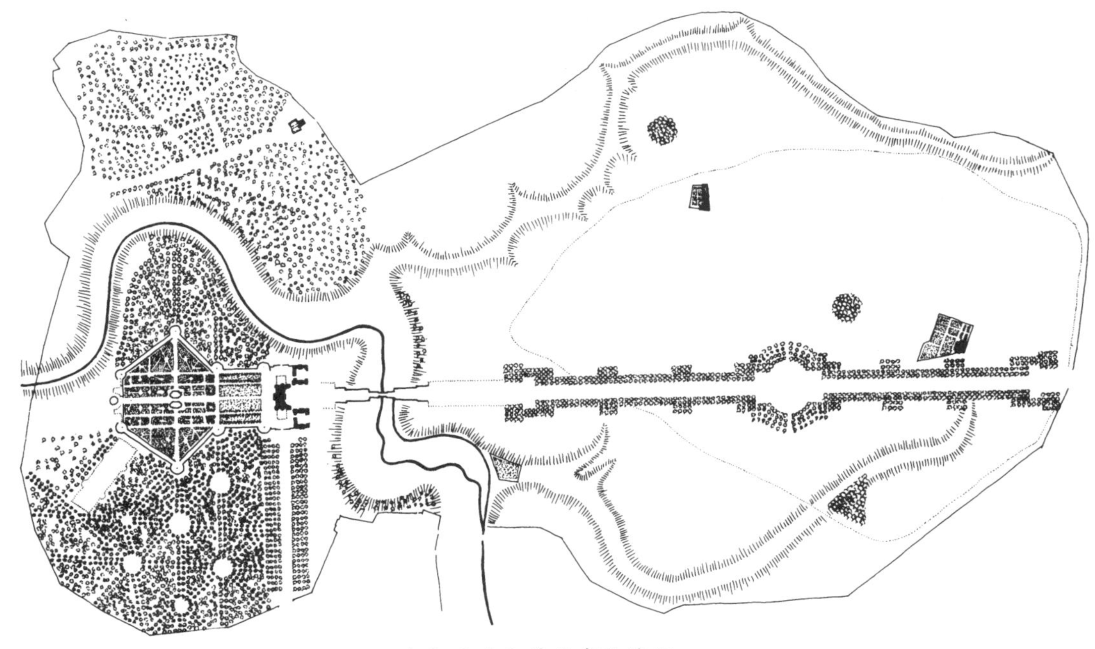

布朗改造之前的布伦海姆

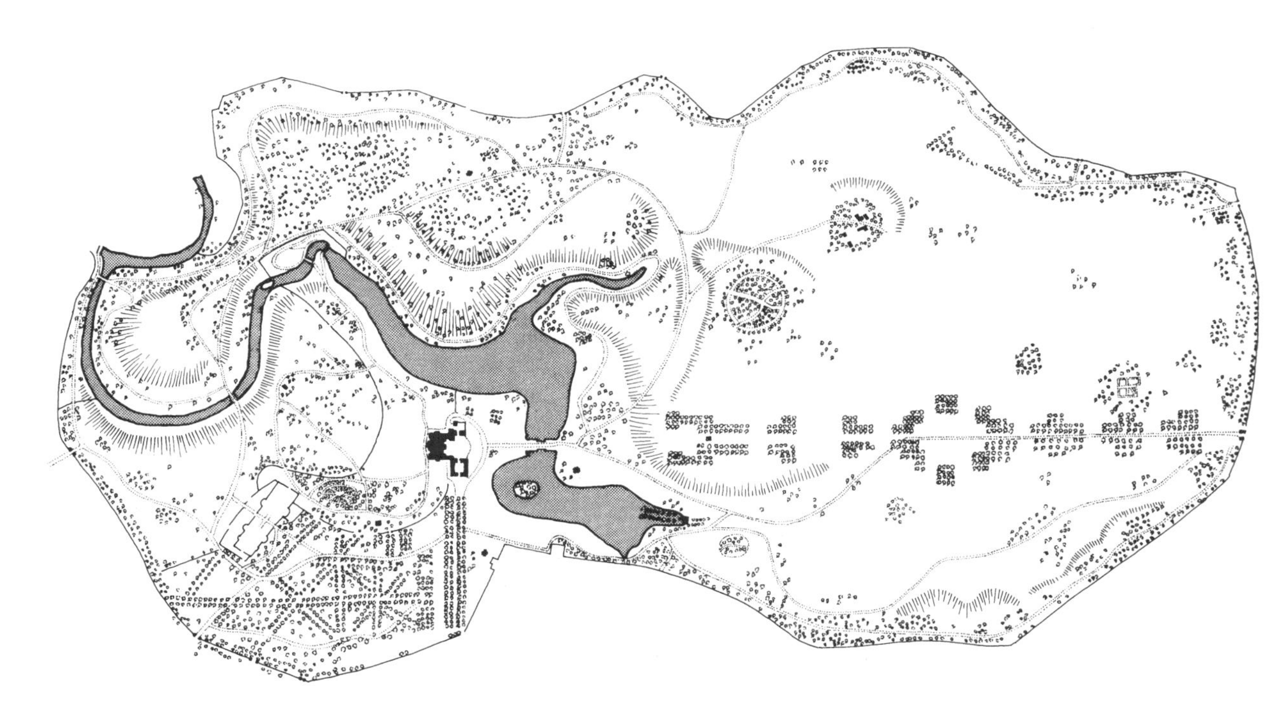

经布朗改进之后的布伦海姆

做的仿哥特废墟，以取得油画一般的效果。头顶之上是风景的尽头——云彩点缀的英国天空；那起伏不定的大块云团几乎就是地面风景的翻版，同时将大片阴影播撒在山坡上。

布伦海姆的桥与湖

布朗建造了数十处伟大的园林，但是，到目前为止最宏大的一处是牛津郡的布伦海姆，前后对比图能够很好地反映布朗改造的效果。

布朗发现在布伦海姆存在令人难以忍受的不协调，主要是约翰·马尔伯勒公爵的宫殿的巨石与格林姆河的涓涓细流之间的比例问题。另外，宫殿正面有一条轴线跨过了小河，为了强调这一轴线还在河面上修建了一座巨大的石桥和跨河公路。布朗对格林姆河谷的排水系统做了些调整，修建了一座大坝；同时在宫殿的南边形成一处巨大的瀑布，并做了很好的伪装。这就在谷地的河床上形成了一个开阔的不规则湖面，带着心满意足的贵族气。不仅如此，桥拱下的水面得到提升，平静的水面反射出桥梁美丽的倒影。布朗还对湖另一侧的背景进行重组，把它变成了由土堆、带状树林和薄雾组成的远景，羊群在树下安静地吃草。

布朗理想的风景并不是龙安寺那般摄人心魄，也没有朴实到严苛。但是，把景物缩减为最基本要素，明确关系，剔除瑕疵和不完美处，两者在这一点上是相通的。这与同时代的约书亚·雷诺兹在油画人物中根据传统的贵族气传统来修饰面部的瑕疵有异曲同工之妙。布朗的目的并非打造《阿恩海姆的乐园》里不可思议的完美以及不切实际的关爱和兴趣。他不过简单地消除大自然偶尔出现的瑕疵，让自然内在之美自行呈现。龙安寺砂石平面的石头蕴含着山水禅意，同样，布朗在英国绿草丛生的起伏地面和宜人的陆上风景里种植的大批树木也向我们展示了其本质——即18世纪辉格党人或是柏克对风景的定义。

伊索拉贝拉

几个世纪以来，旅行者和作家都一致认为，地球上带有魔

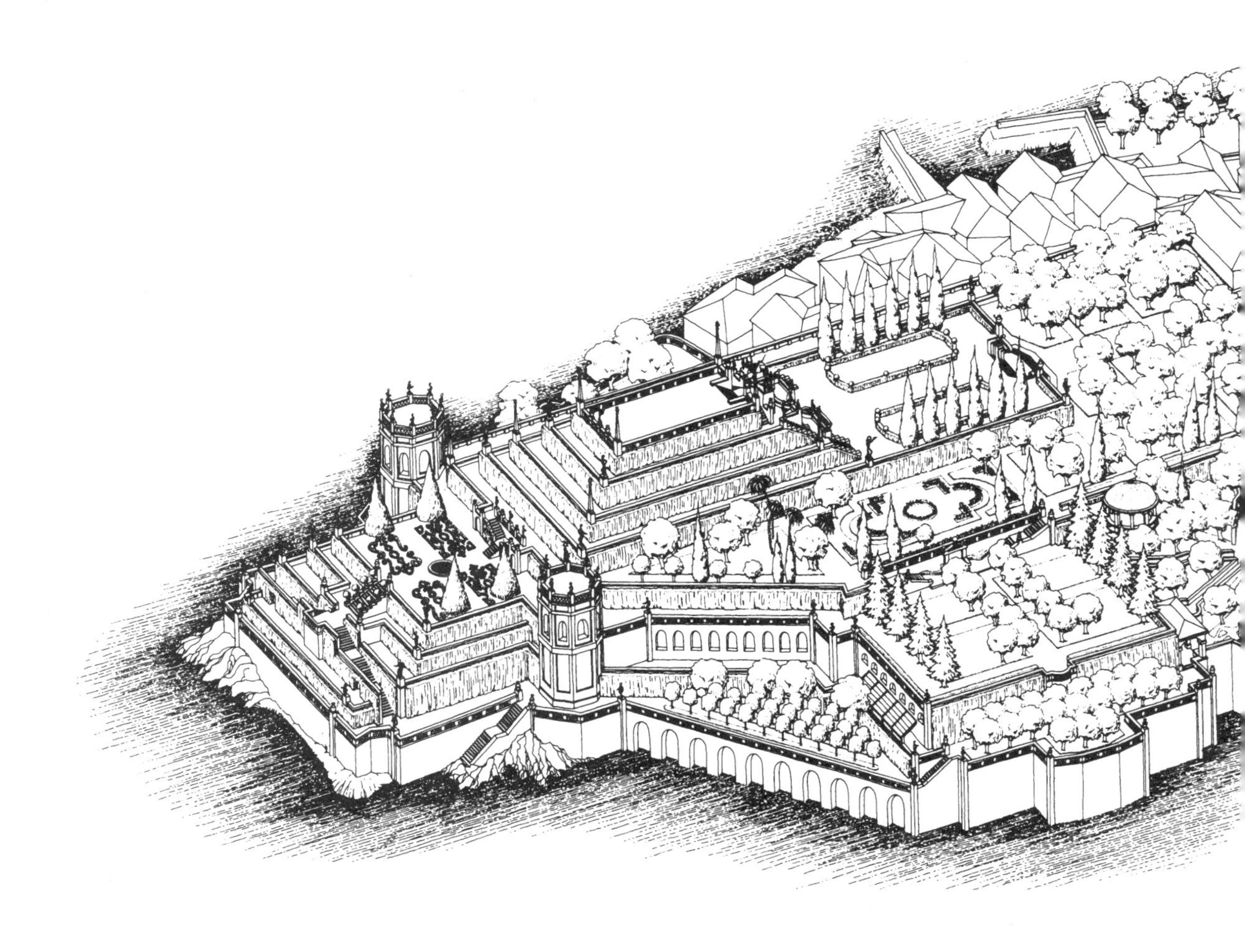

伊索拉贝拉（全景、建筑和水、植物）

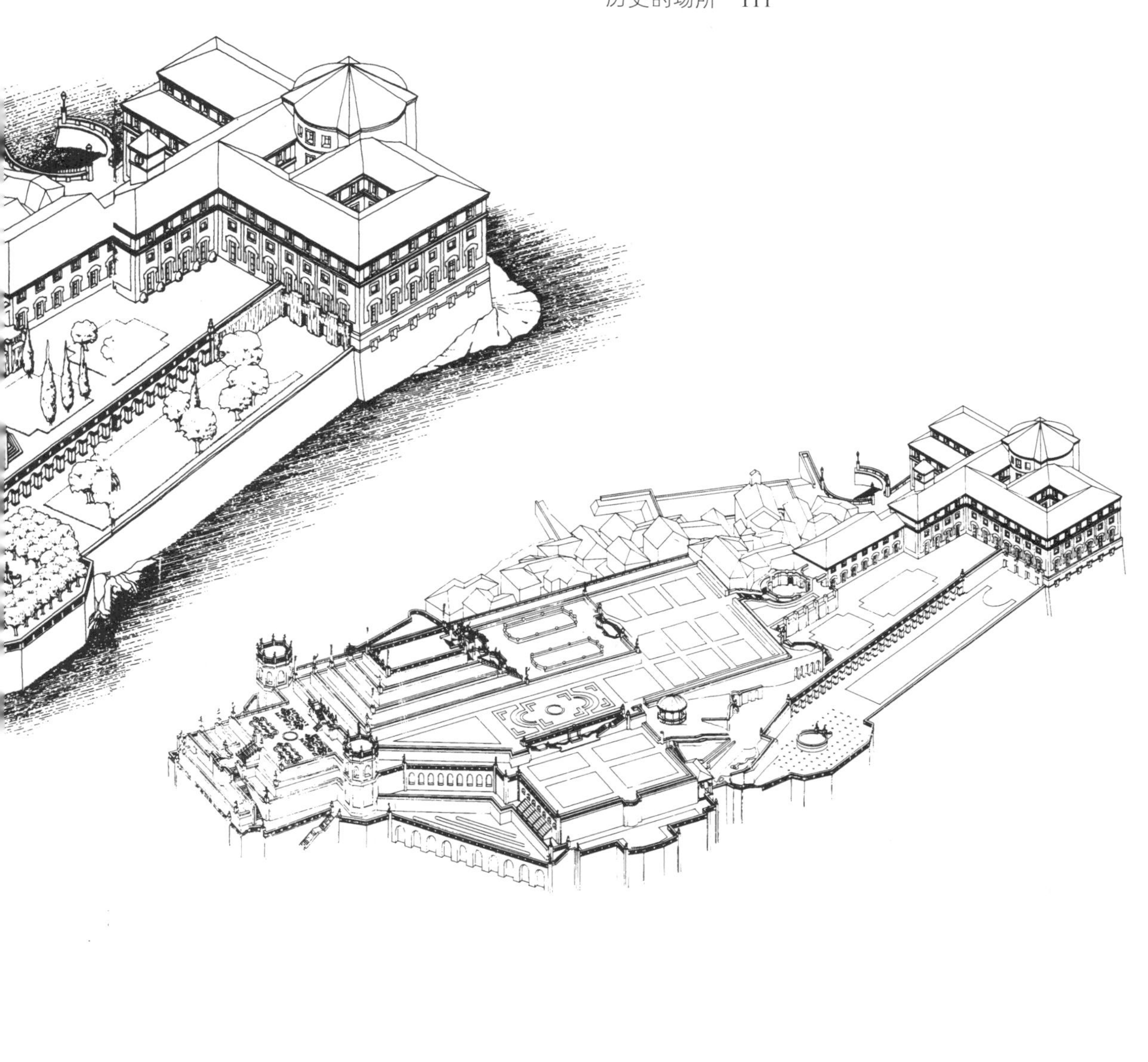

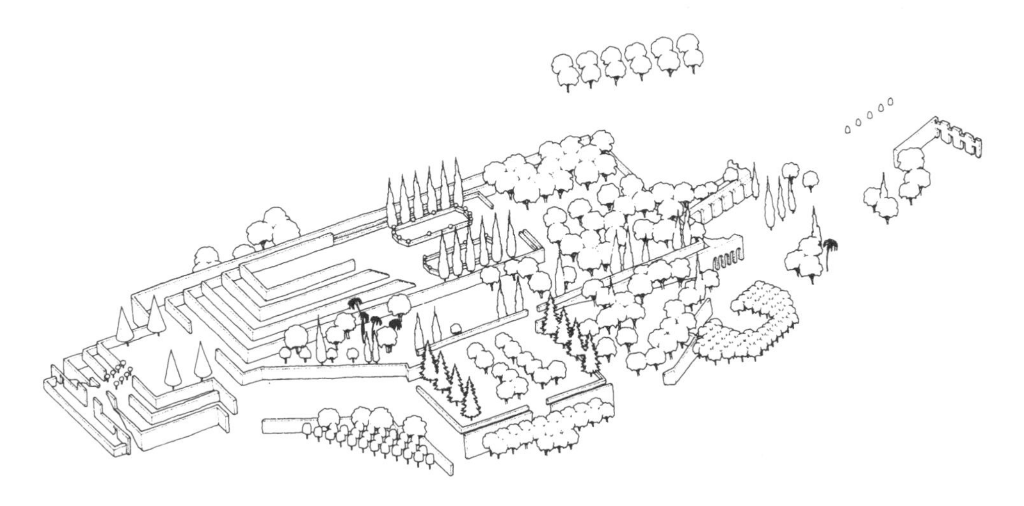

力的一处地方就是意大利北部的湖国。在这片魔地的中央，也就是在马乔列湖上，矗立着两处岛屿。从它们还是犬牙交错的荒芜之地到现在，一直归博罗米公爵所有。文艺复兴时期，他们在马特雷岛上种下一些植物。得益于温和湖面气候的滋养，这里慢慢变成了大片奇花异草和稀有植物的乐园。1632年，卡罗公爵三世的注意力转移到斯特雷萨对面的突起岩石，并在那里建起一处寻欢作乐的游乐场。他的儿子，也就是维塔利安诺公爵四世为整个建设守卫，平整石头，从内陆运来了土壤，建成了绝对的仙境——一半为岛，一半为有鲜花装饰的帆船。维塔利安诺以他母亲的名字伊莎贝拉来命名这座宫殿。后来因为读音和意义等方面的原因，这个名字最后演变成伊索拉贝拉。

成群大理石制的人物摩肩比踵

1632年至1671年之间，一批建筑师和雕刻家把这个地方的外形造就完毕。卡罗·方塔纳和一群米兰建筑师在卡斯特利和克里维利建造的露台上搭建宫殿和园林中的亭台。水道大部分尚未完成，由罗马的莫拉负责；装饰雕刻是维斯马拉一阵疯狂之下的结果。岛屿一端的宫殿很大，但大部分没有什么特色，很难看出它与园林之间的任何联系。不过，朝向南面的长长侧厅的尽头有一个设计灵巧的庭院，在这里建筑的轴线发生扭曲，同园林的轴线相连接（这个轴线里面没有什么附加的宗教意义，哪怕景观卡罗·博罗梅家族的确出过一位圣人）。

这其中有一个最值得关注的细节：这个腾空而起的园林（尼布甲尼撒二世时代沿用至今的神奇手法）坐落在十级人造台阶上，最低的部分通过拱廊引出岛屿。每级台地都以一面墙为背景放置雕像群、方尖石塔、白色孔雀等；大量的玫瑰、茉莉和甘菊、橘柑和柠檬树墙，软化了这些雕塑。到顶部的地方，种植慢慢减少起来，大理石雕像渐渐聚集起来，上升的坡道最后在一个令人敬畏的水剧院处达到顶点。在岛屿前端，与海岸边云雾缭绕的山体隔湖相对的部分，砌起了一列大理石栏杆。雕像沿着栏杆的顶部排列，观景台向海面倾斜，仿佛海上浮桥。因此，园中的一切几乎都让人感觉身处魔船的甲板上，船索甚至脚下的甲板奇迹般地变成了绿地和花朵。强大且让人毛骨悚然的人造物，不是美丽的风景，也缺乏真实感，但帆船神秘的形象总是矗立在那里。

伊迪丝·沃顿在她的《意大利庄园及其园林》一书中谈到了这种非现实感：

> 至今在许多人来看，伊索拉贝拉宫急于同自然达成妥协。如果仅从图画和摄影角度来判断它，则什么都感受不到，因为判断者并没有能够在其环境当中来观察它。博罗梅岛四周的风景恰好拥有这种人工感，竭尽所能地安排和布局，这让园林建筑师脑中所有过分的幻想都变得合理。宏伟而宽敞的罗马风景看来是大自然未曾更正过的一部分，仿造意大利中部的景色堆砌的山体和谷地也是一样：所有这些景色都有自己的缺陷，有重复的部分，有俗气的地方，带有一种浪费感，而大自然正是用这样的手法在地球画布上勾勒自己无边无际的形象。但是，湖景看来是由一只游离不定但又苛求甚多的手慢慢设计而成的，它决意要消除每一处粗俗不雅的不和谐之处；它要融汇所有的自然外形，从光秃秃的山顶到岸边逶迤的曲线，把它们全都统一在不停变化、越来越优美的线条之中。

她还说：

> 这道湖上风景还带有强颜欢笑之感，固定不变的笑靥维持百年的优雅。这是对博罗梅园林自圆其说的补充。它们是真实的吗？不!但它们周围的风景也不是真实的。它们像地球上另外任何一处园林吗？不!但它

们周围的山和海岸也不像其他任何海岸和山体。它们是阿尔米达的园林，停泊在梦之湖上。

这处神秘海面上的魔幻岛采用的手法与龙安寺和万能布朗完全相反，后者退缩至万物的精华处，用十五块光秃秃的石头或几棵树和几片云来展现整个宇宙。而这是一条布满鲜花的帆船，是一条满载幻想的渡船，是可以反复吟唱的赞歌，一层叠一层的形象布满伸出马乔列湖面那些石块，形成一处几乎不可能见到的园林。里边有数不清的雕塑。这幻想的石船，因为重心过高，除了彼德潘的水手以外，别的任何人都无法开走；它乘着奇迹的翅膀飞向高空，如我们这般肉身凡胎根本无法让它降落。

之所以如此，是因为冥思奇想自有刺激人的力量，我们可以在以下城堡的例子当中略见一斑。巴伐利亚的路德维奇二世的天鹅堡，以及他在林德霍夫建的瓦格纳式的洞穴也有同样效果。除此之外，还有一些成功案例，上至阿列克斯和菲利斯·麦多纳在加州圣路易奥比斯波建的麦多纳客店——一个巨石和粉色天鹅绒做成的巨大糖果，小到西蒙·罗迪亚用来装饰洛杉瓦茨大厦的加强杆和破陶器。它们高唱赞歌，歌颂忠贞之力量和无限的能量。所有这些，包括它们的创造者，都能够给我们无比的快乐。它们还有另外一个特别的优点，就是特别难以模仿。我们能够理解幻想作为人类能量可视化的浓缩，即便有些不容易与人分享。纯粹的作品，比如龙安寺，易于模仿，但往往沦落为“皇帝的新衣”。一些删减不过是破坏，完全与艺术不沾边。而残缺不全的甲板上巍峨的楼宇或真正的仙船却不会如此。如伊迪丝·沃顿所说，这里存在契合度的问题：如果一个景观四周的环境是完美得不自然的幻想，并且依然需要幻想的填补，那就为这缥缈的风景欢呼吧！

巴厘

超自然的背景：一只怪兽从巴厘的地下钻出来

在我们这个星球之上，几乎没有几处秩序井然的封闭世界，为独特习俗和文化的形成提供地理背景。但印度尼西亚的巴厘岛就有这种独一性，并且形成了带有强烈自身特质的印度教本土文化。

今天，可以乘坐大型喷气客机到达现代化首都登巴萨。但是在过去，要从爪哇前往巴厘。从巨大、破旧且潮湿的港口城市泗水出发，这里即是布莱希特让冷酷的约翰尼歌唱民谣的地方：约翰尼在泗水的岸边，抽着水手的烟袋，抛弃了他的女人。从市立动物园（里面有可恶的蜥龙）坐公共汽车出发，沿海岸的咖啡园向东走到令人昏昏欲睡的巴奴万吉村。在这里，和当年入侵的爪哇王子一样，乘渡轮涉水而过到达巴厘的吉利马努克。公共汽车沿着巴厘岛南岸一路向东，最终到达登巴萨。

巴厘的西半部是令人失望的地方，只有一片小小的红树林沼泽地，里面生活着鳄鱼和有毒的蚊子。但是，一路向东就会发现，在酷热的赤道阳光照射下，地形在慢慢变化。首先映入眼帘的是一些很陡的火山山峰，这也是岛屿东西向的骨架。最东边的山峰，也是岛上最高的一座，是阿贡火山冒着烟的锥形山口，最高处超过一万英尺。向南是深不见底的沟壑，溪流从山上奔流而下，流向大海。山海之间的狭长地带被修剪成精致的台地，亮绿色的稻株夹杂其间。沟壑和没有种植的山坡覆盖着过于茂盛的黑色丛林。公路和小路在这片陆地有节奏的起伏之间蜿蜒逶迤。有些顺着东西向的轮廓走，另外一些与沟壑平行，形成蜘蛛网一般的平面。山与山之间，与稻田为伍的是一些小村庄。至关重要的集市和行政中心，比如塔巴南、登巴萨、吉安雅、克隆孔和阿姆拉普拉，都位于低处的山坡或是沿海平原上。南部崎岖的武吉半岛伸向大海，如同乘风破浪的船首。其余的海岸是椰子树和香蕉树装饰的慵懒沙滩。

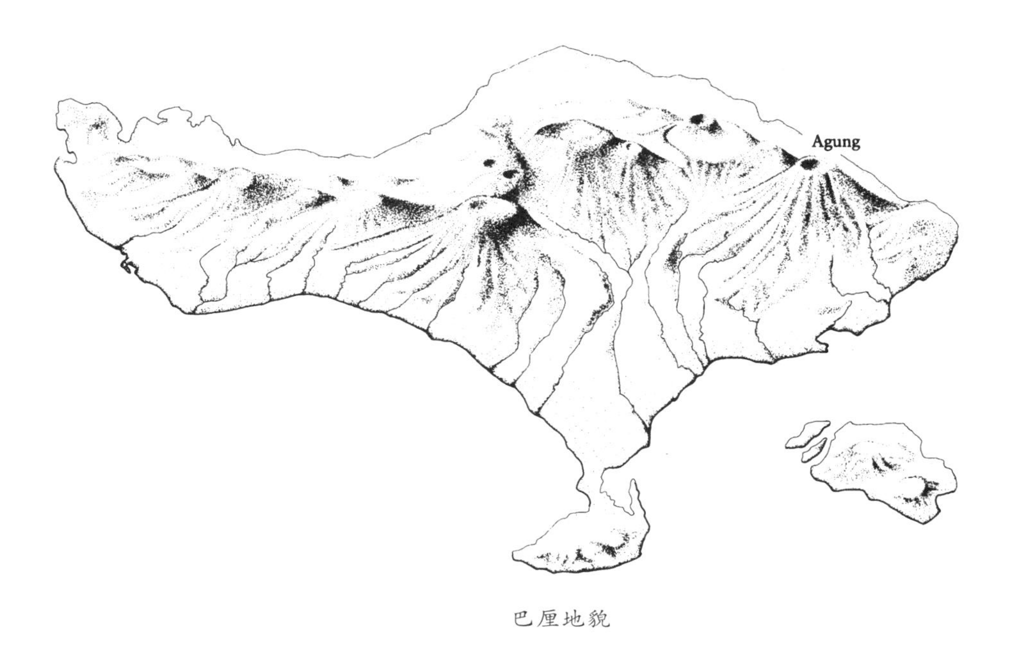
Agung

巴厘地貌

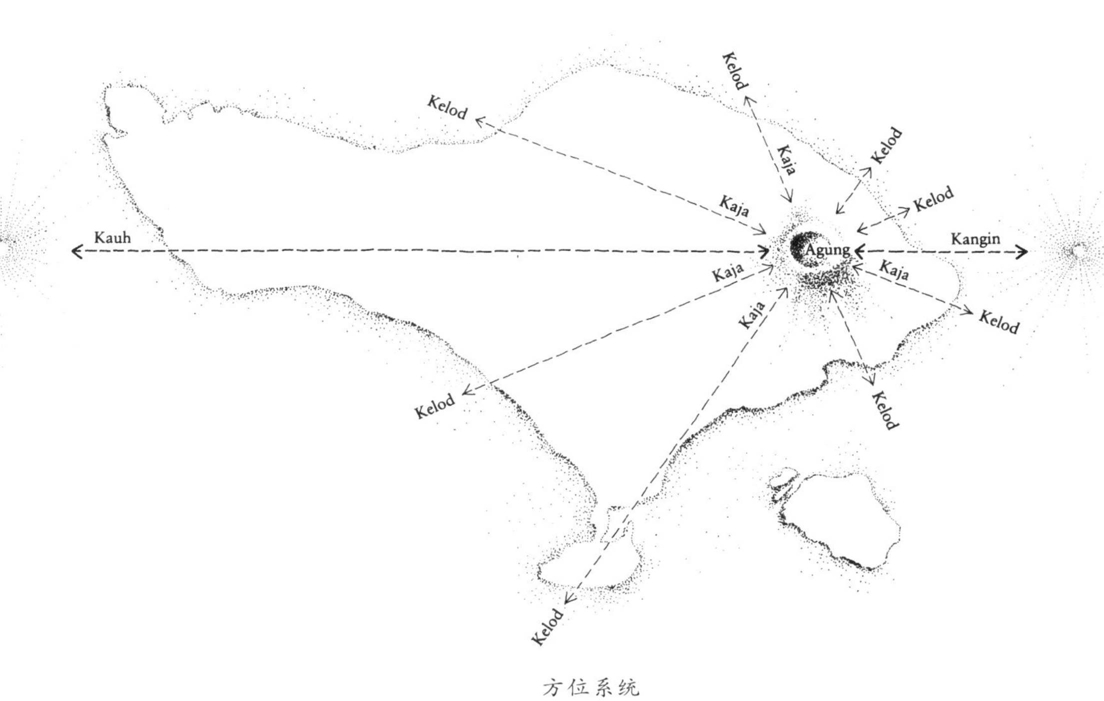
Kelod
Kelod
Kaja
Kelod
Kaja
Kelod
Kauh
Agung
Kangin
Kaja
Kaja
Kaja
Kelod
Kelod
Kelod
Kelod

方位系统

这里是活火山带：火山口不时冒出一阵阵的浓烟，海滩由洁净的黑色火山灰构成，雕像刻在凝灰岩里；有一些祠庙尽管几乎都被火山灰和岩浆所覆盖，却依然在使用。这些东西让人想起地底隐藏的自然力量。火山既是创造者，也是毁灭者。它们形成了山冈和水源，肥沃的火山土滋养两边稻谷的生长。但是，它们有可能突然之间就将田野吞没，人类居住地会被寸草不生的灰尘和石头所覆盖。

鸭子围在竹竿边

甘朗阿岗

这里也有安静的纯真之处，在阳光照射下散发出美丽的光芒。清晨从安静的稻田之间走过，薄雾从地面和山上升起，远山呈现温柔的蓝色。也有一些鬼魂出没的邪恶地方。在果阿牙也，龇牙咧嘴的巨眼怪兽在活动的岩石间挣扎，张开的下巴形成山洞的入口。库桑巴附近有一个蝙蝠洞祠（印尼人称之为"Pura Goa Lawah"），哪怕在明亮的下午也有一大群蝙蝠在这里呼啸盘旋；身上溅满蝙蝠粪的僧人和因患疥癣而脱毛的狗一动不动地坐着。在树丛和庙宇的庭院中，有时会遭到一队愤怒的猴子的伏击。山上有一个火山湖，湖里有一座岛。踏上岛屿，就会发现不友好的村民用平台上风干的尸体来表示欢迎。

如果在清晨进入巴厘村庄，经常会遇到孩子们赶着大群的鸭子到稻田里去放养。他们到了一个选择好的地方后，在地上插上一根竹竿，竹竿下面放上一盒饲料。这个地方就是鸭子世界的中心，它们整天围在它周围，直到晚上一个孩子走到它跟前拔起竿子，再将它们赶回村庄。

阿贡火山的锥形山顶处在这个岛屿的中央，同样也是当地人生活的中心。云开雾散之时，从岛上任何一个角度都可以看到它，人们清楚地知道那是生活的来源、宇宙的轴线，也是神的住所。根据巴厘宗教的传统，围绕着火山，相对立的魔力在流动。掌管生育和生命的神（卡娅）从山顶之源顺势流入溪谷，而危险、灾病、死亡之神（克洛德）源于大海，并且逆流而上、兴风作浪。切断这个流向的是第二根轴线，由日升日落的方向来确定；日升对应卡娅，日落对应克洛德。白昼与黑夜、生长与腐烂、孕育与死亡的自然周期，即卡娅与克洛德的交互与对立。生命发生在以阿贡火山为中心的世界，周围是充满敌意的大海，由两种力量所统治。

布基特巴图的苏巴克：水从由菩提树标志的来源流出，然后分布到四周的稻田

在圣泉会有为水源举行的宗教仪式

高山、大海和太阳形成力场，就像磁极一样，里面的一切都是铁屑。高地和上游源头纯净且安全，不会受到腐烂和死亡的威胁。高坛之上摆放牺牲贡品，敬献给掌管生育和生命的天神。床头都朝阿贡火山，或是太阳升起的方向；如果你希望在谈判中处于优势，就必须想办法站在上坡的一侧。相反，坟墓和十字路口都不干净，并且危机四伏；地上摆放的贡品都是献给阴曹地府的神灵的。

山冈和大海之间的大地进一步细分为下降的梯田。这些纵横交错的梯田由合作社（subak）共同开发和管理。一般来说，一个苏巴克占据一个山脊或山谷，在上头修建水坝，拦住一条从山上流向大海的溪流。从这里开始，水流被分开，流向各块梯田。每一块梯田四周都有泥做的土坎围合，土墙上留有缝隙，供水流通过，沿着卡娅—克洛德的轴线继续流动。这里，土、水和太阳同心协力参与到稻谷生长、结实和腐烂的周期之中。

巴厘人的房子将人类生活的周期圈在泥墙（有时候是砖墙）之内。院墙围成庭院，一般只开一个门。门的朝向也有讲究，一定要对着吉利的方向。大部分的日常起居活动都在露天里进行，小小的亭子（一般是两侧开口）散布在庭院里用做仓储、休憩、避雨；庭院中还有遮阴的树木。不同用途的亭子的位置也由方位系统决定。向山坡的那个角落，离太阳升起的地方最近的，一定是祖祠的位置。

庙宇是神灵的住所（巴厘有很多这样的庙宇），因此这些庙宇的布局跟普通人的房子有很多相似之处。庙宇一般是由三个长方形庭院组成，跟梯田一样一个接一个从低到高排列，形成从污秽到神圣的朝圣之旅。庭院之间的大门都修成精美的高塔，上面装饰着雕塑；怒目圆睁、伸长舌头、露出毒牙的雕

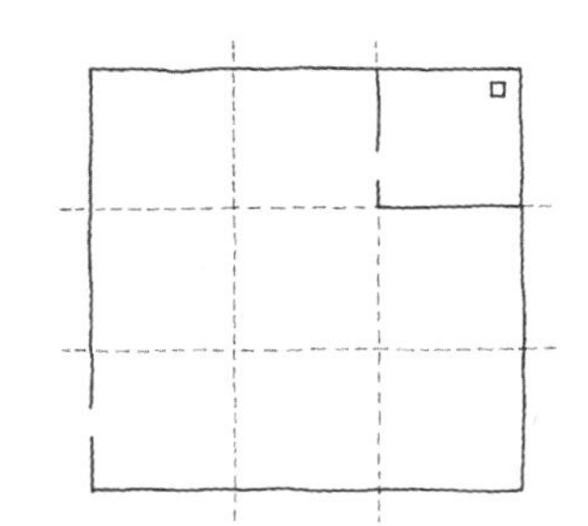

原理图

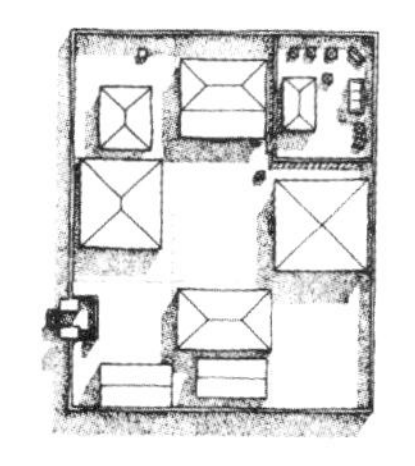

佳罗（小型房舍）

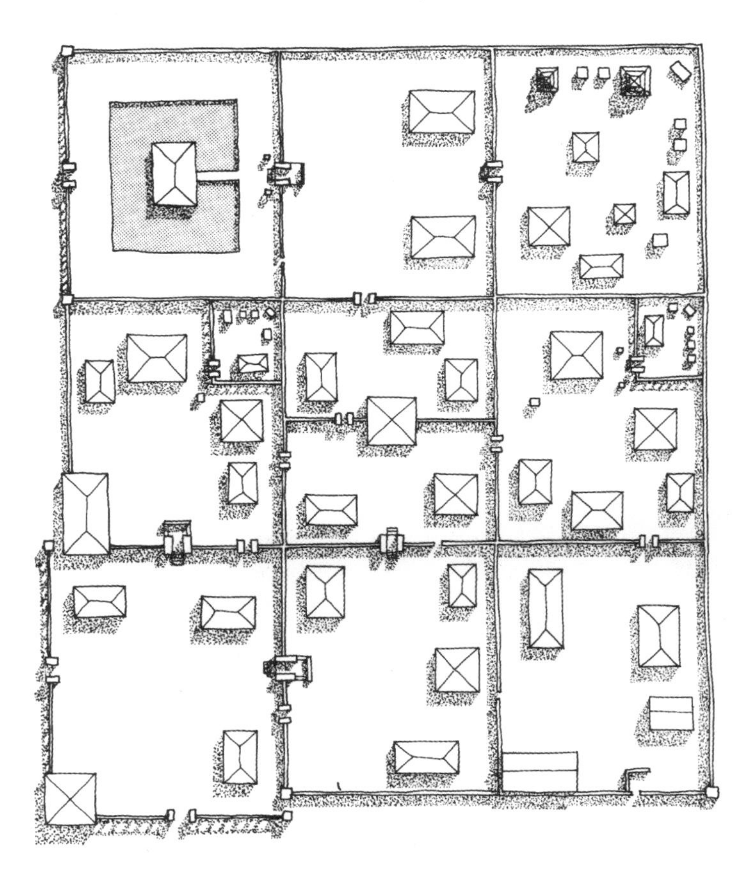

普里（大型房舍）

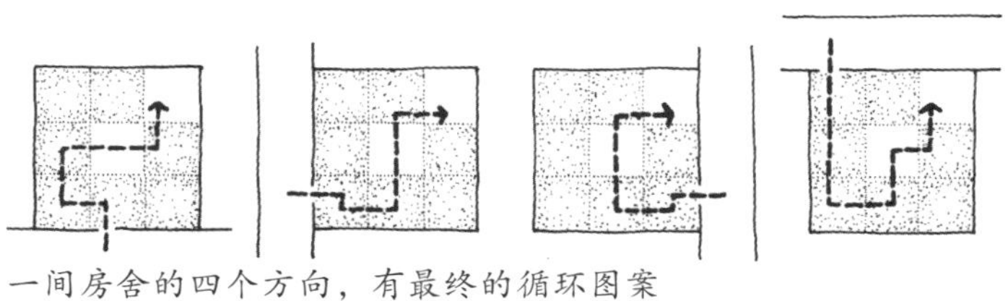

一间房舍的四个方向，有最终的循环图案

巴厘房舍的布局图，是根据分成九个区的围墙细分而成的

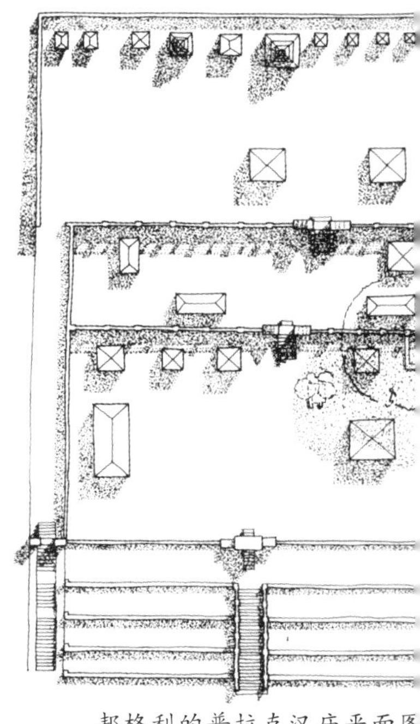

邦格利的普拉克汉庙平面图

方形院里的一栋房舍的泥墙及简朴的大门

拱门（邦格利的普拉克汉庙）

狭门（格尔杰尔）

巴厘北部大门的风格（塞西特）

门神（邦格利）

周界和周界的穿透：巴厘的墙体和大门

像是庭院的守护神。有一种类型的大门在开口处的上面竖起牌楼，还有一种类似印度寺庙的“裂门”，从上到下一分为二并且分开一定距离——这是对于穿透边界这一行为的充满力量的戏剧化展示。庭院之内，有亭台用于储物和表演，另外一些用于居住和供奉神灵的牌位。

庙祠的平面设计巧妙地与方位系统相呼应。从下往上，大门的位置都有稍稍的偏离，以防止阴间的魔力长驱直入。亭子和神的牌位安放也不对称：一般来说，亭子和神龛会在庭院的上山（巴厘南部一般是指北边）和日出的方位（东边）形成一个肘弯，最重要的部分（湿婆的莲座）放在庭院东北角。清真寺的建筑师必须想办法让寺院大门既朝着麦加，又对着大街。巴厘的寺庙也是如此，其平面必须经过调整，以使客人能够方便地从大街上进入庙宇，同时朝着阿贡火山的方向前进。

村庄是房舍和庙宇通过简单的循环系统构成的一个组合体，正如苏巴克土地由水系统连接的梯田构成一样。虽然并非所有村庄都在各个方面符合这一点，但是，巴厘岛上却有一个严格定义的传统布局：主轴线沿着山海之轴南北贯通，次轴线与日出——日落轴线相平行。轴线相交之处即是村庄的中心，也是市场的位置所在，通常以一棵巨大的老榕树为标志。村子里一般会修建三座庙宇：普拉普塞在主轴线上坡，专门祭祀主管创造力的天神；普拉德萨（或称普拉巴雷阿贡）位于中心附近，供开会和举行仪式使用。还有普拉达勒姆，位于下山处，靠近海洋一段，专门供奉死亡和腐烂的神灵。紧挨着它的是一个墓地。各家的大门朝向两条街道，有时候还朝向第二条由背街的胡同构成的后街。因此，街道、庙宇和中央的榕树构成方位系统的轴线、两极和中心；正如溪流、太阳的弧线、阿贡火山的垂直山体以及海洋更大尺度的排列一样。

村庄的街道是举行仪式的舞台。宗教节日到来之时（这样的日子无以数计），大家排着队，在加麦兰乐队的伴奏下，抬着牺牲贡品热热闹闹地行进；穿过装饰得五彩缤纷的街道到达

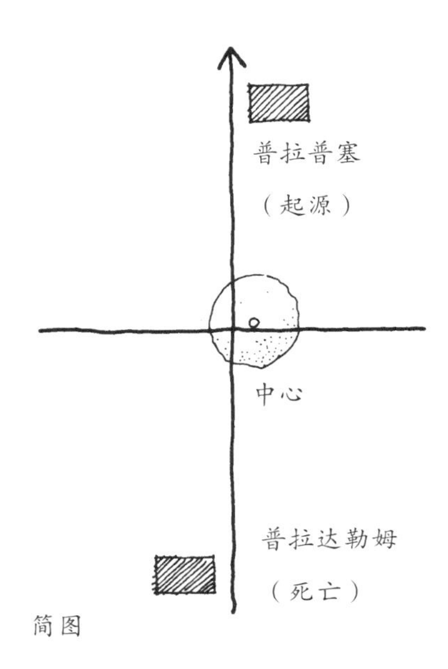

简图

庙宇。举行火葬之时，人们抬着色彩明亮、装饰精巧的花车走下山去。他们大声喊叫着，曲里拐弯地行路（这样死者危险的灵魂就与轴线擦肩而过，并失去方向感），赶到靠近普拉达勒姆的一个地点，并在那里燃起大火。

在巴厘南部，村庄与稻田都紧密地挤在有缓坡的平原上，头顶威严的山峰，下踩令人退避三舍的大海。巴厘人传统的宇宙观赋予这种垂直空间分割更深刻的意义。根据传统，巴厘是一块岩石，一只巨龟骑在这块岩石上游于大海，岩石之上是湿婆的住所。庙宇的湿婆神龛生动地展现了这一传统：下面是龟底座，上面是迎接湿婆降临的座椅。在房舍和庙宇里发现的亭子尽管外形各异，但都反映出这种模式：都有一个基座，将人们从地表的危险之中抬升起来，然后是人类的居住区；最后是

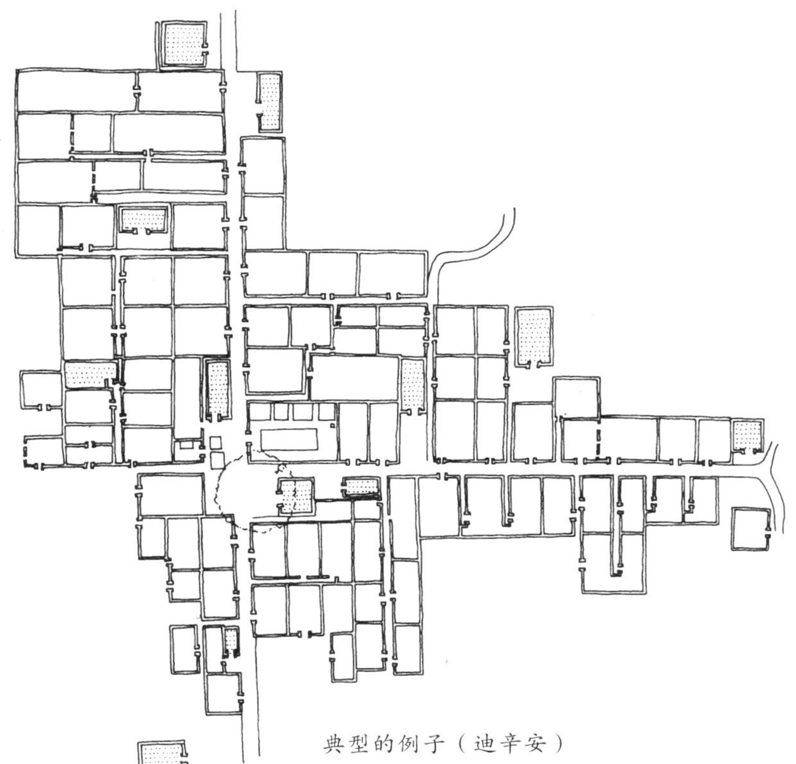
典型的例子（迪辛安）

一个村子的中心，菩提树下的市场

传统巴厘村庄布局图

赶庙会的人群

火葬棺

火葬队伍

火葬

巴厘一个村子里正在进行的仪式

空间的垂直三等分法

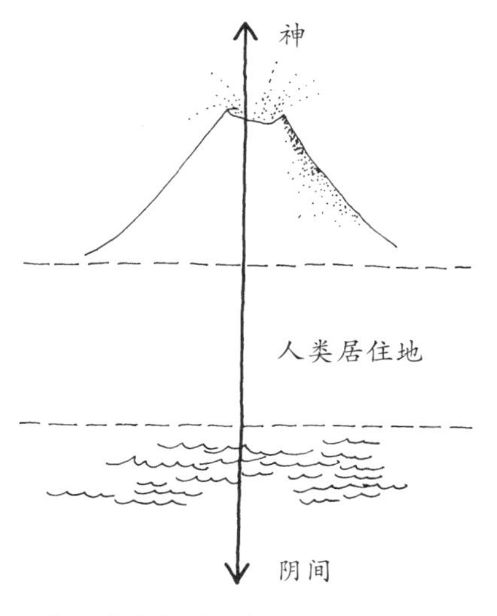

巴厘人对宇宙的理解图

会所

屋顶，让人联想到高耸的阿贡火山。

在一些重要的庙宇中能看到一种特殊的亭子，叫做梅鲁。这名字将亭子同印度传统的核心的圣山梅鲁山联系起来。梅鲁亭是高耸的狭长多顶塔，有好几层屋顶，屋顶的数目代表亭子的重要性。在幽雅美丽的乌鲁达奴庙宇里，每一个梅鲁都立在坐落微小的围合岛的中央。这是阿贡火山的微型缩影，周围是微型的巴厘岛本身。

乌鲁丹奴：岛上之山套着岛上之山

通过一个中心的方位轴线中的三个主题——围合的边界、门神看护的大门，以及处在阴间与天堂之间的人类居所，还有另外一种表现形式，就是覆盖全岛的庞大的庙宇系统。从海滨开始，这里被看做人类住所与外面的危险世界的一条界线，是进行净化仪式和与阴间力量和解的地方。塞朗甘、乌鲁瓦图和塔纳洛特等地都有极其壮观的海边庙宇保护人们免受邪恶力量的伤害。在巴厘岛的中心地区，有不同等级的庙宇。按照崇拜的团体来划分，有家族的庙堂、村庄的祠堂以及地区的庙宇，最后还有庙宇之首——贝沙基庙。它建在阿贡火山高高的山坡上，台阶和梅鲁阴沉的黑色塔顶直入云霄，俯瞰着人类世界，同时指向高远的天空。朝圣者从海上一路向上攀登，最终来到他们的世界中心中最崇高的地方。

在巴厘，艺术和自然互为倒影，正如相对放置的两面镜子。基本的主题从自然风景中锤炼；赋予其社会意义之后，在房舍、庙宇和村庄中加以复制。反过来，它们又变成理解的方法，引导人们在这个以山为中心的封闭世界里栖居。我们这些人并不生活在以这个美丽的热带岛屿为基础形成的传统封闭的社会里，因此无法拥有如此清晰、确切、无所不包的统一风景。但是，我们可以收集我们的资源（不管多么少），使它们集聚在一个场址上（无论多么小），以构造一个清晰的片断，在花园里打造一个秩序井然的世界。

海边的庙宇镇守着塔纳洛特岛的周边

贝沙基庙在甘朗阿岗上雾蒙蒙的高坡上，它标志着这个岛的中心

贝沙基庙平面图

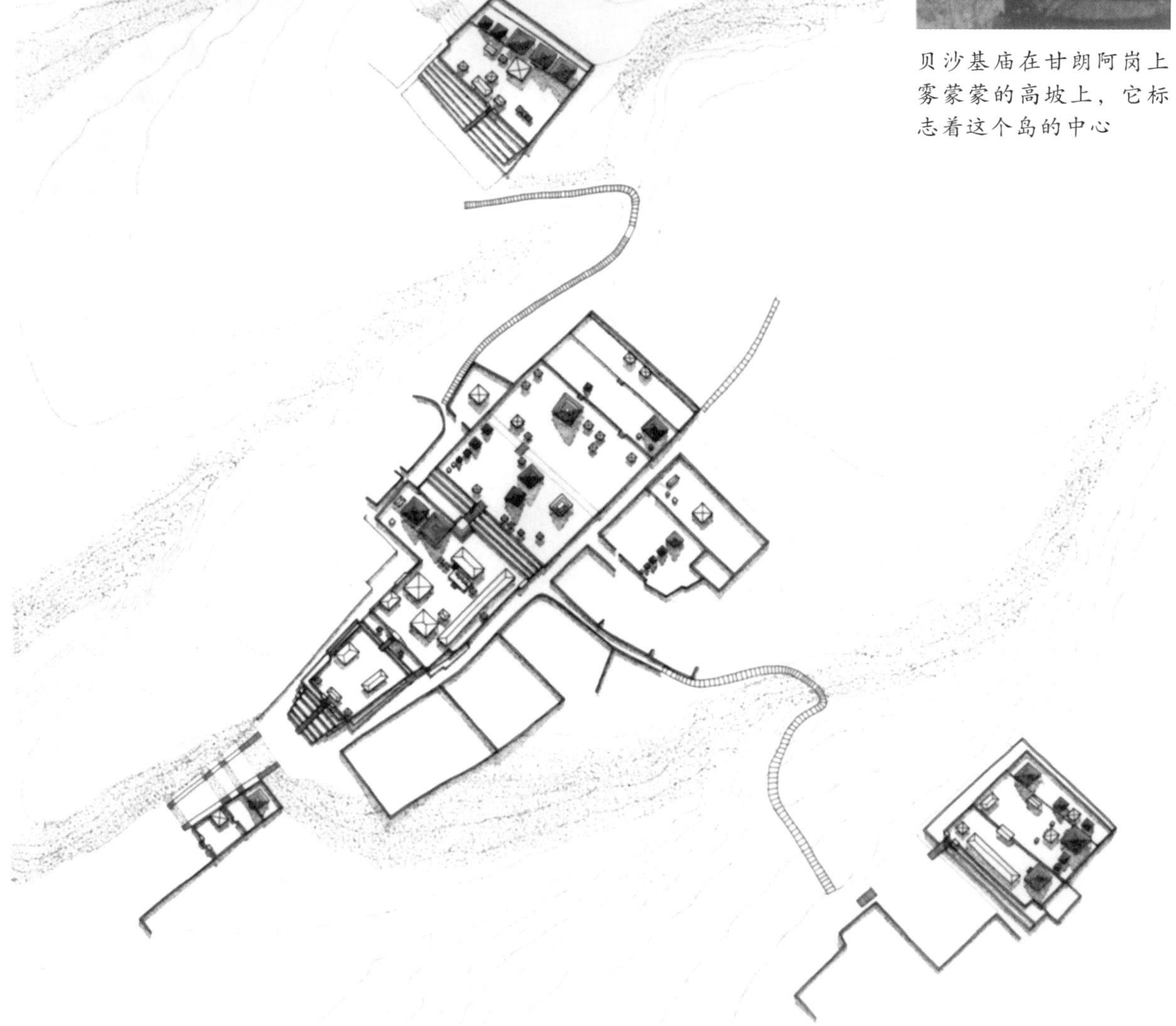

收藏品

如果亚利桑那州的莫纽门特谷成为一个自然隐喻，某种程度上能够在一种精炼的形象中总结出复杂性，那么，加利福尼亚的死谷就可以跟我们的想象力进行转喻式的谈话了，因为在这一个地方就收藏了令人惊奇的众多地质怪胎和奇特地貌，暗示着其古老的起源——水、风、太阳、滑坡和地震及火山爆发的种种过程。人类有收集的冲动（多半带有目的性而较少出自偶然），小时候喜欢收集有运动员脸孔的卡片，然后又收集乔治时代的银器、仙人掌或者灯笼海棠，再到权势强大的皇帝的园林，囊括了幅员辽阔的庞大帝国里的种种奇珍异宝。

收藏会形成特别的意义，因为它的空间顺序带有相似性、内在关系以及相互对照的暗示。因此，它可能是人们对世界多样性产生敬畏的来源。这种多样性令人眼花缭乱，它们存在于文艺复兴时期王子的珍宝箱里，牛津的皮特河博物馆里，或者在约翰·索恩爵士的异态房子中。在林奈的园林中，收藏成为通过系统分类而掌握世界多样性的方法。而在一些强大统治者的园林当中（比如哈德里安、乾隆和慈禧太后的园林），单独一处的战利品和纪念品就可以让人感觉到无处不在的帝国统治。但是，我们将要研究的最具感染力的园林收藏是自传——个人生活的种种时刻的记录。

死谷

加利福尼亚的死谷跟加利福尼亚、内华达、亚里桑纳和犹他州的其他一些贫瘠的低地比较起来并无极大不同。只不过，有一次，一行49人抄近路经过这个地方之时，无法将车拉出来，自此以后，这个地方就得到了这样一个极具戏剧性的名字，从此声名大振（实际上那些人当中没有一个死亡，但是，他们的确发现那是个极荒凉和令人沮丧的地方）。三十年代相当受欢迎的电台节目“在死谷的日子”和五十年代的同名电视剧让死谷声名远扬。

最重要的是，正如乌鲁鲁在澳大利亚的中心和阿贡火山在巴厘的精神地位一样，这里也包含一个魔力中心——巴德沃特盆地，美国最低（海平面以下282英尺）和最炎热的地方（有记录的高温为134华氏度），是美国西大荒的中心。巴德沃特盆地被盐池包围，最宽处约5英里，沿南北走向延伸约四十英里。这片白色的平原，依然保留当初海平面的轮廓，夹在西部的帕纳明特岭、东部的布莱克山，和北部的葬礼山之间。那里空气清新，光线明亮：清晨的阳光在死谷留下一片浓重阴影，同时照亮了帕纳明特的积雪覆盖的山头。而夜晚的帕纳明特岭却是一片紫色——与对面山坡上橘黄色光线形成鲜明的对照。进入这个跟香格里拉正好相反的地方仅需通过周围高山上几处狭窄的关口。

散布于盐池之上的是许多已经被发掘并命名的特色地貌。因此我们脑海中对于死谷的想象不仅仅是一片荒芜之地，还包含那些让人浮想联翩的地方。这里有鬼城和废弃的矿井：巴拉纳特（以传奇的澳大利亚金矿命名）、氯化物城、格林沃特、帕那明特城、流纹岩，还有斯基多。莱德菲尔德是一个著名诈骗案的发案地：一位企业发起人在矿区撒满铅矿石，然后拍下照片来哄投资人。照片里有大批的轮船沿阿马戈萨河（通常是干的）冒着浓烟开上来装矿石。还有一些地名极富个人特色：死谷苏格兰犬、皮特阿格贝利，和少见苗条。在一条荒凉的公路旁，有一座坟墓，墓碑上写着："这里安息着肖迪·哈里斯，他是位只身来此探矿的傻子。"还有大地与空气的景点（扎布里斯基点、但丁风景），也有火与水的景点（火炉湾、炉管井），更有一些无中生有的恐怖之地：枯骨峡谷、葬礼山，以及恶魔的高尔夫球场。

死谷并不像莫纽门特谷、石林或乌鲁鲁一样启发我们的想象力：没有突然降临之感，一切都并非井井有条、按部就班。反过来，它的景色在头脑里慢慢形成一个统一体，这是一种蒙

山冈

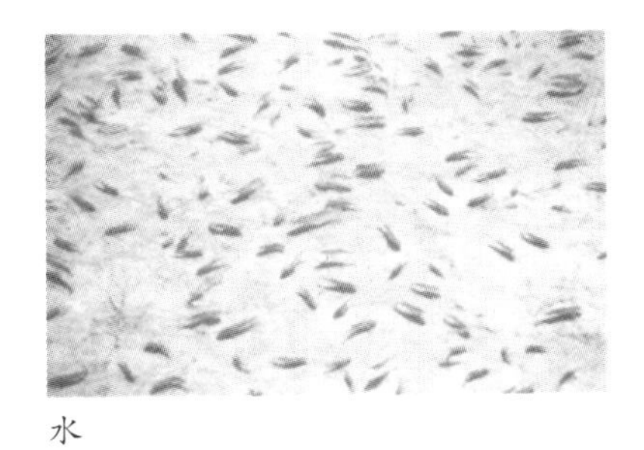

水

死谷风景

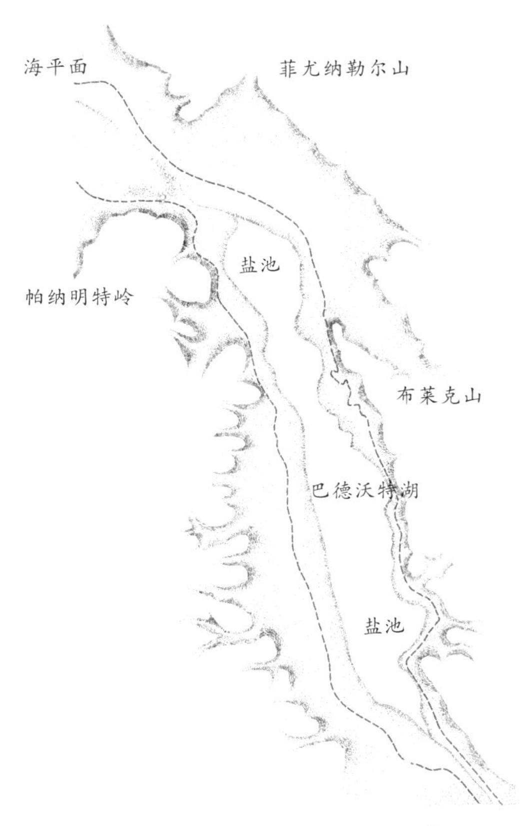

死谷的40里盐池为群山所包围

沙

干土块

石

水

盐

死谷细部

太奇的过程——爱森斯坦的电影所展示出来的以及他在《电影的意义》当中所讨论的那个蒙太奇：“一个场景、一个事件的图像，整个的创作过程，并不是作为一种固定和现成的东西存在的。它必须慢慢浮现，在观察者的感觉面前慢慢展开。”他还说：

> 蒙太奇的力量就存在于这个地方，它包含在观察者的创造过程、情感和大脑当中……事实上，每一个观察者为了回应他自己的个性，都会根据他自己的经验，凭借他自己的想象力的魔力，按照他自己的方式从他联想的扭曲和经纬线上绘制图像。所有的一切都会被他自己的性格、习惯和社会经验所影响，然后形成一个画面。

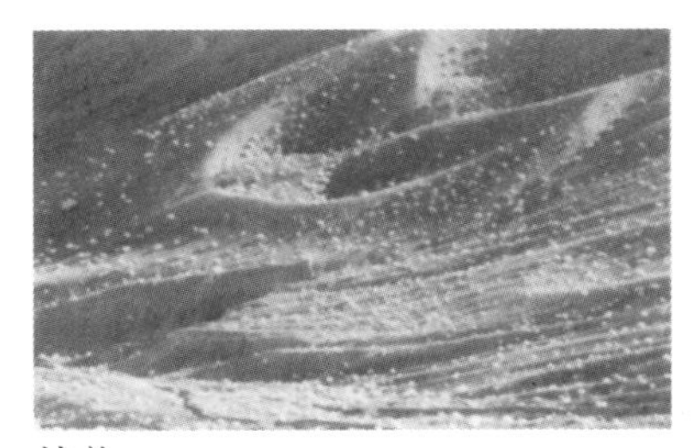

植物

同理，死谷沙、石以及荒凉的景色、木榴草丛和春天野花的香气、盐池表面反射的炎热、山峰之间的风声、鬼城、坟墓和废旧矿井，以及它们的名字，都会在我们的回忆中重新组合；每个人都在脑海中形成一个闪烁的冒险图像。

三个王国的收藏品

罗马皇帝哈德良的领地包括了他所知道的世界的全部。看起来，他自觉有责任统治这么大的一个世界，而他的确也想办法做到了，包括游历他的王国最边远的一些地区。他的行为让史学家十分着迷，因为他们发现他有杰弗逊式的百科全书式的智力，却会为他最喜欢的英年早逝的安廷纳斯写下伤感的悼词。他在蒂沃利一处炎热、干燥并且毫不起眼的山上建起了庞大的庄园——“他旅行的坟地”（玛格丽特·尤瑟纳尔的形容）。这个位置太低，无法看到对面仅几英里外的罗马。圆和方的复杂的建筑几何图形在当时一定是非常新奇的，据哈德良的传记作家斯巴提纳乌斯（他是后一个世纪的拉丁编年史家）的说法，那些图形本意是要让人有似曾相识之感，因为那些地方他都去看过，非常熟悉。

斯巴提纳乌斯写道：“从来都没有一个王子如此迅速地造访过那么多不同的国家。”放弃了自己的旅行之后，他把旅行的回忆物收集在他的周围，让人在庄园里刻上大部分著名造访地的名字：吕克昂学府、城市公共会堂、老人星、波伊卡尔，还有坦佩谷。有些部分也许仅仅是取字面意思（但史家在这一点上的看法分歧很大），而且根据斯巴提纳乌斯的说法，“为了让这里什么都不缺，他竟然想到要在这里建一个地狱的复制品”。

尽管少数几块最近已经得到恢复，但这个场地的大部分现在都成废墟了，因此，很难准确地认出庄园的各个部分到底是模仿哪一个遥远的地方。现在最肯定的地方就是老人星（根据“Delicioe Canopi”这几个刻上去的字认出来）：一个长长的

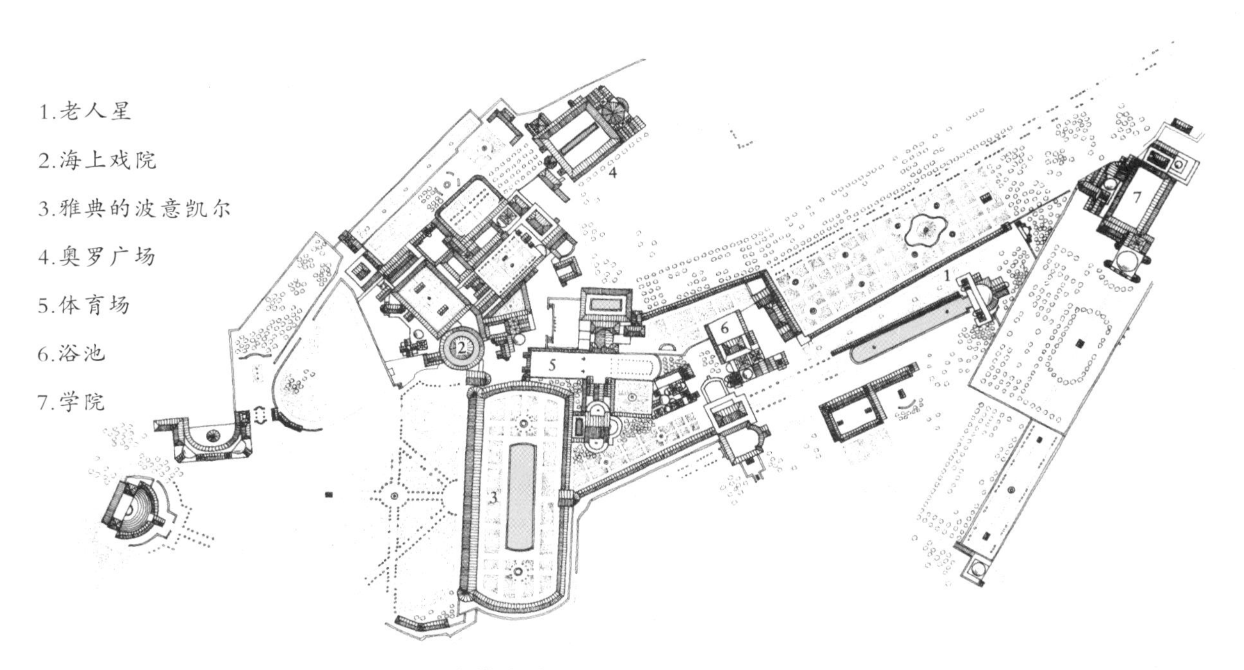

哈德良在迪沃利的庄园平面图

水池，最终扎进了山侧一个巨大的圆形洞穴里，意在纪念哈德良去过的埃及的一个地方。那里，船上装饰着节日的灯笼，一场扣人心弦的葬礼仪式在黑夜的静水上慢慢展开。在蒂沃利，建筑和雕塑都是传统的罗马样式，并没有模仿埃及的样子：水体、船只、灯火、水道的地下开关都明显是要唤起哈德良心中埃及的回忆以及同死亡的联系——特别是安廷纳斯和哈德良自己的死亡，这是反复出现的主题之一。

老人星

海上剧院

另一处令人印象深刻的地方是一座圆形的岛，今天被人奇怪地称为海上剧院。这个岛包含了一个小小宫殿的废墟，庭院里以喷泉为中心，四周环绕着不同形状和面对不同方向的后殿的断壁残垣。围绕这个岛的是一个相当狭窄的环状水池，水池之外是一圈环状拱廊。水环可同时让站在外圈拱廊的人看到岛上宫殿的全景（海上剧院的名字可能由此而来），又让这个岛获得一定的离岸的心理距离（让埃莉诺·克拉克在那本极漂亮的书《罗马和一个庄园》里面假定，这个上有吊桥的小小的圆形宫殿是为哈德良和安廷纳斯安排的极好的休闲处）。特别是现在，由于庄园的其他部分全部都变成了废墟，这个岛（虽然也成了废墟）就是极美的魔幻岛，成了蒂沃利最动人的地方。

在地面的另外一个部分，也就是雅典的波伊卡尔（以记载英雄事迹的壁画而著称），是一条从东向西延伸的长长的窄墙。因此，一侧处在阴影里，另一侧就会照在阳光下。跟中世纪的回廊一样，它能够提供一个供人行走，也许还能供人思考的地方。墙的一面对着一处宽阔的田野，看上去在这个多山的地方平坦得出奇。墙的下面是一个巨型蜂窝一样的石制住室，供士兵或家奴居住。

现在很难寻觅坦佩谷的踪迹。19世纪的法国学者加斯东·波西认为，它一定位于庄园与蒂沃利所盘踞的山冈之间的某处面积不大的低地，但是，很少有遗迹能够暗示奥林巴斯、佩里翁、奥萨或著名的密林存在于这里（但亚里桑那的坦佩谷也没有类似的强烈暗示）。波西大胆地写道：“宏伟的建筑已经损毁了，但那份优雅仍然存在。”

所有这些都是许久以前所建设的，看来没有任何人能够明白，在如此巨大的一片地方建这样一个复杂的宫殿有什么意义。现在看来，波伊卡尔在附近确立了正交网格的方向，而圆形的岛屿从平面图看来是另一网格的支点，同时又与第三个支点相交——即老人星所在的部分。三组网格之中，镶嵌着极具巴洛克色彩的弯曲的壁龛和拱廊，曲折回旋的半圆形壁龛中供奉着令人啧啧称奇的人像。很明显，如哈德良的传记作家所说，哈德良旅行的这处“坟地”为他保留了远处的回忆，不管是准确的还是鲜明的。显然这些回忆都变形成为一种流畅得体的新风格。大理石的大部分的饰刻经历多个世纪的风吹雨打，已经剥蚀殆尽。但是，砖墙和石制的盔甲仍然清晰可见，让人想到第一位伟大收藏者的远见卓识。

16世纪之后，乾隆也成为同样庞大的另一个帝国的统治者。跟哈德良比较起来，他在帝国边陲地区的出巡要麻烦得多，但是他也收藏了著名景点的纪念品，并在北京附近和靠近东北地区的热河附近穿凿一系列繁杂得惊人的幻想园林。最著名的一座是圆明园，自它建立以后，众多的著作和学术文章反复进行讨论（英国读者最熟悉的是霍普·丹比的《明亮完美的园林》一书）。

在西方人眼里，圆明园最著名的部分是带有排水工程和雕像的一系列石亭。石亭包含巴洛克系统，用于提升和喷注水，那即便在法国也是刚刚出现的新鲜玩意儿，在中国被人认为是极有趣的东西。因为在这里，水除了落下来和一动不动以外，不可能做别的任何事情，就如同它在大自然当中一样。甚至有人说，在这个园林还有一个小山峰，上面有一个瀑布，里面是干的，直到皇帝走过的时候才会喷出水来。他们为讨乾隆欢心，让一群苦力躲在山后，通过梯队让他们把水运到山顶，让水从山上倾泻而下或喷涌而出。

但是，让20世纪一个已经熟悉喷水原理的人来看，圆明园真正的惊奇之处在于它将“大海”与湖泊、“群山”结合起来的方法，里面还有可供人居住的岛屿，有码头，甚至小型的山谷，这些全都浓缩在一些让人过目难忘的、极易辨认的地方。乾隆的父亲雍正已经在园中他喜欢的地方建了29道风景，他的儿子又增加了11处，还让两名画师做了40处风景的油画，由主管公用工程的大臣在其上题写献辞。皇帝非常高兴，把每一幅画都做成木刻，配以诗文和题词，印成上下两卷。

那些风景的灵感来自各个地方，根据霍普·丹比的说法，“皇帝继位之后去过很多帝国最漂亮的地方，并将他喜欢的许多园林的画卷带回了北京，让建筑师们据图仿造”。杭州西湖（哪怕已经有现代工业城市环绕在它四周，这里现在仍然是雾蒙蒙的样子，非常美）的回忆在乾隆的脑海中回响尤为强烈。他给每一处景点赐名，让每一处山水熠熠生辉，并且让园林的魅力更富于想象。在这里，我们将列出一连串名字，全部都依照原样，旨在展现其多样性和丰富性：

1. 正大光明是正殿。

2. 勤政亲贤是次殿。

3. 九州清晏，或九岛，是皇帝和皇后的寝宫。

4. 镂月云开又称“牡丹台”。

5. 天然图画主体是一两层的建筑，前面是一方荷塘。

6. 碧桐书院是根据在中国北方极少见的梧桐树来命名的——中国人认为，梧桐是唯一配得上凤凰栖居的树种。

7. 慈云普护是一个塔楼，建在新月形的岛上。

8. 上下天光的得名源自建在水畔的主亭，光线既可从上射下，亦可从水面反射。

9. 杏花春馆背靠着园中最高的山，有石径通向一个农庄。

10. 坦坦荡荡带护栏的方形池塘，有桥通往光风霁月。

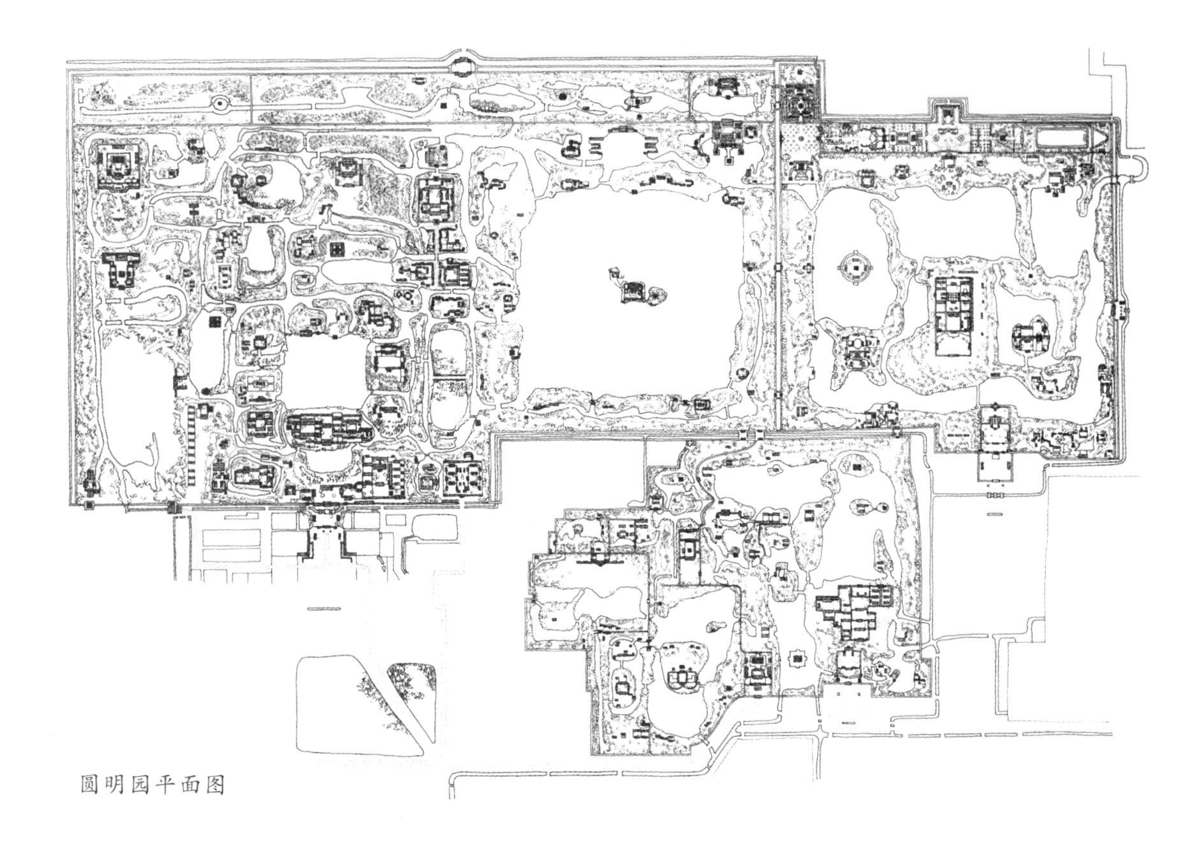

圆明园平面图

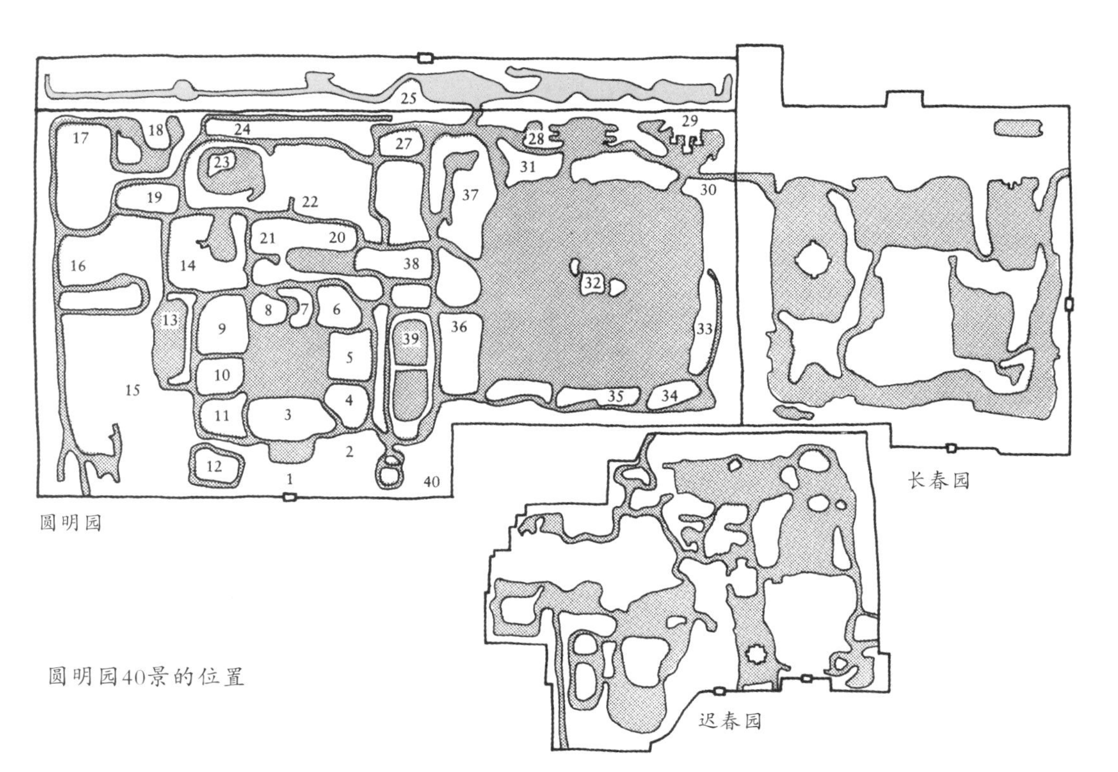

圆明园40景的位置

第7景：瑞云护园

第13景：万象祥和

11. 九州景区中的最后一处是茹古涵今书房。

12. 正大光明西面是长春仙馆。

13. 万方安和是建于水中的字形凉亭。

14. 武陵春色在称为桃花源的小村落里，暗指湖南省一个类似香格里拉、气候温和的地方——武陵。这里的建筑包括颐养亭、白玉厅、桃源深处和品诗堂。

15. 山高水长由一排房子和一个中心亭组成，是皇帝阅兵之处。

16. 月地云居是一个佛堂，据说有云从铜制的焚香器里升起。

17. 鸿慈永祜又称“安佑宫”，是乾隆的祖祠。

18. 安佑宫旁边是汇芳书院。

19. 日天琳宇岛上也有一座佛堂。

20. 澹泊宁静岛上有田字形殿。

21. 亭子和露台建在虬曲的松树间，称为映水兰香。

第29景：方壶高地

第32景：仙岛玉田

22．在这个园林最大的岛上，有处水木明瑟之地，室内用西洋式水力驱动天花板上的风扇。

23．濂溪是湖南的一条河，那里的气候温和，还有一座称为莲峰的名山耸立在河边。

24．多稼如云岛上都是忙碌的农夫，有画亭供皇帝悠闲地观赏农夫耕种。

25．鱼跃鸢飞殿也有自己的色彩，上面刻有“鱼跃”和“鸢飞”四个大字。

26．大门之外是北远山村，取自王储名诗。

27．接下来的那个岛是西峰秀色。后来在这个园林里增加了一景，那就是称为乐海的一座湖，长宽各半英里，这里面另有13景。

28．四宜书屋，与四个季节有关，仿海宁安澜园。这幅与下一幅之间是仿西湖景观——雷峰夕照和平湖秋月。

第34景：别有洞天

第38景：溪边歇石

第39景：微风动莲雾，醇酒自生庭

29. 方壶胜境并不像名字那般朴实，它是根据神话中的一海三山命名。大如房舍的游舫停泊在湖上，不远处是仿西湖美景——三潭印月。

30. 澡身浴德是洗浴之处。

31. 平湖秋月是仿杭州西湖的古堤而建。

32. 福海的中央是蓬岛瑶台，根据唐朝画家李思训的画作设计。

33. 接秀山房是湖边的图书馆。

34. 秀清村附近有个水闸，称为别有洞天。

35. 受李白诗作启发，就在那种奇怪的人力瀑布下面，石桥中央的一个方亭被称为夹镜鸣琴。

36. 福海西岸是涵虚朗鉴。

37. 廓然大公殿前睡莲池正对着皇帝卧榻的窗户，香气扑鼻。

38. 坐石临流包括同乐园，里面有太监假冒店员让皇帝和他的嫔妃过上假造的村庄生活。

39. 另有一处庭院源自杭州美景——曲院风荷。酒在杭州当地产出，然后送到园林里供皇帝饮用。

40. 最后一幅画是年轻的皇子读书居住之所，称为洞天深处。

这些风景油画在西方人初看起来是自相矛盾的：极小的建筑点缀在海岸边，藏在崇山峻岭之中。但是，事实上这个场所大部分是平的，而且我们知道，那些山也只是一些人造的堆石（今天还可以看到一堆乱石）。我们得想象自己在建筑的里面，朝外看着四周的土堆与石头，香山山峰在背景中凸显。利用透视的技巧，我们产生错觉，仿佛身处无边胜景之中，也就是画工们笔下的样子。

这样，乾隆已然消失的年轻时代见识的伟大的风景都在园子内重生，这个已经消失的园林在四十幅题词的油画里再次复活——这是被贴上标签的回忆收藏，一个模糊而又鲜活的庄严再现，如同远处隐隐的雷声。

哈德良和乾隆的收藏品是权势人物的自娱自乐，当时根本没有想到要让这些回忆和资料为大众欣赏。对照而言，20世纪产生了规模相当的收藏，但可以为所有人理解和欣赏。威尔士西海岸的波特梅里昂由一些经过修善的原有建筑组成，里面留存着更早一个时代的回忆，由克拉夫·威廉埃利斯爵士设计并涂上了鲜艳的色彩。他将自己漫长的一生奉献给了这些收藏品，并与付费的来客共享这里的一切。另外一些具有历史意义的村庄，虽然较少由某一位人物拥有，也都在斯特布里奇、马萨诸塞、格林费尔德村、密歇根和其他一些地方得以保存。最宏伟的收藏场所，即可以在规模上与哈德良和乾隆相媲美的那些现代奇珍异宝的回忆，也就是伟大的民粹主义者沃尔特·艾利亚斯·迪斯尼的魔幻王国在加利福尼亚的安纳海姆的橘黄的灌木中的具体体现（尽管早先已经通过迪斯尼的电影在公众的想象当中树立形象）。

安纳海姆不过是广阔的洛杉矶平原上一个毫不起眼的地方。迪斯尼选择在这个地方的原因，也许跟哈德良在无景可观的蒂沃利小山下修建宫殿一样。在这个无中生有的平原上，有世界上最大的停车场，迪斯尼的魔幻王国，平面大致是个圆形，不过却令其更无特色；迪斯尼的王国周围有一圈狭道，上面火车在奔跑。火车（以及迪斯尼乐园里面其他一些交通工具）是这个地方最有吸引力的东西，是沃尔特·迪斯尼根据自己后院电动火车发展出来的。所有的乘车旅行可以促进游客使用甚至居住在这个空间；因为你可以做些事情，正如利用高尔夫球的规则一样，帮助人们通过一些仪式来利用这片土地。

缅因大街：“明显可以想象，也可以到访的过去。”

人们通过一个护堤组成的大门进入王国，其上一只米老鼠在鲜花中微笑。到处都是花朵、树木和灌木树丛，这是构成这

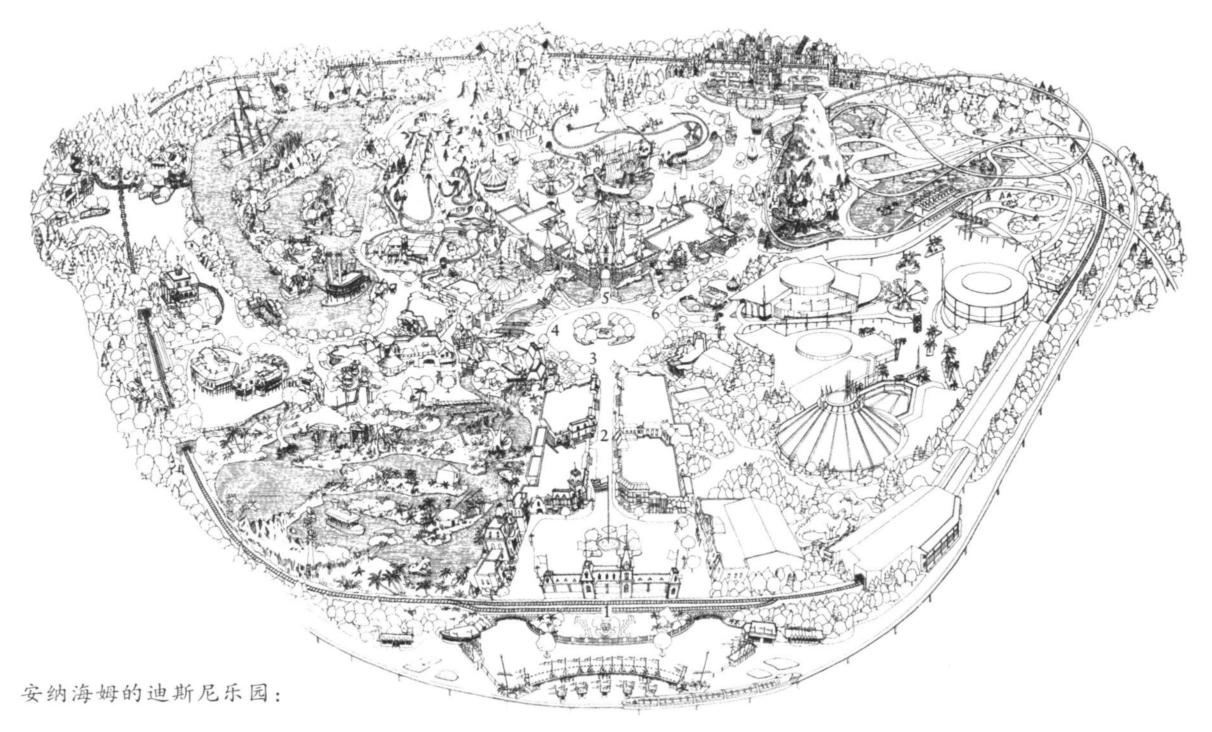

安纳海姆的迪斯尼乐园：

1.入口

2.缅因大街

3.冒险乐园

4.西部大地

5.幻想园

6.明日园

个幻想地最重要的一个部分。因为，即便处于南国的加利福尼亚，它们也是真实的，它们是最常见的，一下子拉近了异域的背景和编造的旅程和游客之间的距离，同时让我们同自身以及回忆和幻想产生可依赖的联系。

大门之后就是一个广场，它就是缅因大街的起点，这条街道直接通往白雪公主城堡正面的广场，占去了这个圆形的公园的大部分区域。缅因大街是1910年前后的美国缅因大街的微型翻版（让访问者感觉到比通常的那条大街更气派、更重要）。那段岁月对于美国人来说并不陌生，同时也是亲切的回忆，也是亨利·詹姆斯称之为“明显可想象，也可以访问的过去……最近的距离，最清晰的神秘”。这条街也不长，在一个较小的街区会出现一条交叉的街道，有修剪的花木和表演。然后，再过一个较小的街区之后是中央广场，橄榄树簇拥之下呈现出淡淡的绿色；到了晚上，树上还会闪出光芒。广场对面，透出螺旋式的光芒的餐馆和姜饼馆靠在缅因大街的两边。

朝左边是一片热带植物，通过这片植物就可以找到冒险世界的入口，在这里，一条短街闪过一批极好看的热带风格景观，初看适合廷巴克图，再看似乎是加勒比海岸，然后又可能是贝佛利山，再后是新奥尔良。街对面是郁郁葱葱的树林，其中一些是雨林漂流的真树，另外一些是世界上最大的仿真菩提树。爬上去，可以近距离观察海角乐园。

再过去就是环形的密西西比河，新奥尔良就位于这条河的河畔，这是室内坐车观赏加勒比海盗恶行的起点。河上有马克・吐温的汽船，它围着过去的西部风景转圈，其中大部分是汤姆索亚的冒险岛。上面的花都是真实的，但动物都是塑料和机械做的，让人依次看到麋鹿打架和印第安人在海岸边厮杀的场景。

冒险世界虽然很大，但是，它的形状却跟一块饼一样，只在广场的正面有一个小小的开口。因此，在广场的后面，逆时针走过去几步，游客就会发现西部荒原的入口。那里有一个围栏，有旧时代的舞厅，有墨西哥速食店，有老式的墨西哥村庄的背景（不知怎么就安排在赞扬密西西比的河岸上，这里正是密西西比，不过他们不是这么叫的，沃尔特・迪斯尼就是密西西比人）。灰蒙蒙的村落广场因为一处藤架而极有吸引力，上面生长着十分茂盛的九重葛。在附近的地方，另一列火车从美国沙漠的一些地方通过，最后通往矿井中的一场灾难发生地。

经过中央广场以后，再往前一点是一座桥，桥建在一个小小的城壕之上，有真正的石头，鱼和天鹅在这里游动，一直通过白雪公主城堡到达幻想世界。小孩子们坐的车有一段要围绕一个庭院，里面还有一场喧闹的酒会正在进行。在这个小小的微型村落里，多汁植物长满山坡，规模相当合适。在近处，一个丛林映衬着一条海盗船，就在这条船的左边，一条如画的瑞士山间小路通往一个牧人小屋，它是从马特洪恩山向明日世界之间的滑索道的起点。

滑索道通过马特洪恩山到达明日世界以后，会沿疯狂的轴线在一座漂亮的湖上飞旋而过，湖里有世界第九大海上舰队在巡游，然后到达五十年代版的简化的高科技未来。滑索吸引很多游客的注意，但这个地方没有其他地方方便，一部分是因为看上去设计师们对于未来的风景是什么样子的自己并不是很清楚，（九重葛会在金星或火星上生长吗？）因此，在这里，出现了一些俗气的建筑，看上去像是从20世纪50年代汽车旅馆标志上借来的一些未来要素，它们替代了树木。

经过马特洪恩山到达广场后，再有几步就可带我们回到缅因大街，走几步后，我们就可以从公园出来了，然后坐很长时间的车回家。这里收录的形象包括几乎想吸引所有人的东西，布局也挤得非常密实，但又成功地用真正的植物来装扮它们，因此，无论你选择哪一条路径，都会有非常紧凑的舞蹈设计成分可以欣赏。

这些收藏的大部分引人之处就在于它们与活泼的生活之间的联系，让人想到无所不能的东方暴君、想到哈德良和安廷纳斯，想到中西部的天才们，这些天才在好莱坞找到了自己的声名所在。它们还让我们想到，收藏者的园林（哪怕是我们自己微不足道的园林）都涉及来自有某种观点的物体。蔷薇让人想到自己喜欢的英式庄园，棕榈树让人想到它们会唤起自己崇拜的拉乌尔·杜菲，或者是自己喜欢的热带海滩，或在广场上欣赏到的，或午餐。另外，如果你刚巧生活在合适的气候里，就有足够多的东西让你不停地长期收集。但是，大部分情况下，这些藏品中，在回忆里面也有令人激动的东西，在再创一些地方和故事的时候也有激动的时候，那都是我们看到过和欣赏过的东西，它们改变了，以适应我们自己的方法，我们的技术，还有手头所能提供的空间，甚至还贴上了标签，这样，我们就不可能错过种种的典故。前半个世纪的建筑师们常常说：

“太直截了当了，这样明白直露的东西是在迎合人们的低级趣味。”但这些例子在说：“胡说，回忆是收藏、园林得以收藏的东西，我们尽量把它们弄得明白、具体和清楚，这本身就有无限的力量。”

颐和园

1860年，鸦片战争之后爆发的一个事件引发了圆明园的毁灭，是英法联军干的。士兵们彻底洗劫了里面的珍宝，然后放火将它烧为平地。在今天，这里是一个伤感和安静的荒地，这里生长着一些牛角花属，夹杂着一些不知名的碎石。入侵者连同乾隆在圆明园西边几英里外的香山和玉泉山上建造的园林也一并掠夺一空。他们还毁灭了清漪园，那是乾隆在昆明湖周围建的一座园林，离圆明园西边的围墙不远，是他为母亲六十大寿而建的一座园林。在19世纪80年代，慈禧太后在此基础上修建了颐和园。1902年，她又再次修建这个园林，因为它被俄国的沙皇军队所毁坏。今天，很大一部分都修复到了原来的模样，它让人想起乾隆大帝和他对风景的热情。这里是北京人常去看风景的地方，也是让人们常常想起这位极其奢华、诡计多端的“老佛爷”本人的一个地方。

该园各部分彼此分明，但所有的部分都仔细地串在一起。我们介绍的时候，读者应该对着我们提供的图表看。特别要注意它们彼此以及与太阳之间的关系。

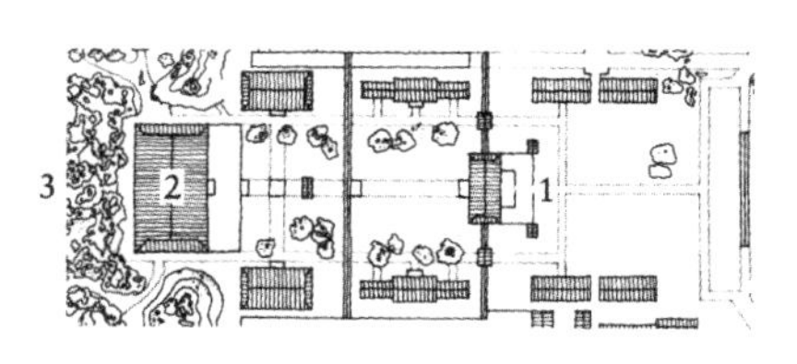

颐和园的第一批亭子和庭院

复式大门：

1.东宫门

2.仁寿殿

3.石园

第一部分是东边的复式入口。从东宫门的涵虚楼牌开始，有一个形式上对称的序列，由三块长方形庭院组成，约为东西轴向，最后在极奢华的仁寿殿结束，慈禧就是坐在这里面的九龙宝座上的。这里的建筑当讲堂用，外国使团如没有特别许可是不得越界走进此宫和其他园林的。在仁寿殿的后面是一个小土堆构成的园林，使会堂与皇室人员的生活区彼此分开。你可以通过大门和庭院走进来，在这里，景观都被四面八方密封实的墙体遮住。绕过土堆之后，人们就可以突然来到宽宽的湖边，一下子看到向北、西和南各个方向敞开的景色。在附近，有一个小岛连接着湖岸，小岛上是一个开放的观景亭，称为知春亭。这里围着一些杨柳，二三月份，湖上的冰就开始融化，桃花和杏花也一齐开放。

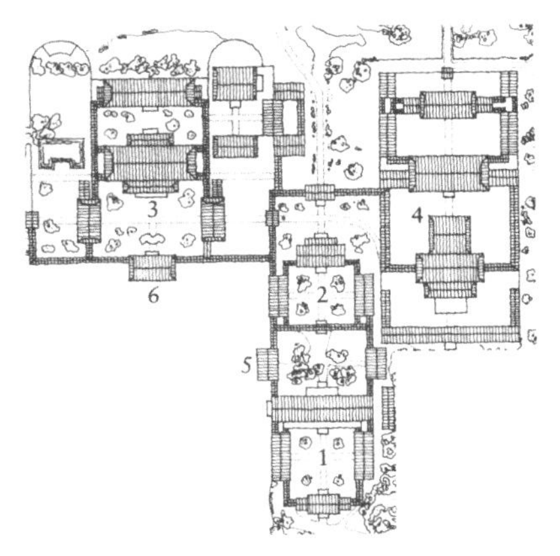

第二批亭子和庭院：

皇帝的生活区

1.玉澜堂

2.宜芸馆

3.乐寿堂

4.德和殿

5.夕阳亭

6.留佳亭

第二部分（接靠着仁寿殿的北边）由皇室生活区构成，都按照传统的中国方式围在庭院里面，为南北朝向。这里最主要的建筑物是玉澜堂，慈禧的儿子光绪帝在戊戌变法不幸失败后，就被他母亲囚禁在这里。这里有宜芸馆，是慈禧太后的寝区。有乐寿堂，是围着种有玉兰的庭院的一些生活区。还有德和园大戏楼，里面有镶金的宝座，有用于看戏的戏台，有装在饰金笼子里的时钟鸟。慈禧就在这些地方受到数百太监的侍候，餐桌上摆满一百多道不同的菜，穿着金光闪闪的衣服（她的衣柜有三千个抽屉）。从这里出来以后，在湖边上，有两个小小的亭子，一是夕照亭，这里可以看到西边略为升高的多风的景色，一是面南的水木自亲殿，这是游船上岸的地方。

园林的第三部分，也就是昆明湖，约有一英里长（从北向南），宽约半英里。乾隆将昆明湖分为三个不同的部分，一是从西北角向东南角延伸的西堤，另一条更短一点的堤坝将西边的那一半分成两个部分。这三个部分当中，每一部分里面都有一个小岛，让人想起道家所谓的蓬莱、瀛洲等传说。南湖岛通过漂亮的长桥十七孔桥与东边的湖岸相接：立在上面的是八方亭和廓如亭。

网格与昆明湖的边缘相交

湖的北端是园林的第四部分，也就是万寿山北面的陡坡。这是个东西向的山脊，长约半英里，高约二百英尺，上面长满了松树和柏树。阳光会让红、黄、绿、蓝建筑形成复杂的影子，同时让建筑形成背衬着庄严的植物的焦点。你可以突然间明白一位著名画家所说的那句话，他说建筑是“风景的眼与眉”。

西堤、桥和昆明湖对岸的借景

万寿山的中心是一套庭院、亭子、墙体和石级构成的复合

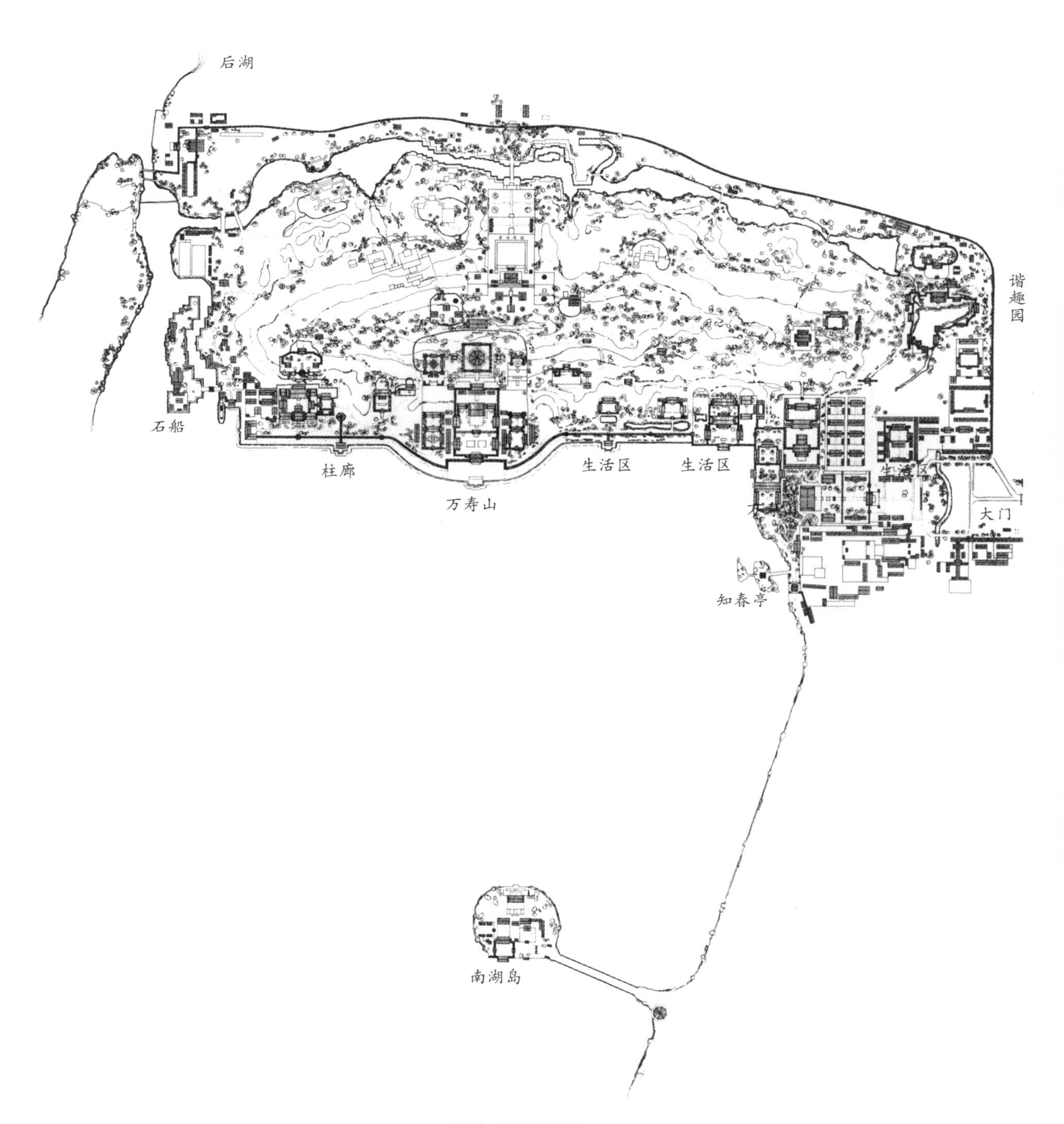

颐和园平面图

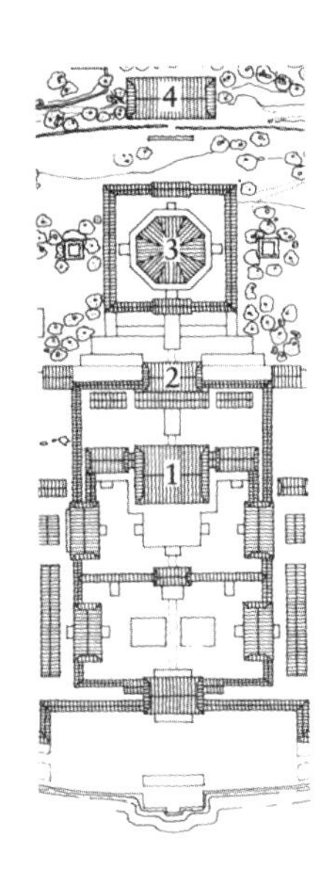

第三批亭子和庭院：万寿山

1.排云殿

2.大德堂

3.佛香阁

4.智慧海

体。石级先向上通往排云殿，这是根据金代一位著名诗人所写的几句诗命名的。诗词中有：

仙女排云而聚，

金银之台始露。

接下来是德辉殿、佛香阁，最后是智慧海。轴线自北向南，将南湖的轴线继续下去。从这里可以高瞻远瞩，看到黄色琉璃瓦的屋顶，可以看到山下湖的南边，到玉泉山和西边的香山，看到东北边的圆明园，再到北京的湖和宫殿（通过一条运河与昆明湖连接着），最后看到极远处的西南边。

越过湖的北岸，在万寿山的山脚下，有一条长长的木质柱廊。柱廊两头都有数百码的长廊，中间围绕排云山形成一个大弧。在东端是皇室生活区，西端是一条石船，那是慈禧臭名昭著的愚行当中的一种，称为清晏舫。批评她的人对此特别反感，因为据说这条石船是用建设中国海军的费用建造的。有顶的步行道可充作工具，用于连接散布在山坡和湖岸的众多亭子。但是，除此而外，这是众景收集之地，有相当宏伟的规模。共有14 000处画景（都是著名的风景，有鸟，有花，根据文学作品改编而成），共273个画栏从南北两面形成活体的景物。松柏过滤两边来的光线和景色，在春天，花与背景中的植物会形成鲜明的对照。北边的景色都是亭子和亭子附近有阴影的墙壁，而南边的景色伸过前景中的树枝，跨过波光荡漾的水面到一些岛屿和堤坝以及远处的山冈。

还有第五处隐蔽的景点，这是让人惊讶的地方。万寿山阴暗的北坡覆盖有大量建筑的废墟，从来都没有得到修复。它们面临长长的一条狭窄的水道，称为后湖，就在颐和园的北边。这个荒凉的地方有一个园中之园，就是带墙的谐趣园，谐趣园建在自带的微型湖泊的周围。（由乾隆本人）刻在白石桥上的人物让人想到两位古代哲学家之间的争论，就是指鱼自身是否知道幸福。

玉渊阁

最后的一个要素从某种意义上来说根本不是这个园林的一部分，而在另外一个意义上来说它又是最基本的一部分：那就是西边山上的借景，但是，其效果是相当惊人的。从湖的北端和东岸的那些亭子和走道看去，湖对岸的景观总是被西堤和十七孔桥的线条所阻挡。但是，这些并不是固定的周界。十七孔桥让你看到水对面的景观，堤坝的线条也被几处漂亮的高拱桥所打断。这个方法显露出真正的边界，并形成一个错觉，让人觉得湖向南和向西无限伸展过去，也许一直伸展到玉泉山的脚下。它们对着紫灰色的黄昏的天空，更有远处的香山稍显柔和的灰色相映衬。在玉泉山的山脊上，为了让视线看到更远处，有玉渊阁高高的剪影在那里摆着，就跟普鲁斯特所写的康布雷教堂的尖顶一样，像一根小小的艺术手指拨弄着云彩。这个园林伸过湖后，越过那个阁楼，越过香山，一直伸向落日所在的地方。

长亭的横向轴线

佛香阁的纵轴

颐和园的复杂让人的想象力难以为继，但是，它们只是少数几个简朴有力的主题联合起来形成的结果。跟查哈巴格的园林一样，布局从指向罗盘的顶点的交叉轴开始。南北轴向通过排云殿向下来到南湖的中心，将西堤从南湖岛中分出来。这根线被沿着湖岸排列的东西向的长亭轴线所交叉。佛香阁以明显的垂直轴线标志着这个交叉的存在。建筑和庭院明显的纵横排列根据这些轴线而平行发展：东向的仁寿殿、皇室生活区、庭院和通往万寿山的塔楼直到最高处的塔，甚至连清晏舫也是指向南边的。不过，穿过所有这些儒家的精确排列的倒是三种外形的自然吐纳：昆明湖不规则的轮廓、万寿山阴暗和交错的剪影，以及植物和雾霭。

自然和格栅结构的交叉形成厅堂和楼阁，园林是这些因素的积累所成，它们都汇集在封闭的墙内。所有这些景观都有极

宣泄情绪的亭子：清晏舫

具召唤力的名字，有一些属于说教性质的，好比18世纪英国园林中的许多殿堂都是召唤古典美德的（忍耐、克己、净化、长寿、幸福、霁清、大德），有一些是描述自然美的（莲香、瑰云、玉澜、金水、清远、福景、夕照），再有一些是宣扬伊壁鸠鲁式的情绪的（观月、千峰彩翠、听鹂、知春、谐趣）。这些亭台楼阁的名字经常刻在入口处的横匾上。另外，柱子两侧还有竖直的牌匾。这些牌匾称为联（对联），都写着两行诗，每行都有同样多的字数。建筑和文学上的对称合而为一。

这个巨大复杂的园林通过其对历史上的某个时刻的特别的人的召唤而获得了一些意义。每天，太阳同样照过清漪园，哪怕那个不公正的快乐收集者已经不在人世了。太阳在远处的皇宫上升起（可以从万寿山上看到），横过昆明湖的波光在她的面容上照耀着，然后在玉渊阁的后面落下去，使这个园林在清晏石舫那里形成夕照美景。

桂离宫

对德国建筑师布鲁诺·陶特来说，桂离宫是一个启发，是对简朴、庄严和形式的纯净的益处令人不安的确认，致使这位早期的现代建筑师对之赞不绝口。他让长期为人所忽视的这个园林为全世界所注意，自此以后，世界上很少有几个地方受到如此高的赞赏。

这个地方有一个惊人的特点：它为眼光极其不同的人们反射出这些人希望在里面看到的东西，从陶特的纯净感，到它那个时代（奈良时代）最流行的口味所进行的几乎是粗劣的表达，无所不包，无所不有。著名的日本建筑师丹下健三认为，桂离宫是高度浓缩的日本概念的碰撞，这是日本民族两大不同的鼻祖，它们形成的原理相当于中国文化当中的阴与阳，一个是让步的、接受性的和无所不包的，另一个是大气和进取型的。他论桂离宫的著作包括了由现代建筑师和教育家瓦尔特·格罗皮乌斯写的一章，而这位建筑师和教育家认为，他的

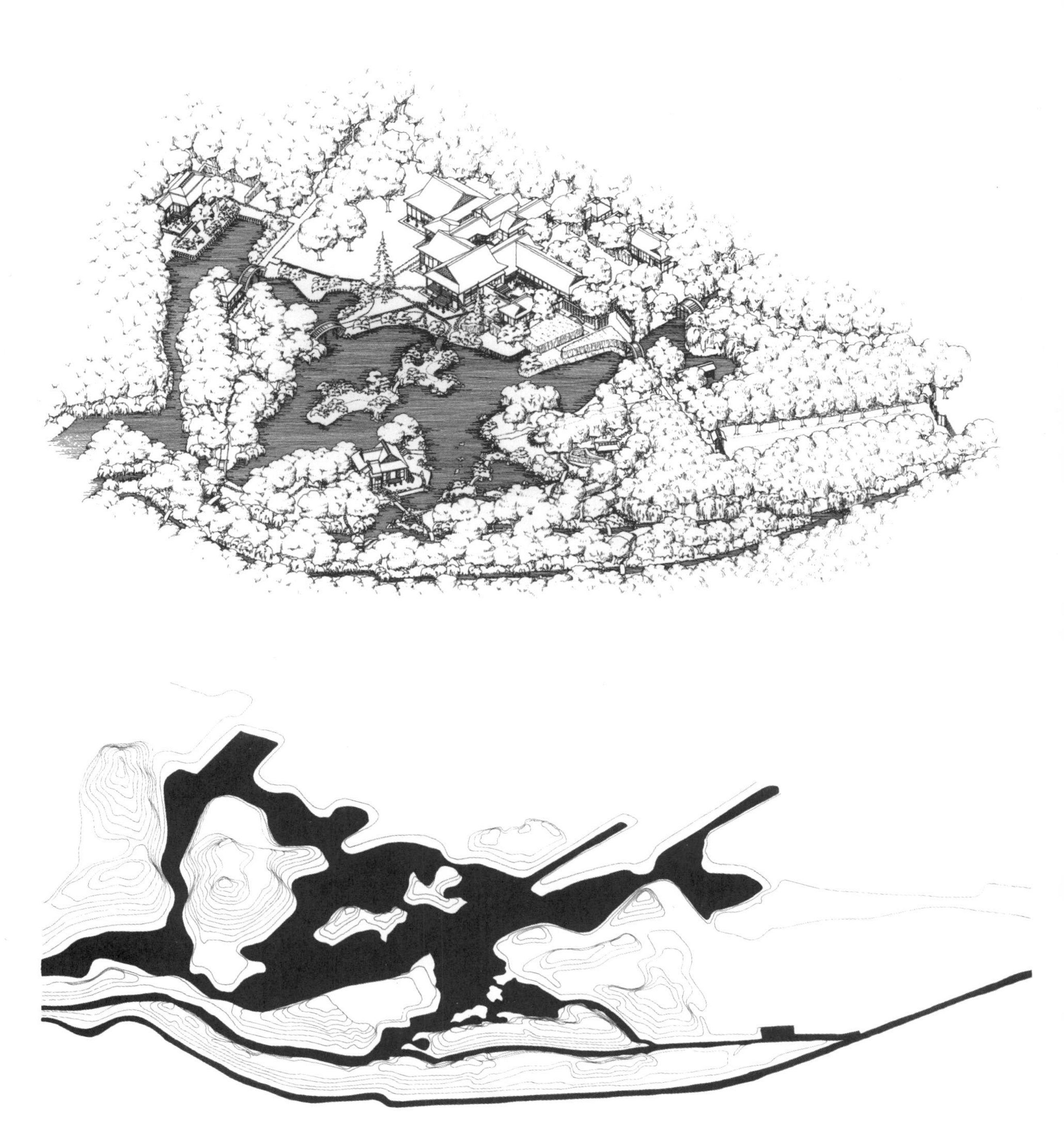

桂离宫（全景、地形及水系、建筑及路径、种植）

1.大门
2.松树
3.枫树山
4.宗哲“山”
5.村舍
6.峡谷（奥义河）
7.灯笼岬
8.端田天野
9.茶亭
10.萤火虫谷
11.青山岛
12.小亭松皇
13.奥林多
14.笑思阁
15.草坪

包豪斯建筑学派和现代运动中形成的建筑原理都包含在这个遥远的国度里。内藤晃正在这个地方看到了皇权式微的时代，皇族与权力第一次上升时期的德川幕府之间紧张而又微妙关系令人着迷的反映。

所有这些描述当然都是正确的，它无疑也是一个伟大的作品的标志，因此可以包容极大的矛盾。我们的图案旨在鼓励读者把这些房子和园林看作可以走进去欣赏的物体，把这个庄园所包含的东西看做是鼓励人们视此为一套参照物和收藏品的集合，虽然这个地方比哈德良或乾隆的收藏品少得多，也经济得多，但仍然不失皇家风范。比如，这间四百多年的木制庄园本身的一个部分最近已经拆除下来便于修复，它的构成部分存储在一系列的箱子里，直到腐烂的部分能够修复或者予以替换。在这样一个长期以来一直因为简朴而受人高度称赞的地方，有超过三万多件构成部件！

这座庄园的第一位建造者是一个皇太子，名叫智仁，生于1579年，是皇帝的长子的第六个儿子。1586年，他被拿破仑式的人物丰臣秀吉所收养，而秀吉本人也在同一年小心地接受了藤原家族的收养，因为这个家族长期以来一直掌握着国家的实权，而皇室传统上一直都没有实权。秀吉自己有了儿子以后，他接纳年轻太子便失去了说服力，秀吉死后，情形又发生了变化。经过一场内战之后，德川家康建立了一个新的武士王朝，共统治日本达250年，直到皇室的一个成员自己抓到了权力为止。在17世纪初，有人看见太子智仁作为真正的统治者与皇族之间的联络人，得到了有限的一些资财，以便能够在首都郊外的一片西瓜地里建起一处小小的茶馆（出于复杂得无法描述的原因，这听上去就好像一幕恐怖剧的歌词）。这个茶馆是一处皇家庄园，庞大得足以收集许多远处的藏品。时在1616年。

简朴的桂离宫

日光城的浮华装饰

我们知道的这些建筑的大部分明显属于更晚一代人的时代，1640年之后，当时是智仁的儿子智忠的时代，这些建筑正在加以恢复和替代。园中的种植物当然经过了更快的周期：小小的松树已经长成参天大树，有力地改变了园林的构成，然后老树枯死，又为新的小松树所替代。

在这种种变迁当中，桂离宫所体现的对花草树木的感知方式一直都是十分强烈的，这是如此有力的一件艺术品，游客都假定它一定是一位专业天才所设计的，多半是茶艺大师小掘远洲所为。现在，人们相信设计工作是在精打细算的情况下进行的，而且是太子自己与聪明和听话的低层木工与园艺师长期厮守而共同完成。但是，这样的设计风格在很大程度上归功于小掘远洲以及他的综合眼光，或拿山舍的错觉与旧日皇室生活的优美相互碰撞的结果。“美萨比”是对它形成的那种氛围的部分翻译，这个词无法完整地翻译成英语，但是，“美丽田园”却是一个较为接近的用语。一方面，这个田园的构成轻松得多，也复杂得多，活泼得多，也受欢迎得多，远远胜过人们对龙安寺的赞赏。但是，另外一方面，它又比日光城更少奢华，更少炫耀，也便宜得多。因为日光东照宫是对新的德川幕府极尽奢侈的纪念，那个建筑也是同时代建造的，并由同一批人当中的一些人来建造，风格华丽，曲美，不似桂离宫真诚而简朴。

人们一般围绕桂离宫中央的池塘顺时针方向游览。这里的风景收藏有一定非常确定的顺序，因此使园林产生了特别的意义，并允许日后对其进一步的开发和放大。它有快慢节奏，规则和不规则的，有停顿、省略、渐弱和最强音。人的注意力从一个惊讶之物到另一个惊讶之物，有时候会仔细打量，有时候要跨过水体而极目远眺。但是，这样的顺序并不会跟我们稍后会看到的一些朝圣园林那样形成叙事结构。反过来，它是一系列的情绪变化。

桂离宫共有两个入口。一个顺着一条直直的绿荫小道，通过一个大门，并沿着向左的一条直路前进，这个入口就在房前提供一个景观，顺着细长的半岛到达半岛顶端一棵有名的松树为止。（最后一棵极漂亮的老树约在三十年前被替换掉，是一棵还不到少年期的小树。）然后，有向左的一个转弯处，并很快再转向右边，向着庄园中央的大门。这才是皇室的入口。普通的入口斜向对着靠近这所房子的一个大门，并形成一对极好看的转弯处，都是通向皇帝经常走过的同一个中央大门的。这所房子最主要的生活亭台以有石级的对角线延伸出去，这跟西方的任何园林都不一样，所有的亭台都高高地建在主草坪之上，它们的景观都与草坪呈一个角度。

要游览该园，我们必须从中央大门退出来，朝右向顶端有松树的那个半岛走去。经过了枫树山，我们就转向右边，朝一个有石级的长轴线走去，来到水边，看到一个不受阻挡的和极漂亮的大茶馆，就在对面的半岛上，称为松琴亭。我们走过的那条路几乎立即离开这条轴线转向左边，穿过一个有许多石头的密林，通过相铁山来到一个乡舍，乡舍里有一处户外休息处。这样一条安排精确的道路就跟音乐一样需要有所停顿。

我们的道路穿过爱之河的一条小小的深峡而接近湖岸，然后来到一处由半岛围护着的湖湾，半岛上有桥与别的岛屿相连，这就使湖湾与更大的湖几乎断开了。半岛和岛屿都称为天桥立，这个名字是从比这里大得多的一个地点得来的，那里发生过一场著名的海上大战。越过天桥立之后，松琴亭就完全进入眼底了，但是，我们转过湖湾，再跨过小桥到达松琴亭之前还将看到更多的美景。其中最著名的是一个小小的海岬，是一些仔细挑选的石头构成的，海岬从石头岸伸出去，顶端有一处石制的灯笼，晚上点起灯笼的时候，会使天桥立的石桥在水中反射出来。

石灯及小桥

松琴亭，是这个园林装饰的主体，它的上面盖有遮阴的灰色，而且封闭着，以与光线充足、完全开放的主楼形成对照。11世纪的《源氏物语》有一段就是描述琵琶声与松树摩挲混成一片的月夜，丹下健三认为，这个段落就是松琴亭的来由。松琴亭是相当大的一个结构物，但是，它庞大的规模是通过通常很小的茶馆（6英尺×9英尺，外加小小的一个外伸）造成的，它占据了其最近的一个角。通往茶室的门只有半人高，因此，游客必须手足并用爬着进去。在附近的池塘里也有三块大石头，看茶道的客人不用像平常一样在脸盆的静水里洗手，而可以在流水里洗洗手，这真是叫人惊喜之事。

松琴亭最大的（也是原始的）房间形成了一个L形的空间，从这里可以看到打开的外墙后面的光之脸，在那里，浓密的树木使黑暗较早落下，这与在太阳底下的时间最长的天桥立的小桥形成精美的对照。在茶室内，也许最惊人的景色是一处凹室，上面有墙纸，墙纸画着大块蓝色和白色的方格，这跟这栋建筑和园林里面较软和的地面的色调比较起来是一个额外的惊喜，形成20世纪的人们用霓虹灯达到的效果。桂离宫借用的情绪碰撞在这里表现得最为明显。

茶亭之后的路虽然比较前面第一部分的池塘的路线较为放松一些，但是，它也会提供较多的变化。就在通往青山岛的小桥面前，躺着萤火虫谷。这个山谷在三个方向跟陆地相接，上面有一个浓密的日本柳杉林（很小的林子）。林子里面，一条不到十六英尺的石级让人爬上去感觉起来就像爬上高山的朝香之旅一样。从顶峰看去，松琴亭在辽阔的天空下呈现一派乡野气息，就跟人们可能在山隘上看到的山顶栅舍一样。但是，很少有山隘能够与桂离宫从这里开始的、令人吃惊的半空全景相比。

下山的路通往园林堂，这是明显有历史意义的中国佛教风格的一处家族纪念物，一位编年史家描述它为“完美的粗心”。一座土层覆面的桥通往一条排列着李树的直路，就是庄园附近的主草坪的边缘上。离开庄园向左转，就会通往池塘中方形的海湾，里面摆放有石级，用于系船，再到笑意轩。笑意轩是根据中国诗人李白的一首诗取的名：

问余何意栖碧山，笑而不答心自闲。

桃花流水窅然去，别有天地非人间。

这个活泼的亭子为智忠亲王的私人读书室，是逃避皇室复杂世事的处所。景观在亭外，跨过桂离宫较低处的村子，还有假定可以看见的农夫的简朴世界。

一条小路从后面跨过草坪到达主建筑，这就完成了围绕池塘的一个环路。池塘的形状本身也值得人仔细研究。这个池塘并不是很大（比我们大部分人的私人园林里的池塘稍大一些，但比大部分公园里面的池塘小得多），水也不是很多，不像圆明园，但是，池塘的每一边从岸上看去都十分特别。小路的每一个转弯处都会产生水对面的新景观，它们相对于对面的池岸的距离也不尽相同，而且那里也会有新的景色可以观赏。

那么，桂离宫是一个收藏处，按照朝圣之地的路线变出很多花样来。正是这种舞美设计使这个较大但又十分精美的园林成为一个有用的模型，供我们在较小的地方进行更为谦逊的学习，因为它暗示出的不仅仅是物件的收藏（石头、花朵、凉亭或茶亭），而且还有所有这些东西在时间上的表现次序。不管多么小，你走过的一个园林必须在空间和时间上有所安排。

也许，桂离宫比其他任何一个园林做得更好的就是让极漂亮和极普通的东西产生惊人的相撞，并将它们表现在舞台上：电火花蓝与地面的气息、松琴亭与石头、朝廷与农家、宫殿与西瓜地。西方园林史很少有为人的欲望提供一些模式的，看起来这个欲望在我们这个时代表现得尤为明显（蓝色的牛仔裤和莱因水晶石），它使实际和奢华的东西、平淡和幻想的东西结合在一起。卢瓦尔河谷的维兰德里也有一处园林，它精巧地铺在长满青菜的几何花圃里面，强调了我们对于安慰自己的胃部和眼睛的需求。但是在桂离宫，还有它隔着京都的姐妹园里，我们日常所见的一切却都变成了小心编排在一起的梦幻节奏。

西辛赫斯特

今天，弗朗西斯·培根作为实用知识的收集者为人们所记

“美好的事物”在西辛赫斯特随季节呈现

颂，他将实用知识排列起来，供教化他的读者所用，他也是作为经院哲学和炼金术唇枪舌剑的大敌而为人记住的（“一方造起词句来从不失手，另一方复制起黄金来却又从未得手”）。他列举的事实今天当然都过时了，学者们发生争论的也不再是炼金术，但是，他写作风格的巧妙以及思维的敏捷却仍然能够给人以教诲。他最漂亮的散文之一是《论园林》。

对培根来说，园林很明显是圣经式天堂的再造，良好的园林是高度文明的成就。他的文章是这么开始的：

> 无所不能的上帝先为人类造下一个园子，令人类最纯净的快乐得以满足。园林叫人的心灵得到最大的安歇，若没有园林，建筑和宫殿就不过是一些粗俗的手工制作。而人类终会明白，当人长到知晓荣辱，追求华美的年龄，就会想办法建造庄严和精巧的园林，就如同建园才是更了不起的造化一样。

他对于园林设计定下的第一条原则就是：“应该有园林适合一年四季的用途，在这样的园林里，各季都应该有各季的美好事物孕育。”为了做到这一点，造园者必须明白花卉开花和树木生叶的各个月份，因此，培根提供了一份方便的单子。例如：“三月有紫罗兰开花，尤其是开单朵花的那种，它们是最早的一批花；还有黄水仙，有达齐花，有开花的杏树，有开花的桃树，有开花的樱桃树，有甜石南。”谈到年底的时候，他停顿下来说：“这些特殊的植物适宜于在伦敦栽种，但是，我的意思是容易明白的，你们有万种选择。”

培根并不是第一位想象永远能结果的园林的人，在这样的园林里，庄稼和花朵无休止地彼此衍接，相继而生。例如，在《奥德赛》里，作者讲到尤利西斯来到菲西亚国王阿尔西努斯的园中。查普曼的荷马开心的对句就讲到了这样的欢乐：

没有门厅阻挡，而且靠近大门，
坐落着一片近十公顷的漂亮果园，
高高的树篱围园扎起。
果园里遍布林木，果实高挂，
这里有石榴结籽，
有甜蜜的无花果，梨和橄榄，
更有数不清的其他果实。
这里的植物用途甚多，滋生蔓延，
它们的果实严冬不能摧落，
酷暑也不能拿它们奈何。
一年四季花开不断，
果树花木依时按季，
依次结出硕果。
甜蜜的西风在果树上拂扫，
时而徐缓舒卷，时而劲疾掠过。
和风令果实圆熟，令花朵盛开。
梨和苹果依次熟透，
葡萄和无花果争先待摘。
这里成熟的一切果木，
时光从不待其白白错过。

但是，还是有差别存在的。对荷马来说，他那无穷尽的丰硕果实是神灵赏赐的极好礼物。但是，培根想象的是它们如何会成为人类知识和创造的成果。伊丽莎白时代自信的人类将要控制自然，并使其服务于人类的快乐目的。

培根的意思是说，园艺师不仅仅需要掌握植物的兴落季节，还必须了解植物香气的性质：

> 因为花的呼吸在空气中远较在手上为香（来自何方，又去向哪里，就跟音乐和美的啼啭一样），因此，为得此花香，必须明白在空中发出最馥郁香气的花卉和植物，没有什么比掌握这个知识更合适的了。

然后，他又将花和树木按照其香气的浓度分成几类，说明这些香气产生的季节，还有这些香气是“随风而过”的时候闻到的，还是在它们被“踩在脚下成为烂泥”的时候最香。

在肯特郡原野上的西辛赫斯特，有一座红色的砖塔可追溯至培根的时代。在伊丽莎白时代的一座遗迹中，著名的文学伴侣哈罗德·尼可尔森和维塔·萨克维尔·韦斯特（在从20世纪30年代一直到20世纪60年代的长时期内）修建了一处伟大的园林。那是培根最理想的园林思想的体现：这里有花木生长，一年四季花香不断，这是应用极多知识成就的结果。

西辛赫斯特塔楼

尼可尔森和萨克维尔·韦斯特于1930年发现这个地方的时候，它的潜质一直掩蔽不见。西辛赫斯特城堡是一处解体中的废墟，曾经是伊丽莎白时代相当显赫的一处楼台的剩余物——当时正被人们当做农用建筑使用。那个场址近乎是平地，约为长方形，有长轴从东向西延伸。在东北角上，有一道L形的护城河静止不动的残余物。一个形状规则的坚果树丛确定了东南角的边界。这个伊丽莎白时代的砖楼还剩下四处主要的残余：跨过西边周界的一个侧翼（现在称为图书馆），它东边的高塔，称为南屋的一个片断，和另外一个称为牧师屋的片断。还有数

塔楼上看到的景观

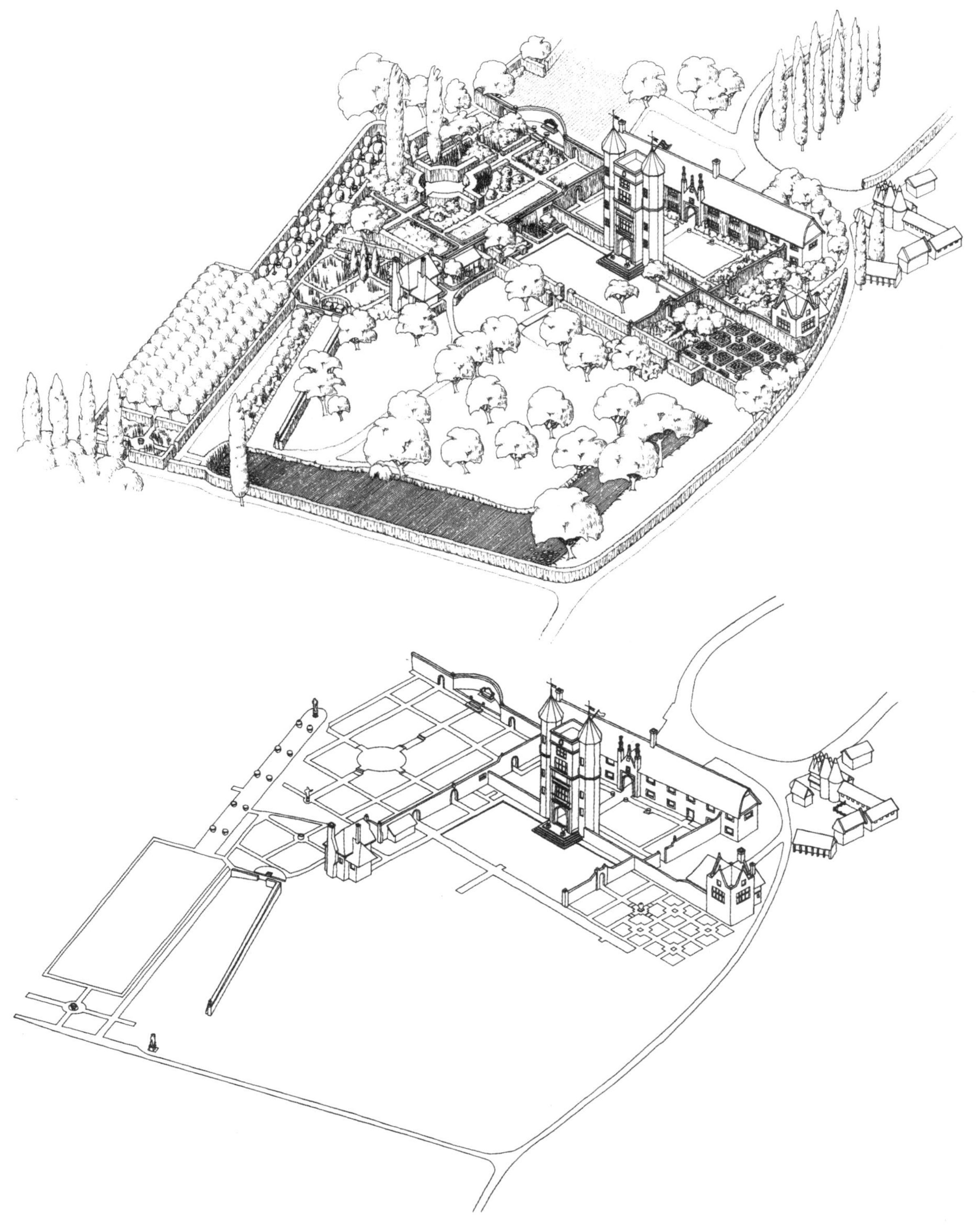

西辛赫斯特（全景及墙体和道路）

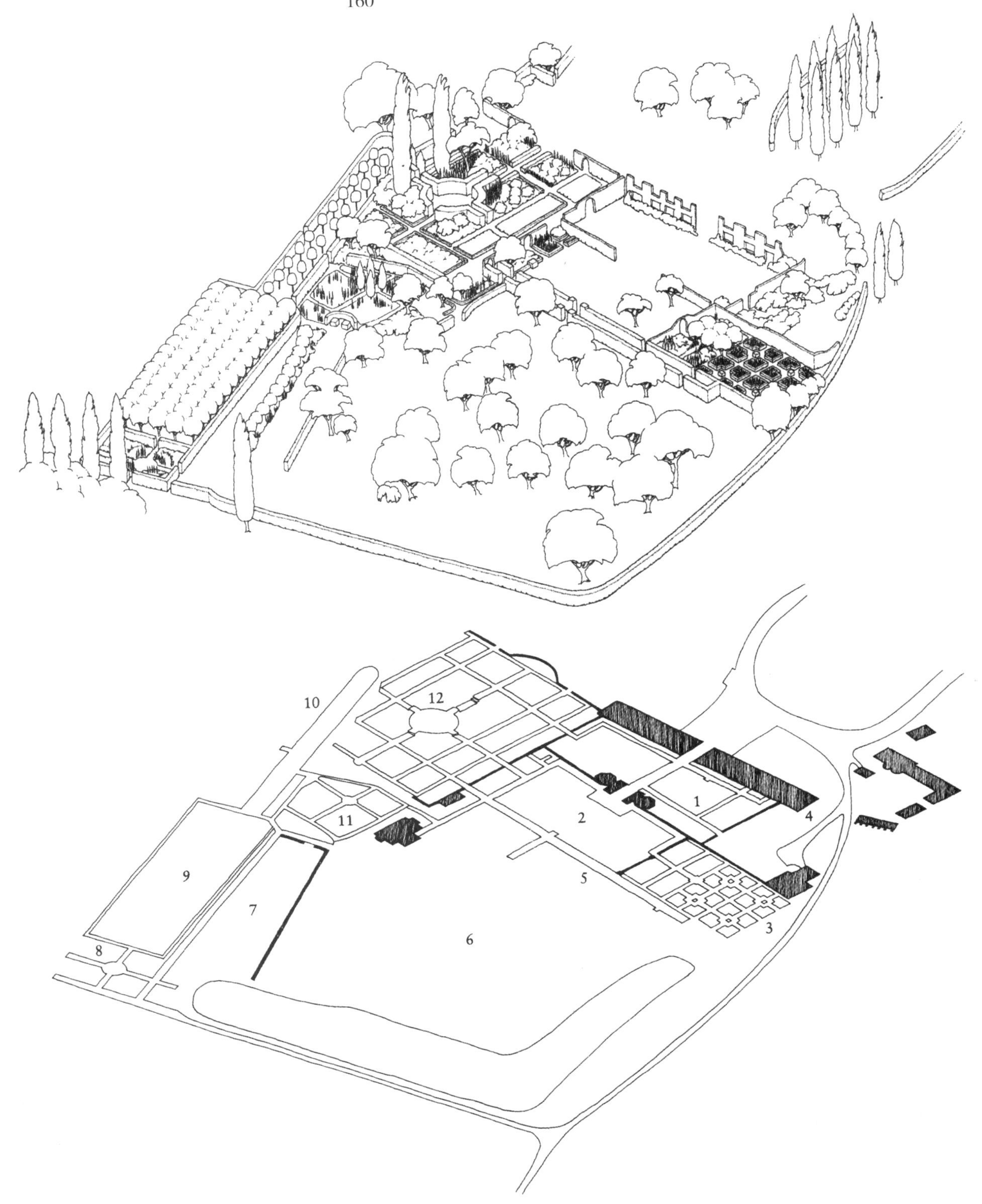

种植（园林各处最重要的部分）

处伊丽莎白时代的砖墙散布在这个地方，四周是肯特郡的农田山坡，坡上点缀着一些树木。

一般讲的故事是这样的，说是尼可尔森负责修建了墙体和封闭物的骨架，萨克维尔·韦斯特负责把植物布置在各个空处。也许两个人的角色并不是分得那么绝对的，但是，这个地方很大一部分吸引力来自它不是一个作者的作品，而是两个有完全不同的性格，并且保持着漫长的复杂伙伴关系的人的杰作。

尼可尔森为这个地方确定了通过长景连接起来的人造的封合物的模式。伊丽莎白时代的砖墙用来围住空间，并在可能的地方造型，有时候会为一些新建的砖墙和很长的修剪植物所打断。从塔楼上看去，整个构造都显示出来，就跟从某个古代宫殿的空中全景图上剪下来的一块一样。封合物是一些无顶的隔间，其中和通往四周的乡村的开口处被处理成门窗，因为通过连接墙体和树篱构成的层面所形成的景观都是纵向的。其间还设置了一些带顶的室内空间，因此结果既不是立在园中的亭子，园中庭院也没有为建筑所包围，而是园林和房子互相交错，看上去如同彼此穿流其中一样。

两处主要的景观构成园林组织的骨架。第一处大约贯穿东西，从塔下的拱门跨过塔前的草坪，再穿过两排紫杉树篱之间的一个狭缝，跨过一片果园到护城河南端的狄奥尼修斯雕像处结束。第二处是横过第一条轴线的横轴，在草坪的中央与之交叉。这根轴线从靠近北端的一处雕像延伸到南端的另一个雕像。数处封合物反映出这种更小规模上的交叉轴方案。

每一个封合物都是一个不连续的小园林，有其自身特别的形状、特点和名称，就跟小说里的一个章节一样。如果我们从正面的入口开始，并且从地面的顺时针方向走过去，就会按下列顺序遇到这些封合物。

1. 正面的庭院是资料室与砖塔之间的一个不规则四边形

的、宽敞的空处。

2. 塔楼草坪是人造的长方形草地，四周有墙体和花圃，向东边的一处长长的横向紫杉树篱，还有西边笔直的塔楼。

3. 白园，在塔楼草坪的北边，为正方形的对称封合物，里面有白色的花朵。

4. 德洛斯，在西北角的牧师屋的后面，是一个阴凉的地方。

5. 紫杉道，它形成塔楼草坪的东界，并从北向南切过园林，由高高的平行紫杉树篱构成，都经过了仔细的修剪，两者之间有狭路相通。

6. 紫杉道外面的果园是很大的一个围合处，里面有高高的草、果园、鸟的啼啭和昆虫的嗡嗡声。L形的古壕沟形成北边和东边的边界。南屋在西南角非常突出，东北面有一个露台相呼应，就在壕沟的弯处。长长的一个景致从紫杉道的入口到达东南端的狄奥尼修斯像。

7. 壕沟道自狄奥尼修斯像向西面延伸，北边有一堵砖墙，还有通往南面的灌木丛和花朵构成的边界。

8. 药草园占据了最东南边的一个角落。

9. 坚果园是一个长形的人造古坚果树丛，从药草园开始向西延伸。

10. 酸橙步道两侧是排列整齐、精心修剪的酸橙树，它延续了坚果园的轴线（稍有偏离）。

11. 别墅园位于南屋与酸橙道之间。

12. 玫瑰园的中央有用紫杉树篱编成的十四行诗，占据了西南角。从这里开始，大家可以完成回到塔楼草坪和庭院的循环路。

围合的模式带有自身的开头和相交的轴线，因此很复杂，但是，塔的垂直耸立却总在那里指引着方向。

萨克维尔·韦斯特的种植填充了封合物，就跟博物馆的油画室里的一批油画一样。她是位有极大能量和临场发挥能力的收藏家和培植者，因此，那些植物收藏到时候就变成了英国最著名的一个景观之一。而且，跟一个好的馆长一样，她把这些种植物登录成册，然后予以注释——从1947年到1961年，在伦敦的《观察家报》开辟的一个极受欢迎的星期天园艺专栏，并收录在她的著作《在你的园中》和之后的《再回园林》，以及《重归园林》，加上最后一本《园林之后谈园林》中。许多游客现在来到西辛赫斯特（这里不再是一个私家园林，而是由国家信托公司经营的）是要看看这里的珍宝，也是为了丰富自己的园艺知识。

正如培根所提倡的一样，这里的植物收藏组织成了“为全年所有的月份设计的园林”，萨克维尔·韦斯特是这样来描述这个意图的：

> 我们从一开始便想好了的主意之一是，这个园林必须有单独的一些空间，细分的更多段落必须是一个有全年季节特征的园林。它要足够大，可以布满这个空间。我们可以拥有一个春园，从三月到五月中旬。可以有一个初夏园，从五月到七月。还可以有一个夏末园，从七月到八月。还有一个秋园，从九月到十月。冬天必须自行照顾，只留几处冬季开花的灌木和较早开花的球茎植物。

这在英国的南部十分有效，在这里，四季的变换非常明显，但气候又不是太严酷。有时候，两个岛国上产生的同样的一个园林传统会同时发展，其中一个在很久以前就已经出现在日本。在11世纪的《源氏物语》当中，作者讲述了源氏如何为他的女人们建造了许多的园林，一个季节造一个园。紫姬得到春之町，夏之町为花散里夫人所造，秋之町为秋好皇后所有，冬之町由松和菊花构成，是送给明石夫人的。每个园中的植物全都有仔细的登记。

西辛赫斯特园的封合物里面的多季植物是按下列方式予以安排的。在春天，酸橙道、果园和坚果园里面全都是树木在开花，这样的开花效果会因为春天满地是花而得到强化。在夏季，大批的花卉最集中的地方在玫瑰园、白园和别墅园里，同时，酸橙道、果园和坚果园都成为多叶的绿地，里面有蜜蜂懒散的低吟。在秋天，壕沟园也有份了，它成为大片明亮的秋叶的天下。（安妮·斯科特–詹姆斯的著作《西辛赫斯特：一个园林的形成》最后的几章有这些随季变化的花卉和植物的详细介绍。）

植物不仅仅随季绽放的节奏来归类，而且还要看它们的颜色。这一点在白园里看得特别明显。白园里的植物仅限于白色和几乎是白色的花朵和植物。萨克维尔·韦斯特写道，她期望达到一种“凉爽，几乎是绿灰色的”效果，并详细描述了这些种植物：

白园

> 有不同艾属组成的低层种植物，包括古老而有香气的青蒿，有银色的雪叶莲，有灰色的神圣亚麻或棉属薰衣草，有爬藤类的地藿香。数十株活泼的百合（从草籽种起）就在这些植物里面长出来。有太平洋种的白色飞燕草，有白色的独尾草属植物，有白色的毛地黄在一堵墙的北边一个有荫的地方种着，有泡沫一样的丝石竹，有白色的八仙花属灌木，有白色的岩蔷薇，有银色的牡丹，有银色的醉鱼草，有白色的风铃草属植物和白色的桔梗，有中国的风铃草。还有一组巨型阿拉伯蓟类，纯银色的，八英尺高。有两棵小

> 小的沙棘，有灰色的柳叶形水杨遮住一尊铅灰色的贞女雕塑。顺着中央的小径，有一条由白色的玫瑰夹成的道路，它们爬在古老的杏树上。再后还有白色的日本银莲花和一些白色的大丽花。

在她种植这些植物的时候，她希望“大型鬼影样的猫头鹰会在明年夏天黄昏的时候静静地飞过白色的园林，是我现在正在种植的这个白色的园林，就在第一批雪片之下种植。”

色调热烈的别墅园，她描述成为“一大片花朵，花朵的颜色包括你有可能在日落中找到的全部色调。”得罗斯（Delos）占主体的主要是青色、棕色和灰色组成的暗色调，而春天的果园却是由果树开花组成的蜡笔画构成的。在正面庭院北边的花圃里有大片蓝色和紫色的花朵。

这样的种植模式与封合物在建筑上的分裂形成对照，它有不正式和浪漫的一面。形状、质地和色彩并置在一起，有小心呵护的痕迹，全都是为了达到风景如画的效果。萨克维尔·韦斯特说，“一种切实和固着感只能通过偶尔的大片效果来取得，它会打破由小小的花朵形成的空阔感”，她还觉得，应该有“色彩和固着感、装饰和建筑、轻浮和严肃的交替变换”。她明确地表明自己不喜欢淡薄和稀疏，总是有一种流溢感，一种喷涌欲出的富足，不仅仅花圃里全都挤满大片的叶子和花朵，而且，墙边还都挂满成排的花钵，爬藤类植物会从墙顶翻越而过，它们会从隔壁的封合物更多的珍宝的开口处看到额外的风光。

除开颜色和质地及形状以后，还有香气上的复杂构造。有些植物在清晨发出香气，有些在白天较热的时候出香，还有一些是晚上飘香的。在鲜花盛开的封合物内，香气是在花朵旁“有人经过”的时候闻到的，但是，植物“被踩在脚下变成烂泥”时发出来的香味却并没有被忽视，穿过果园和小小的药草

草径穿过阳光灿烂的果园

浓荫遮蔽的石铺紫杉道

园的那些草径都可以提供这些体验。所有这些，跟颜色的模式一样，都是按照随季变换的节奏进行的，各种各样的物种都在生叶和开花的时候发出阵阵香气。

地面的特点是从一个封合场到另一个封合场不尽相同，这样，游客的脚步产生的感觉、节奏和声音都会在他通过园中的时候产生变换。有感觉起来像弹簧的修剪得平平坦坦的草坪，有在果园的低层植物中间随意修剪过的粗糙和人为的草径，还有人造的石头和砖头拼出不同的图案来。

温暖和凉爽的感觉也会有变化。在早晨，阳光灿烂的角落可以在白园的西北角以及塔楼草坪处找到。紫杉道有明亮和有荫的两侧（跟哈德良的波意凯尔一样）：清晨，果园的一侧有阳光照耀；中午，太阳照到里面去；到晚上，塔楼草坪的一侧也会有太阳。得罗斯总是凉爽和有荫的。水旁边的露台有荫，是白园中央的一个树叶遮盖的凉亭。玫瑰园里有一个遮阴的圆圈，人们可以在那里接受午后的太阳。如果你希望感受微风，可以爬到塔顶去。

西辛赫斯特为我们提供的是一个固定的结构（墙体和封合物），在这个固定的结构里面，收藏的变形依次展开。在西辛赫斯特，各种事物有着自己的循环方式：一些角落里散发着太阳的温暖光芒，而后又落入阴影中；蜜蜂在未散掉的晨露中发出嗡嗡声；花朵将自己的香气撒入晚风中。当季节轮回，色彩会造访一个一个的封合物：白园有它神奇的夏日光彩，之后有壕沟园秋天饱满的暖意，再后是冬季的休止期，有春天的酸橙道和坚果园构成的彩色蜡笔画。忙碌的园艺师的出现会提醒我们，植物收藏品的内容本身也不是静止的：几十年内，萨克维尔·韦斯特一直在实验，在重新调整，在修剪，在移动，在增加和重新种植，这样的工作至今还在进行。废墟的片断和萨克维尔·韦斯特及尼可尔森的纪念物使我们与历史更长的周期连接在一起：伊丽莎白时代的一栋大厦变成了一个农场，然后成为闪烁的文学和政治人物集中的地方，再后是一个报纸栏目的主题，最后成为旅游景点。跟赫拉克利特河一样，西辛赫斯特不能够游览两次：一直以来，它总在发生变化，每天都会有不同的面孔。

一些植物园

欧洲第一批大型植物园——16世纪在莱顿、帕多瓦和蒙彼利埃；接着，17世纪在巴黎、乌普萨拉和牛津——都是在新世界发现之后建起来的，那是殖民扩张和殖民帝国的时代。他们通过收集来自帝国各个角落的样本来形成世界的图像，都是些探索和征服的战利品。

（牛津）春天的一个植物收藏

约翰·普雷斯顿在他精美的著作《伊甸园》中说，这样做的动机来自于中世纪的一个奇怪的推论：

> 一个植物园的价值是，它能传达出对上帝直接的认知。由于每一种植物都是一个创造出来的事物，上帝在他创造的每一件事物当中都予表示自己的到来，上帝创造的一切事物的完整的集合，应该能够显示出完整的上帝。

因此，第一批植物园的创立者不仅仅是为了快乐而栽种植物，而且还为了展示智慧（对上帝的认知意义上的智慧），因此而保持住对于自然的统治，这是人类自堕落以后已经丧失的一些权利。看起来，人类有可能通过仔细收集和将散乱的片断集结在一处而恢复伊甸园的模样。

在所有早期的植物园当中，收藏都是按世界的地图来安排的。有一个长方形或正方形的带墙体的封合物（在帕多瓦，它们都是包含在一个圆圈中的，这个圆圈再分为传统的四层模式，就是波斯人和中世纪欧洲园林的样子），是用四条道路在中央的喷泉来实现这样的划分的。这四条道路代表在方形院里

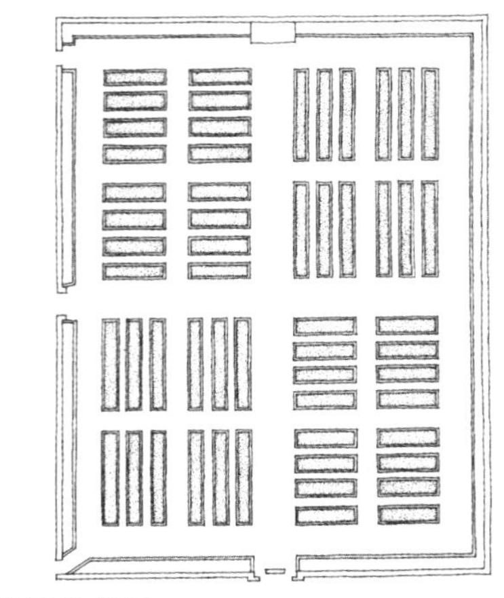
莱顿植物园

乌普萨拉植物园

帕多瓦植物园

巴黎植物园

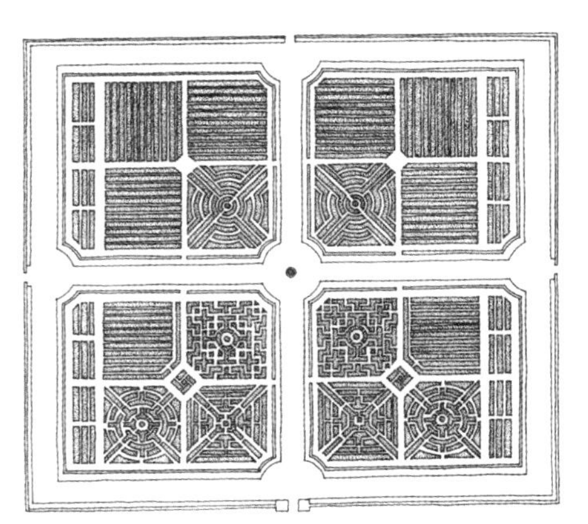
牛津植物园

早期植物园的四分法平面图

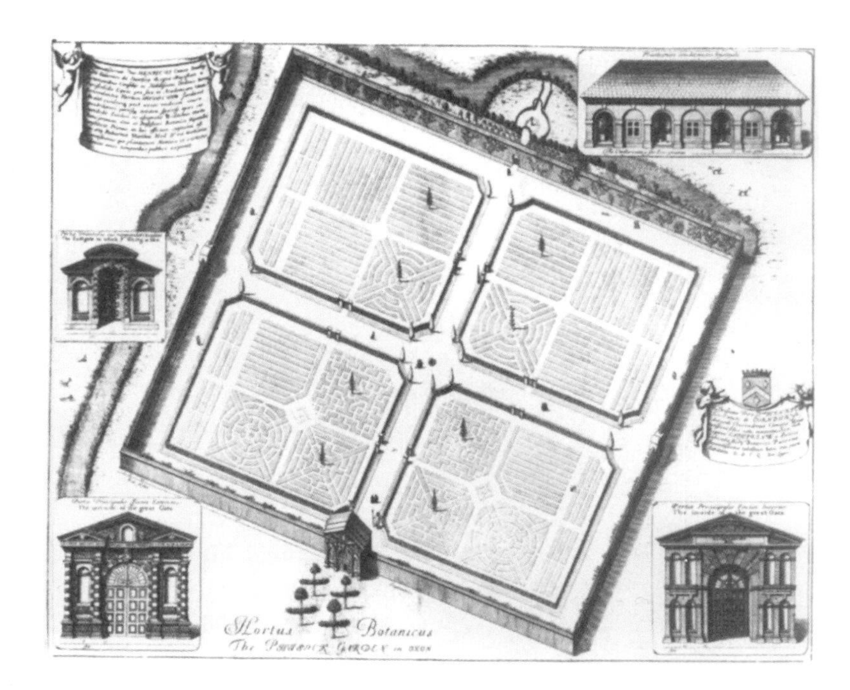

牛津植物园

流动的四条河流，四个方面代表欧洲、亚洲、非洲和美洲四个大陆。（在美洲发现之前，这些方块很模糊地看作世界的四个角落，当时，澳大利亚和南极洲尚没有出现。）

在这四个广场之内，苗圃都是按几何开头形成一个活体的百科全书的，它可以用作科学方面的参考。模式细分为每种植物分配好的地方，然后用于每个家族的不同成员。例如，牛津园仍然保持着最初的组织当中的基本要素。它北面朝着主街，切尔威尔河流过东边的界限。广场的平面图在边缘上约为130码（1码=0.9144米），因此，约有3.5公顷的地面都是封闭着的。一个新古典主义风格的漂亮大门由伊尼戈·琼斯设计，形成主街的入口。原来的14英尺的石墙仍然围绕着三面的园林，但是现在已经被与主街平行的老园所取代。宽阔的沙砾路在浓荫覆盖的中央喷泉处相会。

四个内部的方块现在都布满长方形的花圃，里面有一些草本植物和灌木丛，都是按植物的族类铺开的，而且由带标本乔木和灌木的草坪构成。攀爬植物盖着墙体。植物系统向这个地方的场地精神做出的唯一的让步是实用主义。如皇家园艺学会的指南干巴巴地指出来的一样，“墙体本身提供众多的方面，有300种不同的攀缘植物，里面有亲切的灌木丛顶着老园面向西南面的墙。蕨类、百合和常春藤都种植在面北的边界上，在老的标本之间如果有空处的话，会有新树栽种在那里”。

这个园林的创建是为了智力的享受，而不是为了人的感官满足，它应该受到人们的研究而不是品味。在一年的大部分时间里，它都有学者的资料室所能够提供的安静。但是，在五月和六月，它突然之间便开满了花朵，正如大学的校园里也是一派新春的气象一样。

到18世纪，当邱园的皇家植物园创立的时候，不同的点子都冒了出来。在基伍，地面都不是作为确定和封闭的四方世界来铺盖的，而是作为一种英国式的“自然”风景来处理的，上面有滚动和多草的山坡，有如画的树丛，有弯弯曲曲的河流，这样的背景是为了适合一种自由、自足和急剧扩张的现代科学意义的气氛而创立的，完全脱离了中世纪的神学观。一栋接一栋象征着世界范围的帝国的建筑出现了：威廉·钱伯斯的亭子代表远东，热带由戴西默斯·伯顿的棕榈屋所代表，最后，南北两极由澳大利亚国会所代表。从邱园开始，伟大的植物学家约瑟夫·班克斯指导了一项庞大的探索、收集、培植和分类事业，旨在不仅仅进行知识的探索，而且还要满足帝国的实际需求。除开其他一些事情之外，他还安排进行在印度种茶和在西印度群岛进行面包果树的种植。

作为一个年轻人，在1796年，班克斯跟詹姆斯·库克爵士一起进行了“奋进号”的著名旅行，以便从塔西提岛观察金星跨过太阳的转变情况。（“任何一个傻瓜都有可能去意大利，”据说他曾对一个朋友这么说过，那个朋友问到他关于进行通常的欧洲大旅行的计划，“我的计划是要游遍全世界。”）陪着班克斯一起去的是他的助手丹尼尔·索兰达（他是林奈的学生），还有植物学行家西德雷·帕金森。离开塔西提岛以后，奋进号继续向新西兰进发，并从那里开始，从西南方向向东边的海岸开去，就是澳洲巨大的一片未探索的大陆。他们于1770年4月29日凌晨三点来到一个地方，后来称为植物湾（靠近现代的悉尼机场）。库克和他的人马成为踏上澳大利亚东海岸的第一批欧洲人。班克斯和索兰德看到了奇怪的动物，并将无数不熟悉的极地植物带回到了英国，引起了巨大的轰动。

这样就开始了一次交换：南半球的大陆将花卉送往伦敦，伦敦（思考一阵子以后）送回了736名强盗、小偷、偷羊者、买卖赃物的人、骗子、造假者和其他一些罪犯。登陆植物湾十年之后，不断城市化的英国的监狱人满为患。哪怕泰晤士河畔那些发霉和疾病流行的废船都已经容纳不下了，那里本来都已经用作了额外的监狱。大规模的枪杀行刑看来也没有实用效果（哪怕其中很多人都是极刑犯），而且，当然，美国殖民地也不再能够当做方便的垃圾倾倒地。因此，在世界另一个边缘上的植物湾看来是一个极好的地方，可以解决瓶颈问题。1787年5月13日，亚瑟·菲律普长官启动了第一支舰队，满载着罪犯和水手向澳大利亚进发。

悉尼附近的海岸线

这次航行（通过了特内里费岛、里约热内卢和开普敦）花了252天，48个人在途中死去，舰队于1788年仲夏到达植物湾。但是，菲律普却很快决定，这个地方不适合做定居地。这里气候炎热，到处是沙子，散布着一些禾木和乱七八糟的橡胶树，还有不能吃的木化梨以及开花的斑客木。他向西北方向又进发了几英里，进入一个大型避风湾，并在那里扎下营来。后来，这个地方成为悉尼城，就在多树的山坡上，旁边是波特杰克逊海湾。

南半球的花朵

在威廉·肯特著名的飞跃发生的那个世纪，为了明白“所有的大自然就是一个园林”，这些不太情愿的志愿者发现自己处在一个荒岛上。这里从不知道耕作，周围是一个由无尽的空间构成的篱笆，没有任何人能够越此而过。熟悉的四季变更倒过来了，圣诞在盛夏时节来临。天鹅的颜色在这里倒过来变成了黑色。次热带的南国太阳在不同的半边天空里移动，因此，必须有保护性的罩子放在房舍靠北边的地方。在夜晚，南十字星和明亮的银河替代了北国令人安心的常见的星座。英国人再也看不到家乡柔软的青草，也看不到橡树和榆树凉爽的绿荫树叶，他们发现的是一个干燥和棕色的大地，这里是灰蒙蒙的青灰色、蓝色和棕色的桉树和金合欢树，它们稀疏的树叶只在地上投下斑斑点点和极薄的遮阴处的痕迹。（多萝西亚·麦凯拉的一首受人欢迎的诗描述澳大利亚为一个“过度暴晒的国家”。）金合欢树在六月开出灿烂的黄花，但是，秋天的颜色从来都不会令丛林的青色有些许变动。马库斯·克拉克写过《人有寿终》一书，这是一本极著名的小说，讲到了罪犯们所过的可怕的日子，他在书中说：“在别的一些大陆，人们会哀悼死亡临近的日子”。

但是，没有光裸的树木来标志极地的秋天。袋鼠、鸸鹋、袋熊、巨羊、毒蛇和毒蜘蛛，成千的丛林蝇又黑又小，奇怪的鹦鹉替代了英国乡村熟悉和温柔的动物。到处都是心怀敌意的当地土著，还有蓝山不可穿透的铁环（几十年之后才有人穿越）。家园在八九个月的路程之外，还必须跨过谁也猜不出结果的海上旅行，大部分殖民者再也见不到自己的家园了。但是，菲律普是带着种子和植物从英国出发的（是在约瑟夫·班克斯爵士本人的亲自监督下装船的）。在里约热内卢，他还加上了咖啡、可可、棉花、橘子、柠檬、番石榴、罗望子、刺梨、丁香和吐根的种子，并且，在好望角，他还购买了无花果、竹、西班牙芦苇、甘蔗、葡萄、草莓、橡树、香桃木、稻谷、小麦、大麦和玉米的种子。殖民同时还必须从植物上进行。到1788年7月，菲律普建立了一个政府农庄，就在现在称为农庄湾的地方（在悉尼湾定居点的东边），并种下了9公顷的小麦。今天，人们竖起了一个纪念碑来纪念这个地方，因为它是“农业和一个大陆的园艺”的开始。

随着越来越多的罪犯船队接二连三地到达，悉尼也在逐步成长中，殖民者从脆弱难活的进口植物中，根据他们头脑中的一些微弱的形象建造起能够记得起来的英国的片断。乔治时代的建筑是弗朗西斯·格林威建造起来的，他是约翰·纳什的高足，并于1814年到达这里（因为犯了伪造罪）。在当地人棕色和橄榄色的大地上，湿地和有荫的绿地园林建造起来。哪怕在今天，在澳大利亚的乡下，一栋老房子的旧址仍然清晰可见，因为它在远处看起来是一片异域的色彩。

开拓者在丛林中的房子

乔治王时代的悉尼，威廉·哈迪·威尔逊所画

总督菲律普计划新城镇的时候，在政府大厦的四周留下了很宽阔的园林空地，这些空地后来由威廉·布莱总督（就是那位臭名昭著的慷慨的前任上校）予以扩充。1810年，拉克兰·麦格理总督建起一道石墙围住了政府大厦的园林以及农庄湾的田野。到1816年，他完成了麦格理夫人大道，这条大道从他的领地一直通往海滨的一块巨岩，现在称为麦格理夫人的座椅。这就标志着悉尼植物园的创立，是在这个大陆第一批种植的发生地到邻近港口的一个地方，那个港口也是回到伦敦的漫长旅途的起点。跟里约热内卢、毛里求斯的庞普勒穆斯、爪哇的茂物、范迪门地（现在的塔斯马尼亚）的霍巴特和菲律普港（现在的维多利亚）垦殖地的墨尔本的同时代的植物园一样，悉尼植物园已经成为南太平洋诸岛最伟大的园林之一。

这个植物园由经过修剪、令人震惊的平坦绿坡构成，一直向下延伸到悉尼海港闪闪的蓝色海水（并没有通往一座银色的湖，如果是在万能布朗的园林，则有可能会是另外一个情景）。早期的定居者经常因为杰克逊港的地形而想到英国的园林风景，布局也与这个想象有关联。数量巨大的无花果使其得到保护，不会受到烈日的暴晒：有杰克逊港当地的无花果（其中一些也许是那个地方原有垦殖的结果）、有莫顿湾无花果（是从北部的雨林中得来的）还有来自这些岛屿的榕树。还有几处赤桉树林，是前殖民时期留下来的，有一条很老的沼泽地

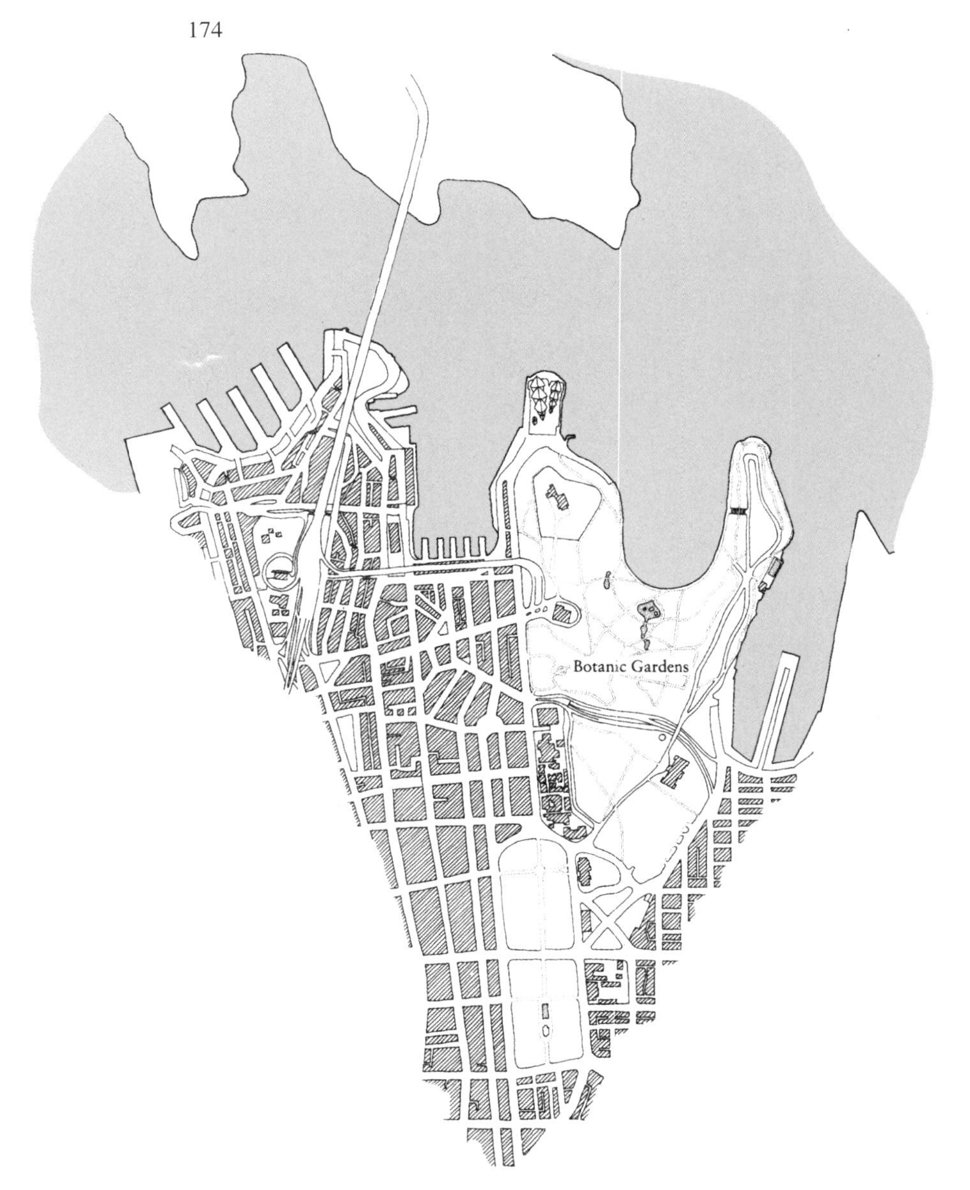

悉尼植物园，靠近悉尼湾的地方（sydney cove：悉尼湾；botanic gardens：植物园）

极地旅行的终极处

红木顺着麦格理夫人大道铺开。诺福克岛松林（来自更可怕的一个惩罚殖民地，远在太平洋上）提供了与大片无花果林的垂直对照，另外还有来自加那利群岛的奇怪的龙血树，以及肿胀的昆士兰瓶树。在英国的落叶木当中，有很大的一个数量存在着，但是，它们不肯在这里变成秋天明亮的黄叶。最亮的红色是一些出现在凤凰木光裸的树枝上的花朵，它们来自北半球的热带雨林。旧世界的花朵与当地的花朵共享一些花圃。

当第一批植物园把上帝杰作的标本放在一个世界的古老图案上的时候，当邱园在一处高贵的公园里摆下伟大的科学事业的战场的时候，悉尼的园林将当地的奇迹码放在一个不再拥有的绿色家园的回忆之上，那个家园已经遗忘在地球的另外一边。在这个安静和有荫的地方，极地的四周都是彼此连接着的：世界的宽度已经压缩到一个星期天的下午的散步时的范围之内，而距离的可怕性（这是澳大利亚殖民时期的思想意识当中极大的一个部分）也慢慢为人所淡忘了。植物的收藏不再能够召唤起人们想重组乐园的信心，也无法唤起人们对一个远在世界另一头的帝国的骄傲和自豪，距离没有什么压迫力量了，因为这个世界已经变成了用卫星和喷气机联系的世界。但是，看见南太平洋诸岛的棕榈不再受到伦敦冬季严寒的肆虐，因为它们已经受到邱园的温室的保护，或者看到一束英国花朵受到榕树枝叶的遮挡，因而再也不会受到悉尼夏日太阳的照射摧残，这会让我们想到植物移动人的想象力的巨大力量。一朵花可以召唤起差不多遗忘的记忆，而植物的香气也可以使人的想象力越过大洋的重重阻隔。

朝圣之旅

背景和一个收藏里面的各种物件跟名词一样起作用——一些代表其他东西的物体，就跟暗喻和转喻一样。“朝圣”也是一个名字，但是，它的含义完全是指动作，是一个动词。人们朝圣，是为了寻求答案，他们做出牺牲进行朝圣之旅，也许还要忍受巨大的痛苦或艰难，路上还要历尽千辛万苦，因为他们把这些痛苦当作要实现一个目标所必须付出的代价。园林很少包含龙或其他危险东西，但是，它们可以做出复杂的设计，以形成一个旅行，使穿越这个设计的旅行充满变化和激动人心的东西。有很多东西会使朝圣之旅成为一个目标，并以一个歇休的地方，或者一处泉水溅落的凉爽之地作为到达某地的回报，甚至一个结构良好的故事也会使我们奔向高潮和结尾。

朝圣者的园林，跟背景和收藏地一样，并不形成一个准确和排他的范畴，大多数真实的园林都以数种方式同时起作用，而且多半会使一个场景出现在朝圣之旅的途中，或者使收藏在一边显示出来。特别是桂离宫，我们主要是以情绪和参考地的收藏来考虑这个地方，但是，它同时也是一处布置极精细的朝圣之旅，就在一个池塘边的小路上。

朝圣者的园林和真实意义上的故事之间有非常亲密的联系，但是，他们有互为不同的时代和空间上的经济构成。一个故事的文本在时间上展开，它的作者多少都必须暗示这些行动发生的空间。一个朝圣之旅的园林也有空间，但是，它的设计者必须暗示在里面建立一个移动顺序的时间尺度。朝圣的道路也许导向与开始完全不同的目的地，要么它也有可能绕着圈子回到起始的地方，就跟一个神话故事一样，不管征途上有多少条毒龙，年轻的主人公都一定会及时回到家里喝茶。

阿马尔纳特

无数的湿婆神位和庙宇在信印度教的亚洲地区都有一个共同的图案。由于圣山梅鲁被认为是世界的中心，也由于湿婆是最高的山神，因此，在一座山的正式化的形象当中，一定会有一个巨大的石制上层结构。在这个结构里面，切入了一个很小的暗室，是做圣所用的：那就是湿婆的神位。湿婆的传统象征是一根称为林伽的竖直的男性生殖器柱子，这根柱子就放在里面。参拜者先要上山，然后走入那个洞穴，进入里面以后就在那根林伽那里放上贡品。

我们可以在南边很远的地方找到这种模式，比如爪哇的普兰巴南，在那里，屹立着巨大的杜尔伽神庙。它的四面石制的上层结构从一个抬升起来的平台开始上升，再有四级台阶接近。在每个台阶的顶上是一个暗室。其中一个通向中央的神龛，在那里，会有其他的三个包含有湿婆、象头神和杜尔伽的形象。我们还发现，这个模式在印度教世界的另外一个边缘也存在着，那就是克什米尔。帕塔尔的微型庙宇（就在斯利那加郊外）就立在一个壕沟里。四套石级通往一个单独的中央神室。在这里，有一个石制的林伽，周围有鲜花构成的贡品，有水从顶上滴到它上面，因为水跟林伽一样，也是生命力和生育力的象征。

在喜马拉雅山区，帕塔尔的东边，有一个巨大的天然石洞，称为阿马尔纳特，它处在冰川之间，在高达近1.3万英尺的山坡上。在这个石洞里面，有一个神秘存在着：一根5英尺的冰制林伽，那是滴水在夏季形成的。有个故事是这么讲的，说是它会与月亮一起消长，并会在八月的满月日达到最饱满的水平。

这样的一处奇迹几乎不可能不引发一个传奇。据说，湿婆生活在山洞中，身边有两只鸽子相伴，在附近的五头蛇那加湖里，毗湿奴主神曾出现过，他骑在一条千头蛇身上。这个洞的象征意义如此强大，竟被选择作为播撒被谋刺的英迪拉·甘地的骨灰的地方。每年八月满月的时候，数万的朝圣者都会爬到这里来，香客们沿着谷地走来，也爬过高山隘口走来，也有来自克什米尔谷地的。

朝圣客来自印度各处，什么年龄的人都有，什么社会等级的人都有：一丝不挂风尘仆仆的苦行僧、托着公文包的孟买胖

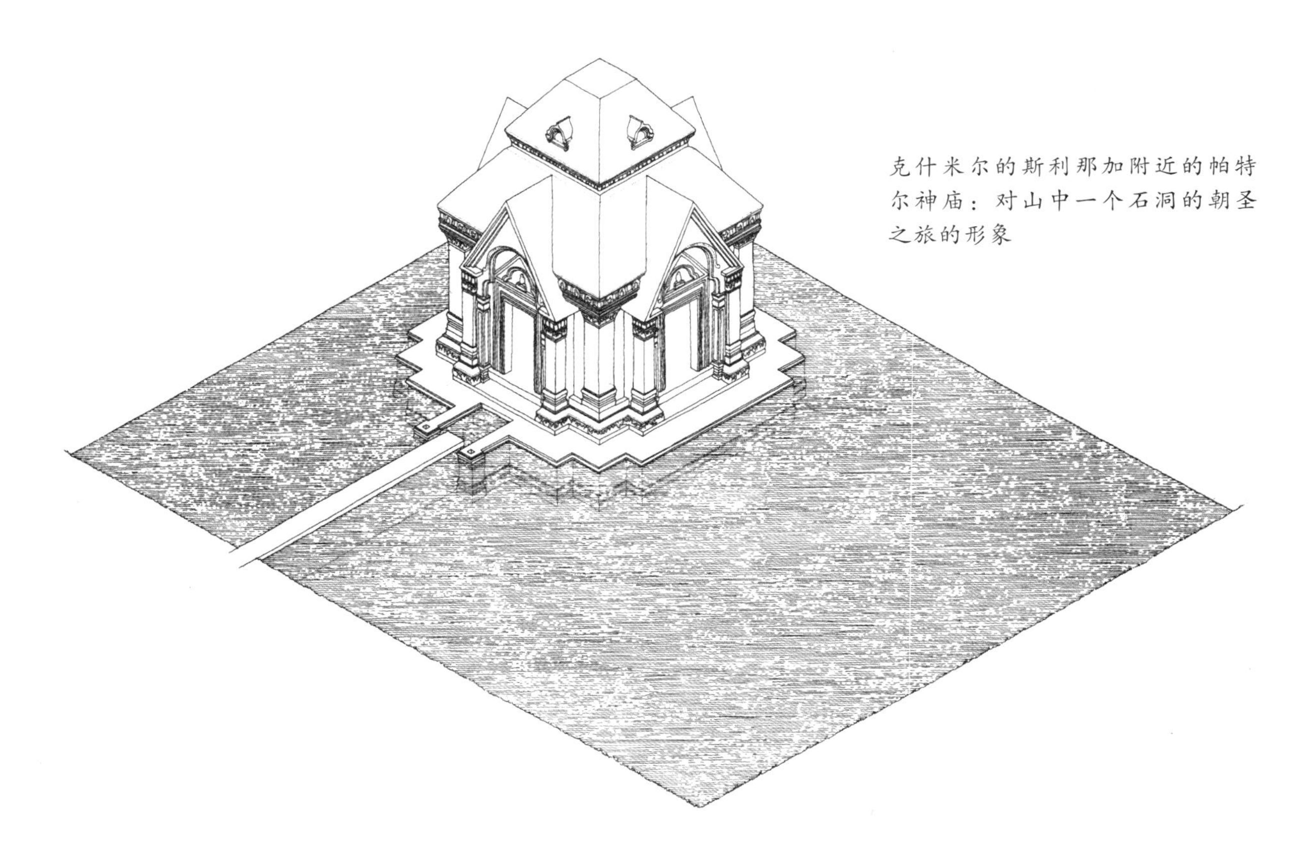

克什米尔的斯利那加附近的帕特尔神庙：对山中一个石洞的朝圣之旅的形象

商人、穿制服的士兵、身着纱丽怀抱婴儿的妇女、带着露营装备的一家人、出身贫寒却晚年发迹的专横老妪，还夹杂着背着背包和相机的外国游客。当地村民信奉伊斯兰教，估计对异教神明没有什么敬畏之心。他们只是默默地在朝圣道路上往返来回，向朝圣客出租瘦骨嶙峋的山地马。

在修建现代交通网络之前，朝圣者要一路从斯利那加走到这里。现在，已经有两条方便得多的步行路线。传统的路线从阿尔卑斯山区的草场开始，那里有一个称为帕哈尔加姆的旅游度假的小镇，也有从利达河的上游谷地到斯利那加的东边的。第二条线是快得多的一条路，它从辛德河谷的巴尔塔尔村最北边开始，辛德河就在佐吉山口的脚下，一直向北流向拉达克。这两条路线在一个名为桑哈姆的谷地附近汇合在一起，这里离阿马尔纳特仅几英里的路程。

巴尔塔尔这条线（如果身体健康，可在一天内进出）通过库特帕它和纳金帕它山向东南方向延伸过去。它从一处松林开始，然后穿出一条树线进入花岗石和板岩构成的山坡。在深深的峡谷中，有游牧者的营帐，还有跨过溪流的冰川桥。跨过布拉里玛格的山口之后，有一条很陡的下降山路进入桑哈姆河谷，然后有一条同样陡的爬坡再次出来与帕哈尔加姆线相交。

朝圣者通常会花两到三天时间从帕哈尔加姆走进去，他们沿途会在巨大而拥挤的帐篷里休息一下，在这里，会有宗教大师背诵梵文的阿马尔卡塔经，专门讲述香客的故事。这条线首先向东北方向通往一道山溪的林中谷地，然后通往长达瓦里村。从这里开始，有一个很陡的上坡可爬到比苏加迪横岭，到达旅行的第一个山口。这条线路继续顺着一个与溪流平行的光秃秃的山坡走，但现在已经远远高出溪流之上了，最后到达五头蛇那加湖绿色湖水的源头，毗湿奴有一次就是从这里走出来的。这个湖的海拔为1.2万英尺，是从周围约1.6万英尺高的山峰下降的冰川形成的。在五头蛇那加之上的一个称为瓦建的山路上，有一个休息的地方，这里风很大，然后，再爬过两千英尺之后到达灰暗的玛哈甘纳斯山口。潘奇塔里平原就在后面，然后是形成辛德河的源头的一个鲜花盛开的谷地，直到与从巴尔塔尔出发的那条路在桑哈姆附近相会。

从这两条路的相汇处开始，道路继续顺着阿姆拉瓦迪小溪的峡谷向上游走。在大部分时间里，阿姆拉瓦迪小溪都会从一层很脏的雪顶底下流过。然后，前面就可以看到阿马尔纳特巨大的洞口了。这个洞口在一个石膏质的山坡上，高度约为1.3万英尺。它俯瞰着一个由石膏灰和巨石构成的巨大的圆形剧院。在一侧，阿玛瓦迪瀑布从它的源头流出活水。四周都是冰川坡，还有高1.6万~1.7万英尺的高山。

在传统的朝圣之旅中，崇拜者是在满月之间趁着黄昏进入

香客在路边休息

下降至桑哈姆河谷

阿姆拉瓦迪河谷

山洞的山口

在山洞圆形剧场扎下营来

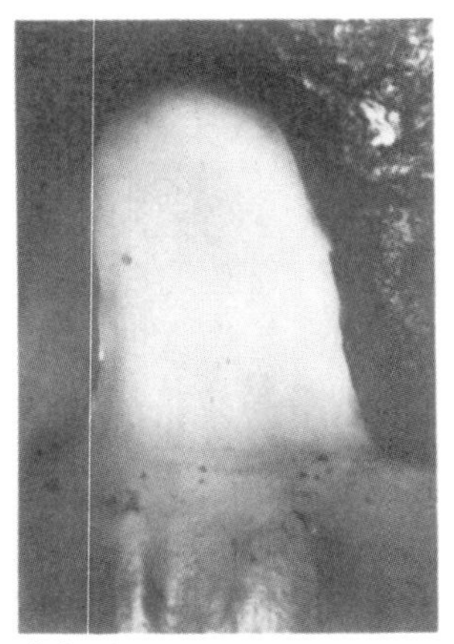

冰柱林伽

通往阿马尔纳特的必经之地

这个圆形剧场的，然后，他们在第二天的凌晨爬上山洞。一时汇集起大量拥挤的帐篷城。白天，缓缓的香客队伍蜿蜒上山，到达这个山洞来进入湿婆的圣所，唱一些祈祷词，然后把贡品放在冰上，在白天，这块冰会慢慢融化。

如果朝圣成功，他们的前额上会标记着一些红色的檀香泥，回程很快，也充满欢乐。他们忍受了艰难困苦，但是，他们看见了自己信奉的神。

阿马尔纳特处在山野之中，因此很美，但是，它显然没有喜马拉雅山别处的风光美。那是每年一度的人类的朝圣行为，持续不断地确证传奇的真实性，因而使它值得人去纪念。每年这个地方都会从不可穿透的雪中出现，让数以千计的人匆匆地看一眼，然后又被寒冷和静谧重新收回。V.S.奈保尔曾在《黑暗地区：印度亲历》中这样说过，阿马尔纳特的山、湖和溪流看来具有“一种合格的现实”。他写道：

> 它们永远也不可能为人所熟悉，被人看到的一切都不是它们的真实面貌。它们只是一时为人揭去面纱。它们有可能会在一时之间受到细小的人类的干扰，一块石头会松动而流下山涧，一条路有可能会被踩成雪中烂泥和灰尘，但是，不久之后，在那个匆匆忙忙的回程当中，它们会被人遗忘在身后，它们会再次成为遥远的地方。数百万人到过此地，但是，光裸的大地只留下他们通过时极少的痕迹。每年，雪会再次来临，使这些人类的足迹再也看不到了。每年，在洞中，那个冰柱林伽都会再次形成。那道神秘常新不辍。

玉如寺

如果你从克什米尔谷地的谷底北上，经过通往阿马尔纳特的几条路，然后翻过佐吉拉山口，会到达一个称为拉达克的高处，这里气候严酷，非常危险。这是印度河的上游谷地，在海拔高度为1.2万~1.6万英尺的地方，它开始向下沉降，从西藏一直到南亚次大陆的各个平原。

这是旅行者的地方，许多人都从这里走过，但是，很少有人留下来住过。几个世纪以来，直到最近，它一直是西藏和南亚次大陆之间最主要的沙漠旅行队必走的路线。它也是丝绸之路上的一个支线（连接叶尔羌和孟买海岸）。因为它的战略地位，这个地方一直都是被抢掠之地，一面受到克什米尔的侵袭，另一面受到来自西藏的攻击。对于吉卜林来说，它成为北部山口之外的一片陆地，使基姆从拉合尔出来玩起那场伟大的游戏。它还是藏传佛教的信仰之地，在这片土地上，基姆的喇嘛同伴结束了他的寻找，他的灵魂得以超度了。

在盛夏时节，拉达克河谷风景呈三分状态，几乎是严格按照欧几里得几何学分成垂直的三等分的。平坦的河谷有溪流的灌溉，上面盖有青青的庄稼。母牛、牦牛和羊群在这里啃草，田野之间还有小村庄和棚舍散落着。然后，灌溉只能发展到四

拉达克的农耕谷地（岑代）

拉达克的村子（足利多）

山峰上的藏身处（岑代）

俯瞰山谷的藏身处（特拉克特）

周的山脚下，因此产生了突然的变化，变成了极难看的光秃秃的棕色石头和花岗岩尘。山坡上没有生命，一动不动，静静地反射着高纬度的阳光强烈的射线。数千英尺之上，远离人类栖息地的地方，山峰被狂暴地剥开和扭曲的侧影对着喜马拉雅山万里无云的深蓝色，形成鲜明的轮廓。天与地在纯净、完美的色彩的平面上平行，之间夹杂着充满敌意的高山。

在冬天，这里的风、雪和冰的恶毒和狂暴是世界任何一个有人居住的地方所不能够比拟的。拉达克的人只能退缩到他们十分窄小但有厚墙的房子里，围着小小的火炉煮茶喝，等待一切风暴过去。

人类在这些高山谷地的栖居模式，也就只有堡垒型的藏身所，之间编织着极易损毁的道路网。这些藏身所共有两种：老式的皇族宫殿和城堡一样的僧院，年代从15世纪开始，直到稍后的一些时候（也有一些不像堡垒的僧院，是早先更太平一些的时代留下来的）。一般来说，这些藏身处跟希腊的卫城一样，都是在能望到四周的风景，或者在可以防御的地方找到的。它们的四周挤着一些村庄和田野。

皇家宫殿都建在山顶上，要么是从谷底升起来的，或者是从周围的山上伸出来对着谷底的。很多僧院也是这么建的。另外一些占据着谷源。再有一些几乎与山坡齐平。

这些建筑都是用厚土和碎石建的墙体，一般都涂石灰泥，因此，在太阳照射下，它们会在蓝天下和棕色的山顶上发出耀眼的光芒，让仍在几英里之外的旅行者都看得见。窗户一般都用宽厚的暗色漆涂着边线，跟化装舞会上的眼睛一样看上去大而有光。在屋顶的角落上，一般都有镏金的尖顶饰，有用布条做的，也有用牦牛毛做成的缨穗，它们在风中呼啦啦摇着。

这些城堡里面都有一个中央的庭院，一个光线充足和受保护的地方，一般周围还有木制的走廊，建筑排在好几边，窗户可以看外面的田野和底下的村落。在这里，成群结队的僧人挤

山坡上的藏身处（舍格尔）

每个寺院的中央都有一个有防护的中心庭院

祈祷旗迎着危险高高飘扬

躲在藏身处向外张望

在暖和的角落里谈话，运货的驴子在不停地上下驮货物，生火木柴都堆得好好的，隆冬时节常有极精美的跳舞活动展开。

在拉达克的各处，旅行者都必须从很窄小的、高低不平的路上慢慢找好路走，这些小路连接着各处的宫殿、城堡或僧院，或者通过弯曲的山坡村庄的街道走路，行路者会听到安静但可以听出来的无穷重复的唱经声。僧人坐在僧院的庭院里，耐心地转动着祈祷轮。祈祷轮还都摆放在极方便的地方，让每一个经过者都可以摸到。祈祷旗在竖直的竿子上飘扬着，或者像极易受攻击的可怜的蜘蛛网一样挂在峭壁与山峰之间。标志着接近人类居住地的路线的东西是成排的曲塔，也就是很小的白色佛塔，它的意义极其重要和复杂。宗教史学家朱塞佩·图斯描述它们是这样的一些建筑："设计用来标志佛的最高本质，还有通过修行而实现了佛的金身的任何创造之物的本质。"通往一个贫穷的小村的道路可能有好几条，也许还有一条极长、极宽的大路通往更为重要的一个地方。伴随着这些曲塔的经常是玛尼墙，有时候长达数千英尺。这些地方还堆着一些光滑平整的石板，每一块石板上面都刻有一部经文。因此，通往居住地的道路就是从曲塔到曲塔的朝圣之旅，沿路有不绝于耳的唱经祈祷声。

在这些道路当中，最感人的一条路通往拉玛雅鲁，要经过一条狭窄和陡坡的山谷。有人类居住的第一个标志是一个曲塔，就在一个转弯处突然出现。结果发现，这是数百座曲塔当

通往玉如寺的河谷

玛尼墙

刻有经文的石块

村庄的街道

中的第一座，在一道弯曲的玛尼墙的陪伴下，它与一条道路上所有的曲塔排成一排。谷地慢慢加宽，因此，有很大的空地供居住者在这里谋求极其艰难的生存。你开始看到少数骑在牦牛和驴子身上的旅行者，看到在田间劳作的人们，但是，对照刻在数万块玛尼石上的经文所发出的令人肃然起敬的永久的合唱来说，人类极少和过渡性的出现看来极不容易为人所注意。僧院在前方出现，就在一座山峰上，这些山峰往往从谷地拔地而起，村落的房子都星星点点地布在山坡上的。道路从村庄的街上穿过，并以祈祷轮为轴线排列着，你最后会到达一个有遮蔽处的庭院，四周有一些厅堂围着，在这些厅堂里面，牦牛油灯闪闪烁烁，映出画在唐卡上的神仙和恶魔，曼陀罗，还有金银财宝。

这个风景并不属于神仙，就跟阿马尔纳特的风景一样，它已经为人类所占用，作为自己的栖息之地了。旅行者走过的道路并没有为每年的大雪所消弭，而是永久性地被成排的玛尼墙标识出来，它们从荒野中的大自然开始，经过收获的田野，经过其周围的草地，最后弯弯曲曲地进入村庄的街道。目标不是

罗夏姆（全景）

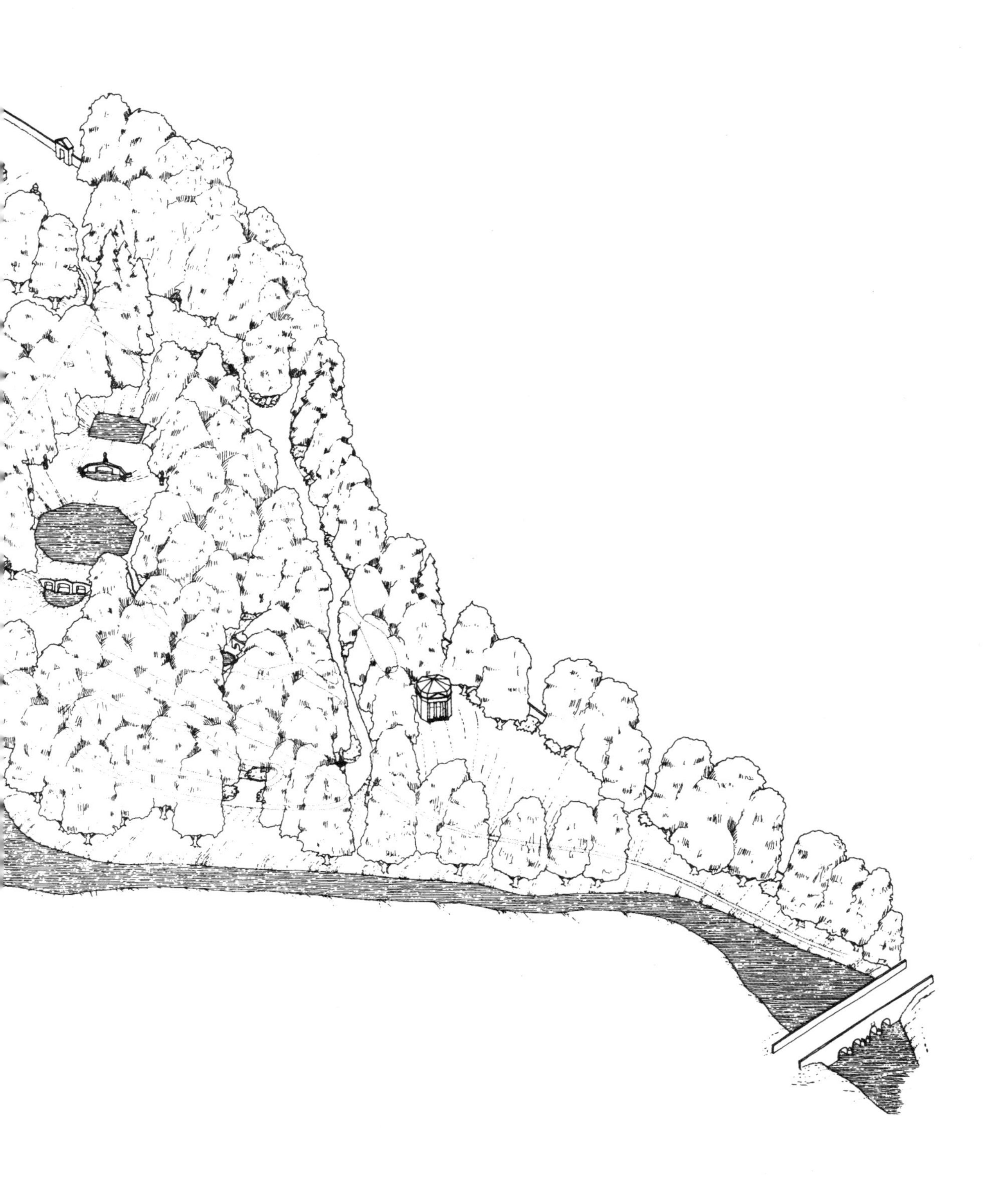

要展现大自然的奇迹，而是要完成人类的建造。朝这里进发的途中，会有曲塔的节奏予以庆贺。数千块玛尼石顺墙而靠，每一块石头放在那里都是要表达安全到达的感激之情，告诉我们说，一路上，人们已经经历过千辛万苦。

罗夏姆

英国的乡村是一片青葱可爱的地方，浅浅的绿色铺满大地，它（在伯克的意义上来看）美丽而不像喜马拉雅山一样充满崇高感。18世纪的绅士园艺家们跟湿婆的崇拜者没有共同语言，但是，他们也建造了用于朝圣的一些地方，不管是步行还是骑马，都会看到一个又一个影射他乡的景色。它们的引人之处是一种古典教育的感觉，受到亚历山大·蒲柏和贺拉斯·沃波尔等人的风景批评的引导。

沃波尔论园艺的伟大著作《园林建设的现代鉴赏史》，是一个欢乐之旅的故事，里面有对英雄人物的赞扬，还有他们令人惊讶的业绩和发现的记述。而在这些英雄史诗的每一个篇章里面，没有哪一段会在戏剧性上面超过建筑师、画家和风景设计家威廉·肯特的出现。“此时，出现了肯特，”沃波尔写道，“他用画家的品位来品赏风景的迷人之处，他有足够的勇气，敢于拿出自己的意见，提出大胆的看法，做出自己的判断。他具备一种天赋，可在不完美的文论的光芒中形成一个伟大的系统。他跳过藩篱，看出自然是一个伟大的园林。”

罗夏姆之家位于柴威尔河畔，离牛津不远，肯特在这里设计的园林显示出沃波尔大加感叹的理由所在。他称其为“肯特作品当中最投入的一个”。那是18世纪的英国园林当中保存最完好的一座，现在已经成熟到了安静和灿烂的完美程度。我们现在仍然可以顺着它的朝圣之路行进，可以让沃波尔和蒲柏做我们的向导。

从僧院的藏身所回望

罗夏姆的场所顺着柴威尔的一个河岸延伸，就在这条极小

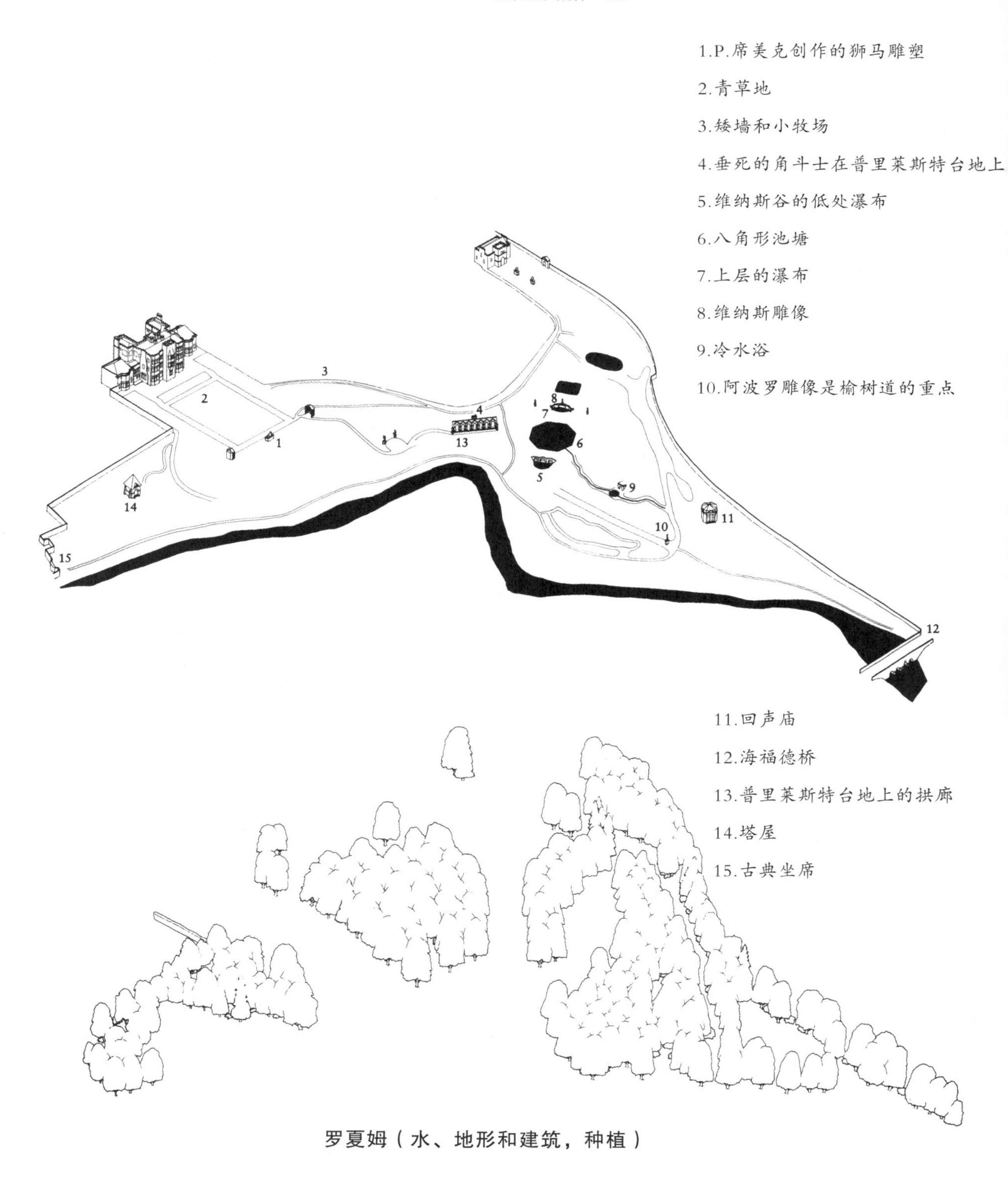

罗夏姆（水、地形和建筑，种植）

的溪流从南向东转过去的一个地方。跨过这条河之后，是一些平坦的田野和树篱，科茨沃尔德山在远处形成一条宽阔河谷的边缘。顺着罗夏姆河岸，有一条很狭窄的平坦地带，在这上面是地面抬升，突然间形成向北和向东的山坡。在河湾处，也就是两个山坡相汇的地方，是一处山谷，原来有一些从西边开始下降的鱼塘。罗夏姆之家自17世纪初就在那里了，它耸立在北坡最前面的一片宽阔平坦的地方。13世纪的海福德桥跨过柴威尔终端向北边的场所，而罗夏姆村也形成了东边的周界。

跟许多古老的园林一样，罗夏姆也是一个重写本，是过多的意图和修改过多的设计形成的一个反复重修过的一块地。在罗夏姆之家的东边，是一些早期的人造园林，它提醒我们肯特之前的那个时代：那是一个阳光充足、带围墙的围场，里面有鸽舍和玫瑰丛，最里面还有一个中世纪的教堂墓地，还有一个长方形的菜园子。约在1720年，查尔斯·布里奇曼为这块地剩余的部分做了一个庞大的设计。亚历山大·蒲柏也很喜欢此时的罗夏姆，有时候，还有人说，他跟布里奇曼一起参与了设计工作。肯特明显是从1730年早期就开始在罗夏姆工作了，他把布里奇曼的设计大大修改一通，变成了全新的东西。他的池塘和走道仍然保留着，他的种植却已经随200年的风雨被尘封了。

贺拉斯·沃波尔也许把布里奇曼的罗夏姆交给众多不成熟的文人去做一知半解的解释，但是，跟一个世纪以前的勒诺特的沃勒康姆一样，它的确也让人的眼力和想象力运动起来，朝向远处的地平线。透过河岸的林木，很大一片青青的长方形绿地打开了从房子向山头的北部的景色，一直跨过柴威尔河谷。这样的一个景色到今天还保留着，由一些在春天点缀着白色雏菊的沙石走道构成边界。青草如茵的河岸与东边和西边的边界齐平，一座长满地衣的狮子攻击马的雕塑（席美克1740年的作品）标志出对称轴线。在地面下沉一直到河岸的地方，有一个下陷的草坡，上面都种着大片的常青树。

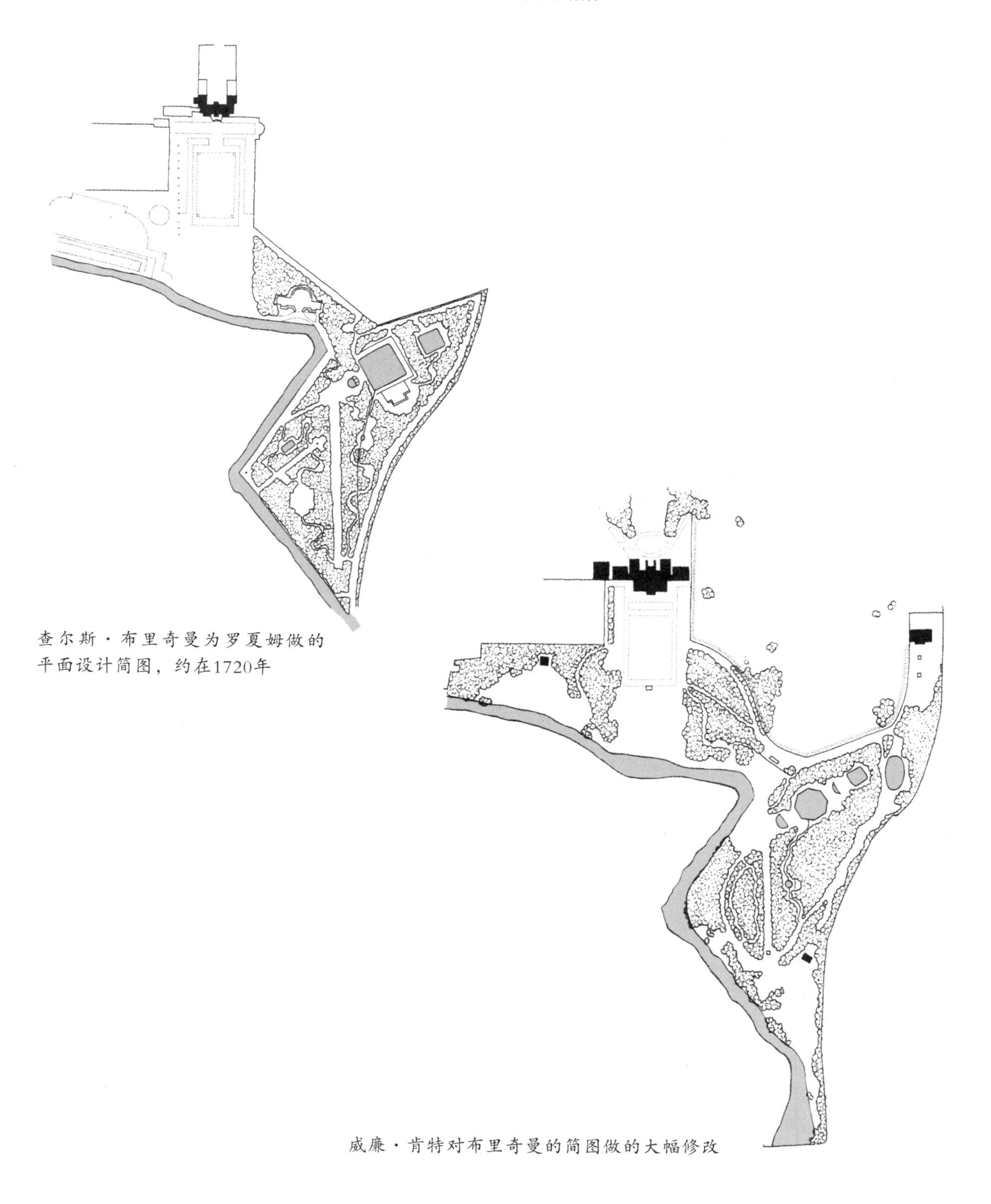

查尔斯·布里奇曼为罗夏姆做的平面设计简图，约在1720年

威廉·肯特对布里奇曼的简图做的大幅修改

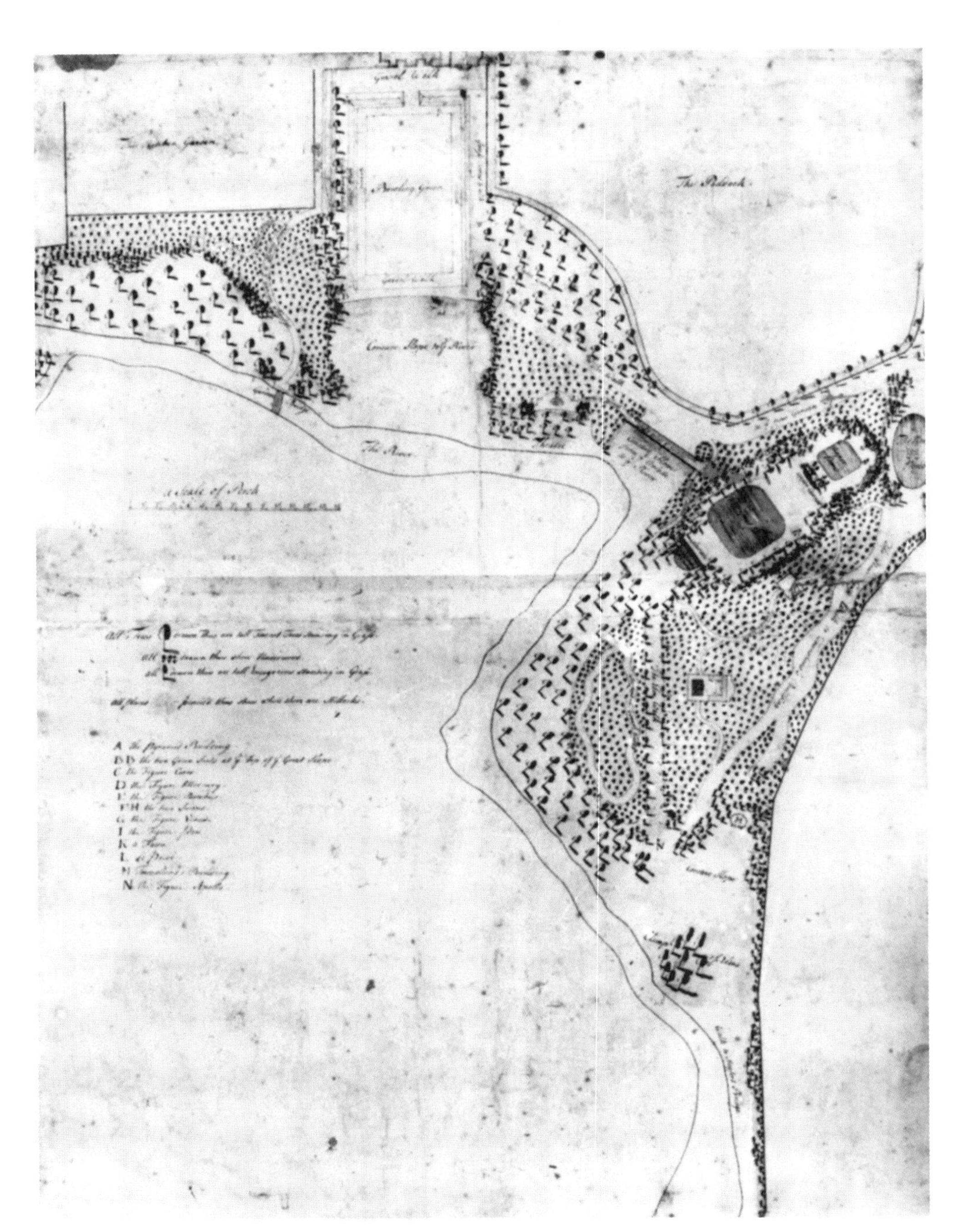

肯特为罗夏姆绘制的种植平面图

席美克的狮子攻击马的雕塑，位于青草地的轴线上

以露台为两翼的青草地（一）

以露台为两翼的青草地（二）

矮墙与小牧场

普里莱斯特台上垂死的角斗士

维纳斯谷的下层瀑布

维纳斯谷的八角形鱼塘

维纳斯谷的上层瀑布

在房子西北面的山坡上，布里奇利用一套直直的人行道切开林地，将各处的地标与休息点连接起来。在北边和东边的山坡锁住彼此的地方，鱼塘投入人造的水道，有轴线上的安排。第二套更狭窄的人行道系统与此形成对照，全都做成了洛可可式的弯曲形状。

肯特的罗夏姆保留了绿草地、一串池塘和从其脚下向北延伸的直道。但是，小路都进行了重新改造，风景改成了新的风格，游客现在可以看到一个又一个令人惊讶的风景，都是按照既定的顺序小心安排好的。这就是蒲柏所提建议的展示，他是在《道德论》中提出这些建议的，说：

> 园艺师必须有所混淆，有所惊动，
>
> 有所变化，还必须掩盖住界限。

我们将按肯特的意图来走完这个路线。起点在青草地。从这里开始，通过这栋房子和席美克雕塑的轴线在柴威尔谷大步向上跨越，真正跳跃过了篱笆，最后在远处的山脚下再次落地。在此，肯特做了一片以天空为背景的假废墟（称为视线捕捉者）。这个假废墟不过是一堵平整的石墙，做成了如画风景的轮廓，但是，它的作用是捕捉住一大片乡村，并使其成为统一构成物的一个部分。成片的树木明确地界定了风景的边角。对称地布置在每一边，背对着树叶的是两个带花饰的白色露台。在春天，草与树木的绿色与露台以及散布各地的白色雏菊交相辉映，加上摆在这根轴线上的一连串已经锈迹斑斑的石头表层，构成了细腻的和谐色彩。那些石制品先在大楼的正面可以看到，然后在雕塑上，最后在视线捕捉者那边。

这个景物所推出来的主题会在以后的许多地方得到重复和变化。其基本的要素是这样一根轴线，它能够引导视线爬过隐藏的近景山坡，到达较远处的景物，必须有一个有召唤力量的形象放在这根轴线上，必须有对称布置的辅助特征放在两边，还必须有平行的树叶构成的植物墙。

在青草地的西北角上，有一个林木构成的斜坡伸向河边，在西南边有一个较大的牧草场，通过一道矮墙使它与房子和园林隔开。肯特在1837年至1838年做的平面图表明，有一条直道切入这个林区，这条路与小牧场之间的这块空地被他贴上了“开放林”的标签。游客如果在下午来观赏园林，则会看到有背射光的树叶，看到矮墙和牧场中的景观。沃波尔报告说，肯特谈到“稀松的树林……会在其优美的主杆之间召唤远处的景物，通过错觉式的比较而移动和延伸透视效果”。这一次，跨过隐藏的边界形成的景色又被捕捉住了，形成园林的一个部分。今天，这个林地已经长得很密了，小路顺着矮墙旁边的边角弯曲，因此，这个效果已经大部分失去了。但是，如果游客在早春来到这个园林，则会得到一种补偿，因为此时的矮墙已经长满了厚厚的一层水仙花。

顺着游客所走的小路出现的第一处确定的停止点是一个小小的平坦的地方，称为普里莱斯特台。在这里，林地突然打开一道视线，显示出从东北部的柴威尔谷地到西南边的牧场之间的一道景观。就是在这里，我们才会发现主题的第一次变换，这个主题的变换是由（大得多的）青草地开始的。这道长景的中央有一个雕塑，这次铸造的是一尊“垂死的角斗士”。两边的林地通过对称摆放的命名石制人物人为地中断。在春天，这块地面盖满黄得惊人的密实的水仙。一排栏杆确定了东北角的边界，地面覆盖物也阻止人们太靠近这个地方。这会产生切断视线的效果，使人不再去看前景山坡向河道的下降（我们会看到这完全是有意而为的），从而显示河中的弯道，并提供向上游和向下游的视角。

从一条通往“垂死的角斗士”的小路开始，园林的主要特征就被一道树屏所隐藏，跨过矮墙和牧场到达房子的景观使其

维纳斯雕像

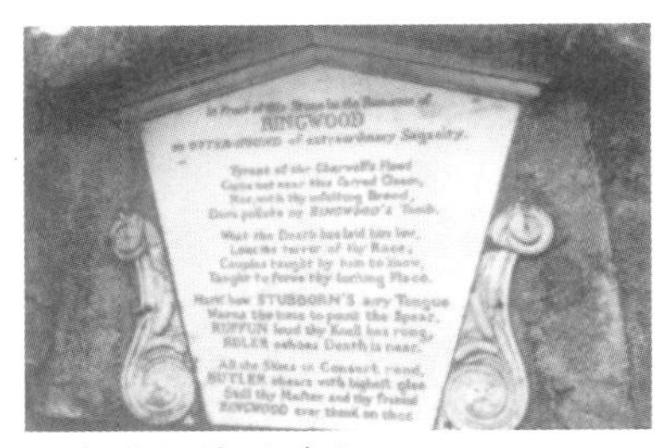

纪念林伍德的碑文

看上去像是永久性的装饰。但是，现在，肯特拿出了他最大胆的举措之一：布里奇曼曾让他的游客向前进发，从上看下面的池塘，但是，肯特邀请我们走下一个很陡的下坡道，顺着一条狭窄的小路通过林地，来到有很多池塘和水瀑的小谷地。我们发现自己已经来到了维纳斯谷的底部。

沃波尔谈到这个小小的林间空地时说：“这一切看上去非常优美，非常典雅，就如同朱利安大帝在达夫尼附近选择了最愉快的孤独，以便隐退之后过上贤明者的生活。”最低的池塘是半圆的，里面有田园风味的弧形瀑布。从这里向上是一口较宽的池塘，称为八角形池塘。再往上就是一个草坡，草坡在池塘的轴线上，也就是上层瀑布的所在。再上面是一个稍显肥胖的维纳斯像，她向前看着水面，身后是树枝构成的一道屏障。她的周围有一些天鹅和搂抱着的丘比特，分布在瀑布的两边，而潘神和牧神却几乎藏在周围的林木里。维纳斯朝前看去，对着一条对称的轴线朝向远处的山坡，这使游客已经扮演过两次的角色再次得到演练，首先是在青草地，然后是在普里莱斯特台子上。她的脚下有一处铭刻，结果发现是一首打油诗，为了纪念一位叫林伍德的人：“极聪明的一条水獭狗”。如同在桂离宫里一样，这里也有几乎不可能但又成功的情绪碰撞：维纳斯谷让人产生可笑的伤感，而同时又有令人信服的魔术感召力。

冷水浴池

我们可以在这里印证沃波尔所说的话：“肯特借以努力的伟大原理就是透视法，是光和影。”从谷地开始，透视就将池塘隐藏起来了，使石墙呈现多层，产生了下降瀑布的特殊效果。在漫长的夏日午后，背光的草地对着树叶的网罩差不多形成光亮的绿色。水会溅起发光，有阴影的空穴对照草坡会产生明暗效果。

通往阿波罗雕塑的榆树道

维纳斯谷北边的坡地是一块林地，它使顺着这块地的西边延伸的墙和道路得到过滤。按照沃波尔的话说，它起了“通过植物遮丑”的作用。

数条小路从维纳斯谷地经由林地通往北边，最后到达一个有草的山坡。每条小路都反映出布里奇曼的某些早期计划，每条路也都有其自身的特点。离河岸最远的那条路是一条不规则的草地路，顺着边界从谷地最上面的池塘（现在没有了）延伸出去。通过这块地东边的紫杉林是一条铺有沙石的弯道，是从八角池塘通过来的。然后，有一条直直的草径从谷地的底部升起来，上面都有榆树盖在两边。最后，有一条沙石路通过河边平地上的一片树林。

顺着弯道延伸的是一条小小的扭动的溪流，它就是八角池塘的水源。它平滑的曲线清楚地表述了贺拉斯著名的“美的线条”理论。但更重要的是，它邀请我们朝上游看，一直看到林地。在中央是园林阴影的心脏：冷水浴池。在一口平静、安宁和有密密的林木遮蔽的八角形池子旁边，有一个平蹲着的石头建筑物。少数几柱光线透过头顶的树枝射进来，在地面的枯叶上形成复杂的图案，并在黑漆漆的水面上留下各种阴影。我们在这里并不会发现大片的暗影，但是，我们会发现完全有这种可能性。

回声殿

从维纳斯谷再向前走的第二道诱人风景是由阳光产生的，它是由一幅巨大的阿波罗雕塑体现出来的。雕塑的两边有树叶，在榆树道直接上升的小路尽头映衬出雕塑的剪影。阿波罗的背对着我们，令人顿生好奇，不知道他在看什么。结果发现是一片开阔的草坡，草坡缓缓向下进入河中。

海福德桥附近的柴威尔旁边的小路

这里的一片空地大约是三角形的，南边和西边的角落由树林组成，东北角由柴威尔占据。虽然罗夏姆是河岸的一个园林，但是，这个空地却为按确定路线走的游客提供了第一个机会去接近河。很明显，肯特的意思是，按沃波尔的话说“使最丰富的景色看上去更有魅力，使它保留在游客脚步能够走到的最远的一个去处”。

有七根柱子的拱廊，就在普里莱斯特台的下面

在凹进去的水边坡道的最上边，背后有树的地方，是威

廉·汤森德的漂亮的小“回声殿”。这引入了一个新主题：一个受保护的休息地，可以掠过水面眺望仔细定好框架的一个景色。在北边，这块空地变狭窄了一些，到了离海福德桥不远处的一个顶点，这座桥就在那个方向使景致终止。

回到那座桥边，还有另外一条路穿过林地和向河边敞开的空地。肯特的种植计划表明，他要使穿过的林地的特征有精心的设计并产生有意的变化，“从高高的林木”到“林下灌木丛”，再到“高高的常青树”，现在，这样一个有意图的精神仍然保留着。林中空地在河边打开一个连续的低角度透视面，由大片树丛以不规则的间隔打断这个视线，从而与先前从上面看河水时产生的景致不一样。

很快就可以看出，往回走的路也会提供一个连续的景致，可以到达补充和完成早期从提升的视点体验到的向外看到的景色的那片高地。游客与光线和天空的关系倒过来了，先前看到的一些景点从新的角度看去时，会有一些令人惊讶的时刻。

首先，河岸的小路会通过一个榆树丛，游客可以回头看到古典的殿堂。然后，这条小路绕过一个河弯到达维纳斯谷的谷底。再走一会儿以后，景致在七拱古廊处终结，这是从一个斜角看到的景致。游客走得更近一些之后，拱廊会令人吃惊地展开自身，对着普里莱斯特台地的下层结构。它处在极陡的一个草坡的最高处。但是，接近的道路是通过两侧的一些树木和一些为终止植物的巨瓮的景色。这是为了在透视后退的时候看到，而不是为了从正面看到。在里面是一些半圆形的凉亭，凉亭带有弯曲的座位，是肯特设计的，这里可以提供弧形的有框景致，看到柴威尔谷。

看看这个园林设计图可以明白，肯特对普里莱斯特的处理是一种令人吃惊的绝技。他只用一个动作便在这个场地极狭窄和别扭的颈部成功地建立了两处不同的休息地，可以打开狭长的景致，可以提供一个风景如画的惊喜，从而使回程显得生动活泼，另外也使游客看到从南向东的回程。没有哪个地方能够更好地演示蒲柏（在《致伯灵顿公爵的一封信》中提出）的原理："从难处着手，从机会开始碰。"

在普里莱斯特拱廊的东边，布里奇曼的计划显示出一个半圆形的戏院，这一点也出现在肯特的平面图当中。今天，游客只看到微弱的一点影子，那就是那个场地的形状，还有半藏在林下灌木丛中的一些雕塑品替代原来的一些东西。

在河岸的最东边，可以到达青草地下面由布里奇曼设计的浅草坡的脚下。席美克的雕塑现在作为一些剪影出现在天空下面。这个空地也用作在更宽广的风景中构图的目的。因为从北面跨过一条河就可以接近罗夏姆，南面对称的罗夏姆之家的高地就在天际线下显示出来，有林木的河岸就在两边延伸。

巨大的常青树林在东边围住了这片空地，几乎一直通向了河边，正好让河岸的小路从旁挤过。游客通过这个缝隙时，肯特最后的惊讶就呈现出来了。在这里，有另外一个三角形的空地，面向河边，与对面场址的终结物形成对称的部分。在这种情况下，上坡的顶点不仅有古庙，而且还有一个奇怪的金字塔顶的石亭，称为金字塔屋。肯特的种植计划显示在这个塔屋的前面有一个开放的树丛，通过这个树丛，跨过谷地的景致就有可能映入在里面休息的游客的眼帘。

从金字塔之家的柴威尔谷看到的景色

在东边的顶点上，有一排树顺着河排列着，掩蔽在有荫的树下的是一个长满了苔藓和差不多要烂掉的古座椅。这使游客的脚步回头跨过空地，向上沿着一条小路穿过树林回到朝圣之旅的起点。在这里，不同的变化全部结束，原来的主题又得到重复，对立到达了平衡，经验的对称也得以圆满。

朝圣之旅在古典座椅处得以完成

这是罗夏姆的顺序构成，值得人们特别加以仔细的注意和研究，这对于我们自己的朝圣园林的建造有很大意义。如同音乐创作需要图形一样，图形会在不同情况下发生变化，有合并，也有对照，这是为了唤起联想和回忆，最终合在一起形成一个整体。按照蒲柏所说的话："部分与部分对应，最后便形成一个整体。”

斯托海德

威尔特郡索尔兹伯里城附近的斯托海德跟罗夏姆一样，也是一处保护极好的18世纪风景园林。它也是作为从一个景到另一个景的巡回来组织的，但是，它的规模更大一些，也是一处封闭的领地，有极广阔和内部交叉的长景，而不是一个外观，由于借用周围乡村的景色而产生了极宏伟的效果。

当然，差别主要在于两处景点的不同潜质。罗夏姆园林顺着高高的河岸延伸，而斯托海德园林是在一个盆地里，四周有山围住。约在1755年，一个大坝建在这个盆地西南的出口处，盆地里面也被洪水淹没，形成了一个近乎三角形的湖泊，最宽处约为1/4英里，总共约有20公顷的面积。这个园林占据了湖岸与四周山脊之间的坡地。

虽然斯托海德在过去的200多年间一直在经历连续的变化，但是，建园者亨利·霍尔（一位银行家，也是业余艺术家，1741年从他母亲那里继承了这片地产）原来的计划却还是清晰的。这是18世纪的一座主题公园——比迪斯尼早200年，用维吉尔和普鲁斯特（不是米老鼠和唐老鸭）作为其动画人物。

入口在东边，顺着一个谷地，谷地从柯伦·坎贝尔的新帕拉迪奥式斯托海德之家开始，穿过斯多尔顿村，下降到低处。村里的主街（当然是英式乡村风景，不是迪斯尼那种诺曼·洛克威尔中西部的主大街）引导我们进入这个魔幻之地。街道是一个通道，一端植根于现实之中，另一端飞向幻想，就跟镜面和豆茎一样，就像狂风和文学当中的无后背衣橱一样。

这个园林的风景要以不同的顺序来游览，就跟在迪斯尼乐园里面坐车旅行一样（比如加勒比的海盗），但是，霍尔并没有20世纪的机械装置供他使用。我们只能够沿着一条小路步行，顺着湖的逆时针方向行进，从东边的湖岸开始，然后转到西边的湖岸，通过南边的湖岸完成游览。

沿途主要的景点有：

1. 中世纪的布里斯托十字架。这个十字架以前曾屹立在布里斯托尔的主街，但后来搬到了斯托海德，于1765年左右立在了大门口附近。

2. 五拱石桥，桥面有一层草皮，这座桥跨过这座湖较窄的一个支流。

3. 一座坟墓，标志着天堂井。

4. 一个小型的多利安式花神殿。

5. 从主路分出来的一条便道，可以通往另一个中世纪的遗物，称为圣彼得唧筒（现在跟羊群一起放在一个草地上），一个称为女修道院的如画一般的茅屋，还有三角形的红砖高塔，称为阿尔弗雷德王之塔，它标志着阿尔弗雷德王与丹麦人在878年进行的一场战斗。

6. 旁边有雕塑的一个洞穴。

7. 一个乡村茅屋，里面有哥特式的细部，立在湖岸边的林地里。

8. 万神殿，由杰出的建筑师亨利·弗利特克洛夫特所设计。这是罗马万神殿的缩微（但不是按原大小放样做成的）。

9. 阿波罗庙，立在一个很陡的山坡上，山坡上有树林，林中有一小片空地，阿波罗庙就在这个小小的空地里。这也是弗利特克洛夫特设计的，约在1765年。这是对巴尔贝克的圆形维纳斯庙废墟的重建，根据罗伯特·伍德的《巴尔贝克的废墟》一书里面极漂亮的板画制作的，1757年起，这本书就开始在伦敦出版了。

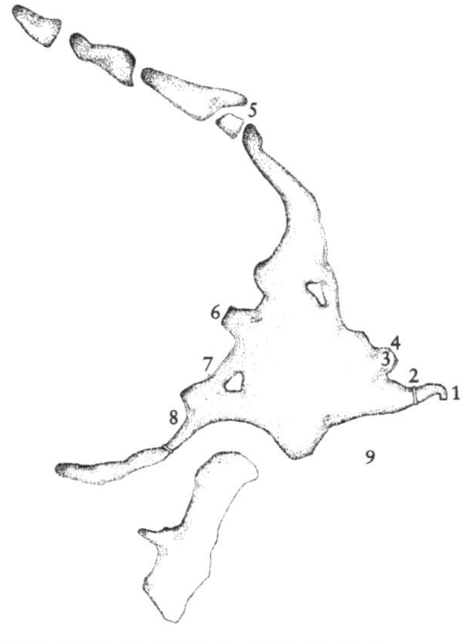

斯托海德的朝圣之旅沿路景点

这些要素，以及它们所指称的事物，都编织在一个极复杂

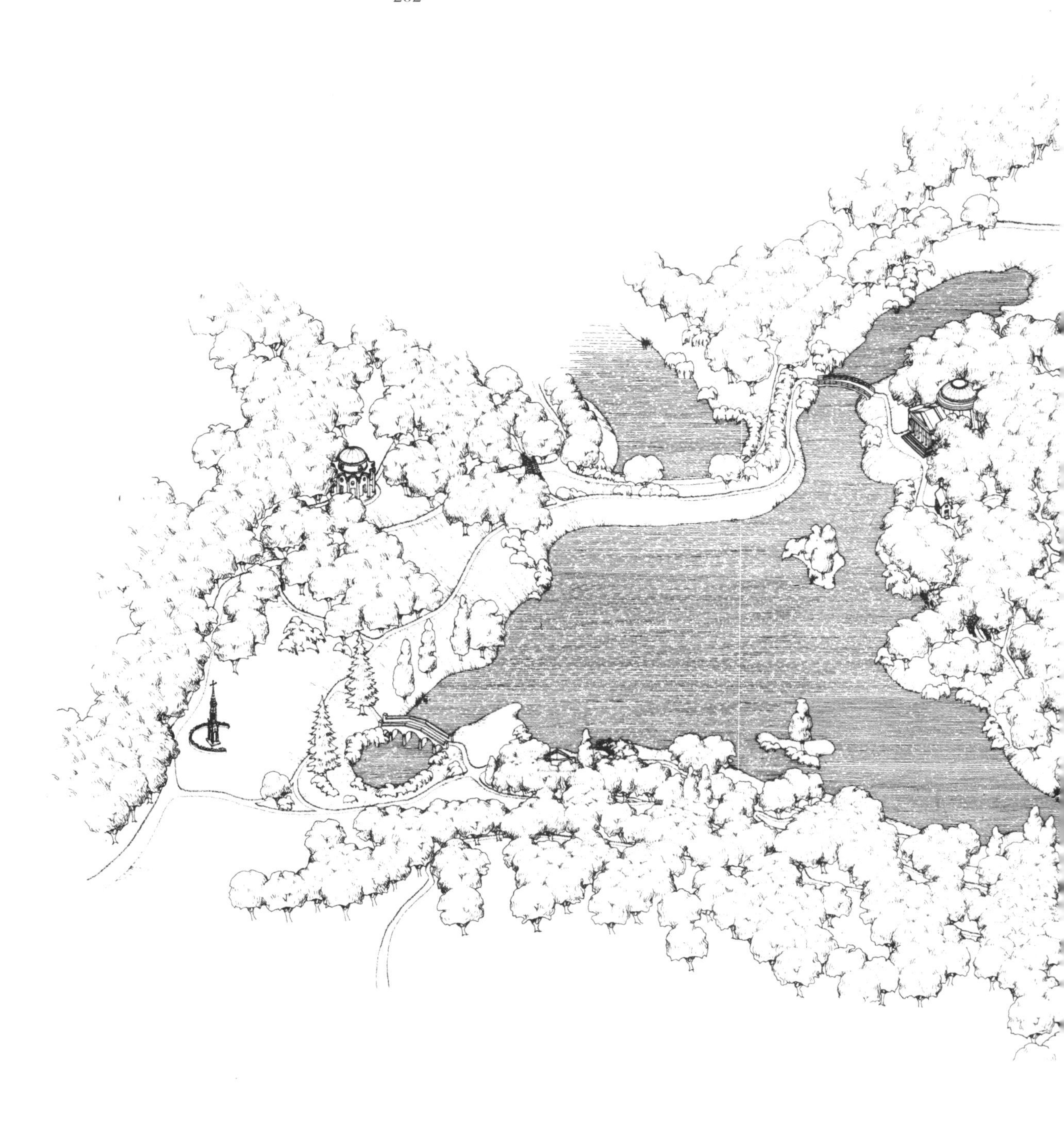

斯托海德（全景、地形、水体及建筑、种植）

1
2
3
4
5
6
7
8
9

亨利·弗利特克洛夫特的阿波罗庙，就在斯托海德的一个山顶上

“高处的阿波罗称王的山峰”

巴尔贝克的维纳斯庙，由罗伯特·伍德在《巴尔贝克的废墟》一书中描绘

的故事里，需要人们进行不同的解释。这不仅仅是一个发现霍尔的意图的问题，也不是显示他的原型（一些园艺史家有时候是这么说的）的问题，因为斯托海德显然意味着比它的创造者所想要实现的东西多得多，对我们来说，其意义也大得多。它提供诠释学的微妙的快乐，因此而有极大的引诱力。

布里斯托尔十字架

最关键的文本是维吉尔的《埃涅阿斯纪》，这部叙事诗对霍尔那一代受过古典教育的同时代人来说，比对我们今天的大多数人都要熟悉一些。它讲述伟大的特洛伊英雄埃涅阿斯的故事，特洛伊城被劫掠之后，他率领手下逃出城外，在地中海一带游荡，最后到达意大利，并在那里建立起罗马帝国。他一路经历千辛万苦，险阻重重，包括与迦太基的迪多女王产生的一段悲剧性的感情纠葛，造访德洛斯岛上的一座庙，并在那里得知自己命运的一个模糊预言，然后又在埃弗纳斯进入了地下世界。

《埃涅阿斯纪》最早是在游客进入园林并站在布里斯托尔十字架附近的时候看到的一个全景而第一次召唤出来的。这是克劳德·洛兰因风格的园林创造。（蒲柏曾在《论品味的一封信》中说过："所有园林都是风景画。"）青草茂盛的河岸以及带拱的石桥形成前景，湖占据了中距，而背后有树林映衬的万神殿就形成了远处的焦点。在清晨的光线当中，万神殿的下面跟四周的暗色树叶形成强烈反差，并在水中产生一个清晰刺眼的反射。克劳德创作了共六幅画面的系列油画，演示《埃涅阿斯纪》中的不同时期，看来几乎可以确定的是，其中一个，也就是德洛斯与埃涅阿斯的岸景，就是这个园林风景的直接原型。

从布里斯托尔十字架处看到的风景

如果我们按照书中的进程行进，我们会发现自己此时到了第六章的开始。埃涅阿斯和他的人马逃出迦太基（让迪多自己死去）并夺路来到德洛斯，并将他们的船拖上了河岸。维吉尔告诉我们说（根据艾伦·曼德尔鲍姆的译本），埃涅阿斯：

占据了高高的阿波罗称王的山峰，

而在一个深不见底的巨型洞穴里，

可怕的女巫在这里建起她的家园，

因在这里，德洛斯的预言家开启

她的思想和灵魂，致她预知未来。

我们进入克劳德建造的这个风景，这里有阿波罗神庙从左边的山峰上朝下观望，还有前面的山洞。

找到了女巫，并成功地让她开口说话以后，她就说出了下述的预言：

啊，隐藏于大海之上的巨大危险，

终于得以战胜，陆上却还有更糟的，

代达罗斯的子孙会来到拉文奴姆的王国（你们现在已经可以肯定了），

你们只能希望他们永远也没有来临。

我看见战争，可怕的战争，

台伯河在怒吼，翻腾着浓厚的血沫……

但是，埃涅阿斯又提出了另外一个问题：

有件事我得问：既然这里据说是

地下的国王把守的大门，而且

克劳德·洛兰，德洛斯的埃涅阿斯河岸的景观："在这里，德洛斯的先知开启了她的思想和灵魂，致她能预知未来。"

这里还是洪水横溢的黄泉的沼泽，

可否让我得以前行，看见我那

可爱的父亲的面庞和他的身影？

他说的是希腊的冥府埃弗纳斯，奥菲斯就是在这里召唤出欧律狄刻的灵魂的。维吉尔的叙事诗继续下去：

花神殿："通往冥府的路轻易得行"

埃涅阿斯就此祈祷，紧抱神坛，

那女预言师就开始说："从神灵

并特洛伊的安喀塞斯之子的血中

诞生，通埃弗纳斯的路轻易得行：

最黑暗的冥府大门日夜洞开。但

将你的脚步收回，从冥府重返，

回到地上的空气中，这才是难事，

"浓荫包裹暗谷中的树枝"

这也是最重要的任务……”

我们在湖边继续前行的时候，会浑身发抖地发现维吉尔的话“由此进入埃弗纳斯”刻在花神庙的门上。

我们继续穿过林地，跨过一个狭窄的、有树的沼泽谷地。叙事诗告诉我们说女巫提出了警告：

浓密的树荫下隐藏着一根树枝，

树叶和柔软的树干全为金色，

专门用作供奉普罗瑟派恩的圣物。

树丛用作屏障，浓荫包裹树枝，

使其藏在黑暗的深谷。只有他

第一位采摘树上的金叶果实者，

才能通过地上一切秘密的所在前行。

埃涅阿斯找到了金枝，我们也必须想象自己也找到了。现在，洞穴的入口突然间就出现在我们面前。维吉尔这么描述它：

有巨嘴的山洞，又大又深，

而且犬牙交错，掩藏在浓荫的湖边，

还有暗黑的树丛。洞中有雾气吐出，

从黑色的犬牙直升上天穹，没有鸟

能够飞过此地而不受伤害的……

我们下到这片黑暗当中去。

这个山洞的内室里面有一些山泉，是湖水的来源，也是斯多尔河原来的源头。在这里，维吉尔的寓言又与另外的一些寓言相重复，因为这里猛然出现了一些有奇特照明效果的人物。

第一个人物是一位斜躺着的仙女，由室内上方的穹顶的一个眼洞窗照着，也被对面石墙上的一个小开孔照着，通过这个开孔，她向外看着湖对岸的晨光。昏暗和有方向的光线足以显露这个地方的周界，并投下一道温柔的暗光在流水之上。东边的墙形成一个黑暗和交错的嘴朝向一个湖景，这可以在早晨通过背光照耀的水上升腾的雾气看到。蒲柏的这些话就刻在附近的地方：

“有个巨嘴深洞”

> 山洞中的仙女这些圣泉我守护着，
>
> 依偎着流水的呢喃我就此安睡下，
>
> 啊，免去你的睡眠轻轻走过山洞，
>
> 请在寂静中啜饮或在流水中沐浴。

洞中的仙女

山洞的布局也让人想到蒲柏在特威克纳姆的园林里那种著名的布局。

从仙女室的中心看去，一位河神的雕塑也可以依稀看见，数层连续的拱门形成了这个河神雕塑的相框。要去这个地方，我们首先必须通过一处低矮暗黑的山洞，然后进入有直接的阳光照射的地方，最后进入这个河神洞穴里面。河神的头和肩都背对着暗色的背景，但来自上方的光线使其尤其突出，在他脚下的昏暗当中，水从倒置过来的一口水缸里向外流出。附近有一段节选自维吉尔叙事诗的铭刻。这块石板让人想到普林尼对克利塔姆纳斯河在一口湖边泉水处的起源的描述，附近的一个神殿里就有克利塔姆纳斯河神的雕塑。

河神

这些人物使场所精神得以人格化，因此，它可以有一个声音来直接引导我们。这是18世纪诗歌当中最常见的一个手法。例如，蒲柏在“温莎森林”中唤起泰晤士之父（明确让人想到维吉尔的台伯河之父），格雷在他的诗“论伊顿公学的远景”中也召唤他出来。迪斯尼也会利用人格化，但是，他不用依赖不能动的石头雕塑和铭文，他有20世纪的科技，因此他得以使卡通人物和美国总统的雕塑活动起来，并可让他们大声说话。

当然，埃涅阿斯的确也在地下世界里找到了安喀塞斯，安喀塞斯也完成了德洛斯的预言，说埃涅阿斯会继续创建罗马帝国。然后，埃涅阿斯回来了，通过了睡眠的象牙门，回到阳光照耀的人间。我们也从山洞爬出来，回到去万神殿的路上。

罗马帝国：万神殿

重叠铺在维吉尔所描述的风景当中的是一处中世纪的建筑和纪念碑的收藏，让人想到英国的过去，特别是那个几近传奇的人物阿尔弗雷德大帝。阿尔弗雷德大帝是开创英帝国的英雄，正如埃涅阿斯是罗马帝国的奠基人物一样。在十分自信，也正在进行扩张的18世纪的英国，将这两个帝国互相比拟几乎是很自然的一个举动。而现在，鉴于两个帝国都已经消失而进入了历史课本，看来再比它们也是奇怪而又很合适的事情。拉丁故事传承了中世纪的英国的韵律，如在乔叟翻译的维吉尔著作当中的节奏一样。

大英帝国：阿尔弗雷德塔

在《一千零一夜》的故事当中，山鲁佐德王后再次开始讲述同样的一个故事，因此，她最后回到了她开始讲述故事的那个夜晚。我们头晕眼花地看这个叙事诗无穷尽地周而复始。在斯托海德也是一样。小路在布里斯托尔十字处（象征着到达和离开，当它站在那个老城的主街时）回到自己的开始，而那个循环（人类的生与死，帝国的兴与亡）又一次结束和重新开始。

作家们经常想到叙事在时间上的进程，正如小路在空间当中移动一样。劳伦斯·斯特恩用弯弯曲曲的线条描述《项狄传》的情节，豪尔赫·路易斯·博尔赫斯写了一个形而上的侦探故事，里面满是时间和空间以及人类命运的谜语，称为《小径分叉的花园》。亨利·霍尔把这个过程倒过来了，他创造了一条小径，让它讲述自己的故事。

兰特庄园

萨切弗里尔·西特韦尔是诗人达姆·伊迪斯的弟弟，曾经有过令人赞叹的旅行经历。散文大家奥伯特写过："如果让我在意大利或全世界所有的地方来选择大自然当中有最美的外表的一个可爱之地，而且必须是我自己亲眼见过的地方，那我就会提到兰特庄园的名字。"他还在别的地方提到说，这些园林的引人之处，其中一部分来自于几个世纪以来造访过这些园林的人，我们还要说，其中一部分魅力也来自于它给世界各地的园林带来的灵感和模仿。我们的轴测图只能显示这个园林当中的人造台阶，为的是要显示喷泉的细部，但是，这个地方最激动人心的创新之一，还在于其连接的办法，它比以前的历次园林更发达，那就是人造台阶与它们旁边的野树林之间的连接，中间有通往座椅、纪念碑和喷泉的直路予以阻断。

根据确信但没有得到证实的谣传，这些园林是伟大的建筑师维尼奥拉在1566年的时候开始建造的，是为班巴拉红衣主教在一块美丽的场地上建的。这是维特波城将这块场地送给它的主教，作为他们的夏日住所。红衣主教班巴拉并没有屈服于圣廷的压力。为了把这片园林转让给罗马，他的确向严峻的圣卡罗·保罗麦欧让了步（他的家族后来建造了伊索拉贝拉城堡），让步的内容就是不再建第二座娱乐地。他的后任，也就是蒙塔尔托红衣主教，让他的决定倒转过来，他建造了第二处娱乐处，并将这块地产交给了教皇，而教皇又在1655年将它卖给了兰特家族。

这个园林的成功之处很多。最明显的一处是不仅仅是建造了一栋房子来保持它在园中的中央位置，而且还有两处同样的

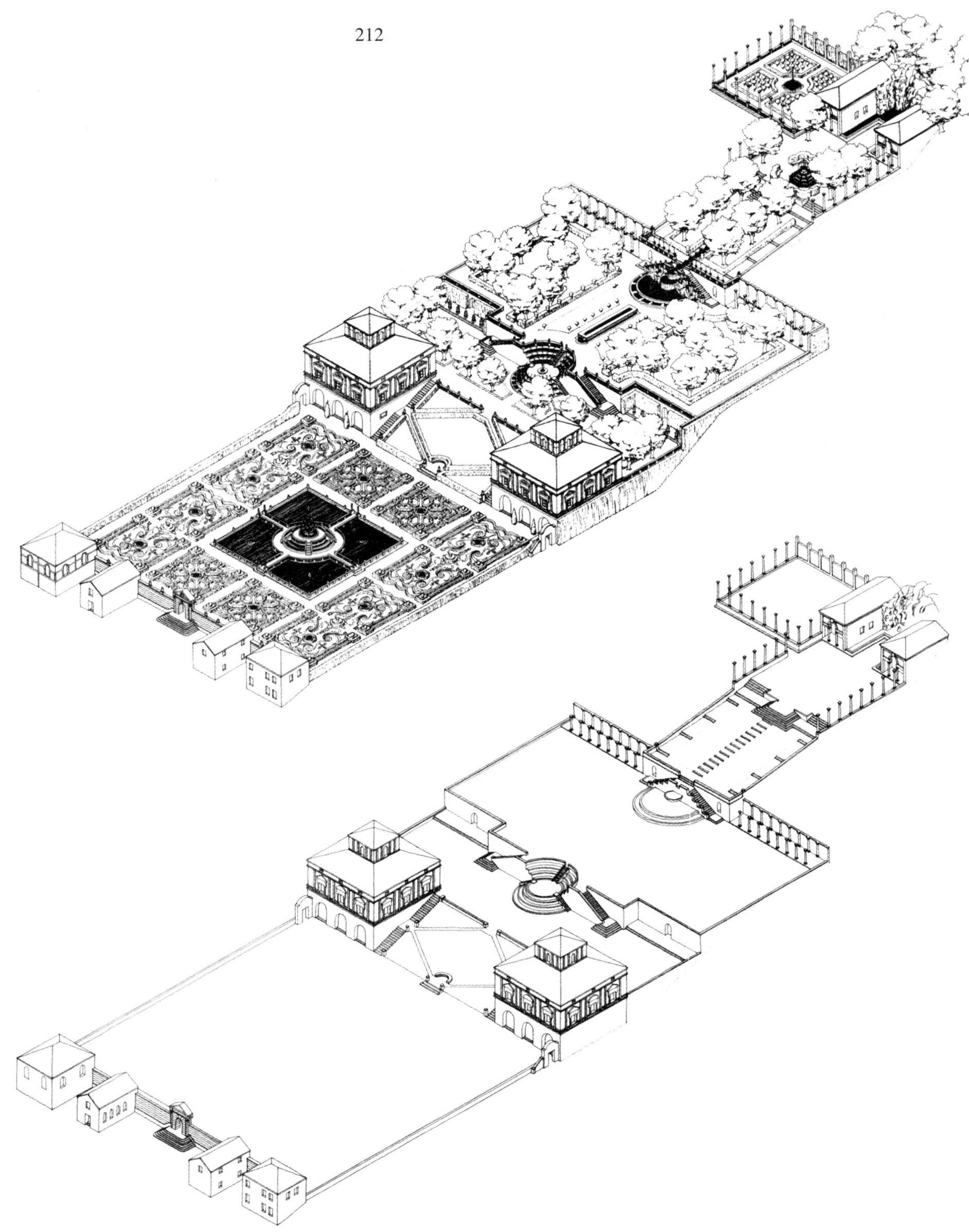

兰特庄园（全景、建筑与台地）

顺水朝圣：

1.水源：从野生森林流出来的喷泉

2.两边布有亭子的池塘

3.有面具、花瓶和海豚的喷泉

4.瀑布

5.有台阶的斜坡

6.有瀑布和河神的喷泉

7.石制餐桌

8.小灯喷泉

9.有红衣主教蒙塔尔托的手臂的喷泉

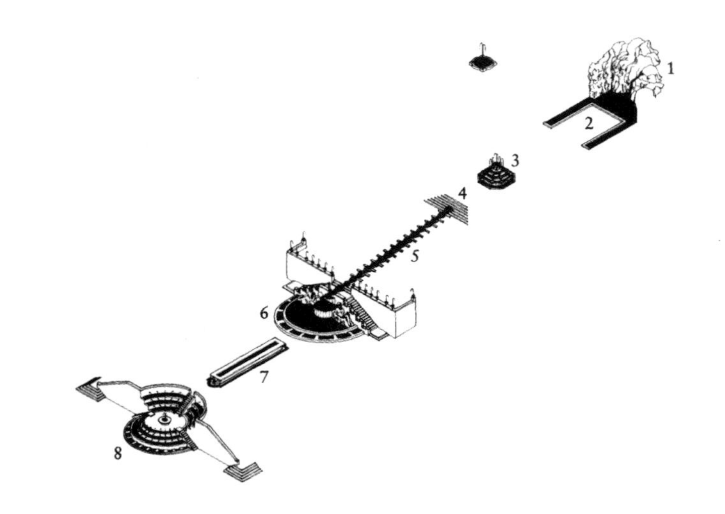

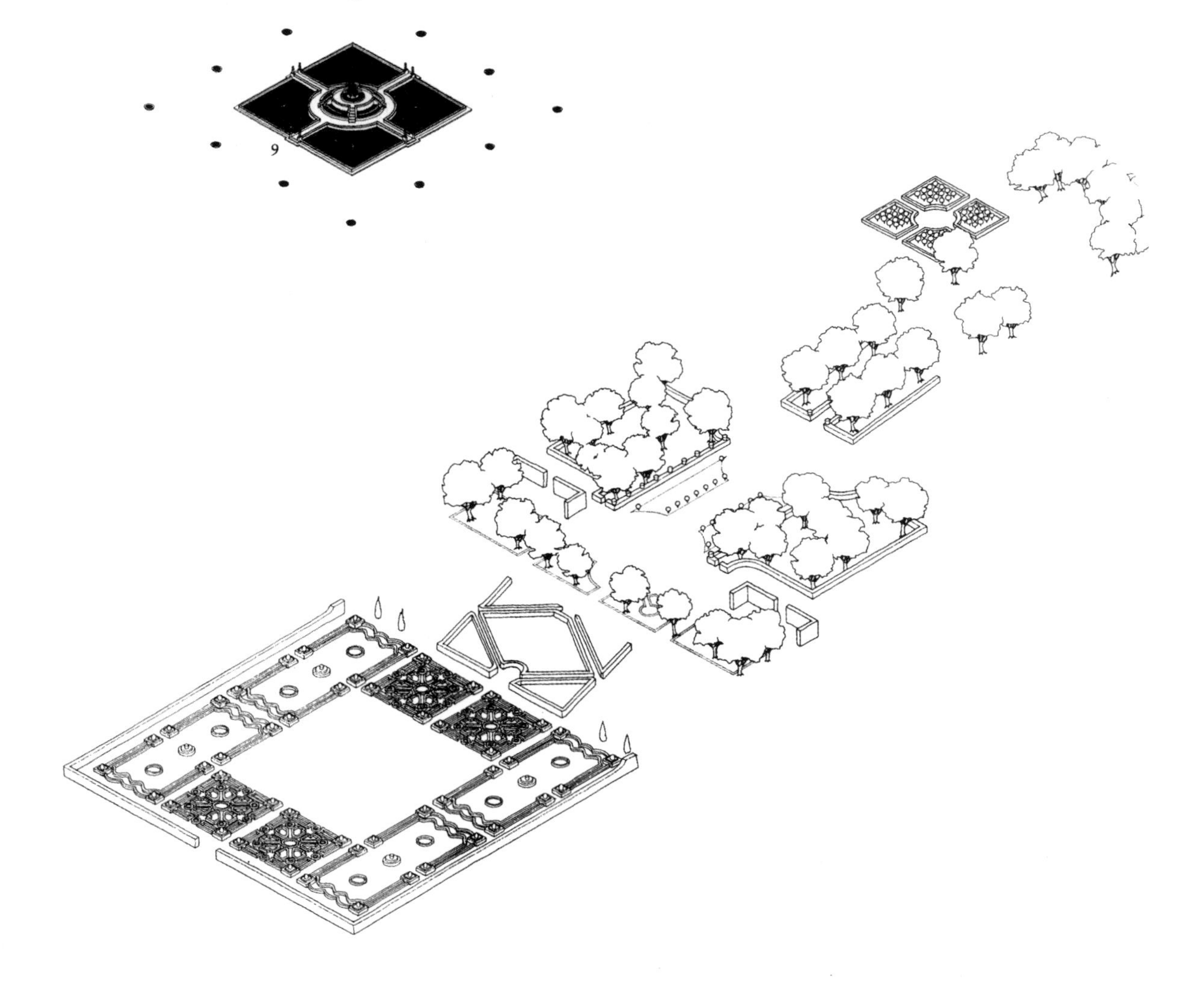

娱乐场摆在中轴上。跟西辛赫斯特的塔楼一样，这些娱乐场的尺寸和位置都保持为这个园林最灿烂的部分，而且不与它发生竞争。

这个园林最壮观的是它的水轴。这是长长的一根轴线，从娱乐场的那边延伸出来，必须当做一个朝圣之旅来游览。如在红衣主教蒙塔尔托的时代一样，这样的旅行是一次好奇之旅，由于它大部分是顺着轴线朝南走的，因此，它的目的地也是模糊不清的，要么是顺着山坡而上到达源头，要么是找到底下壮观的喷泉，水就是朝这个喷泉流下去的。

让我们从遗迹那边开始吧，向北经过一片荒地，这样就可以从它的顶部开始。一处喷泉从这片野林落下来，一直流到一口池塘里。池塘两边有亭子，这一片地方的两边又有一些秘园（只有一处留下来了，可以在我们的轴测图里看到），这些秘园围在一个栏杆和柱廊里面，是用老式的四方形花坛和中央喷泉构成的。沿着这根轴线再往前走，我们会看到一个极漂亮的喷泉从面具、花瓶和海豚中喷出水来。就在它下面，一个瀑布从人行道下流出来，在一个有台阶的缓坡的中心飞溅起来，这里有一个涡形管将水造成形状，使其同时闪出光芒，又可以飞溅，让人想起班巴拉红衣主教胳膊上的小龙虾。水继续流向一个更大的有瀑布的喷泉，这里有石级，两边还有河神。

在这下面，一个长形的石餐桌将轴线延伸下去，在它的中央是一个小溪流，用于使葡萄酒冷却，我们也可以假定，它也用于让餐盘沿着餐桌浮动。在这下面是小灯喷泉，是一处有坡的圆圈，被一个台阶分开两半，中间有一个岛，再中间是一个小小的喷泉。这个坡在两个娱乐处的中间，有斜坡道接近装有樽的方形湖，方形湖就在这个方形园林的中央，四周有12根柱子围着（在早期的图纸当中有简单的标示，但现在已经有细致的装饰了）。四座桥跨过方形湖通往一个环形岛，里面有一个内部的盆地由另外四座桥跨过，一直到喷泉处的平台，在那里，有四个小男孩在一片水雾当中托起红衣主教的胳膊。在这一切的下面是一堵墙，还有一个大门以及巴涅亚城。或者我们也可以回头结束我们的朝圣之旅，也许走水上游戏的路线，这条路是供客人娱乐用的，沿途有水浇湿客人，使他们一直走到其中的一个娱乐场里去。

西特威尔为什么如此赞扬兰特庄园呢？我们可以肯定的是，有一部分是因为这里的石泉和用于瀑布的框格都如此漂亮，如此完美。但最重要的是（这也正是我们感兴趣的地方所在）因为它的中心如此明确，完全服务于一个中心思想——就是水顺着一个中央的渠道流下去，可以以各种方式移动，可以滑动，也可以溅起，可以消失，也可以重新顺着一个长桌的中央流下，这样，几秒钟之前看到的瀑布现在就成了葡萄酒的凉爽液，不一会儿又挣脱出去，再顺着山坡流下去。在这个四部分的泻湖底部，同时有轴线的延伸，也是它最后安息的地方。哪怕右侧的娱乐场附近的水柄在往没有防备的人身上喷水的时候，也可以作为这个水道游移不定的产物。而那两处娱乐场，由于它们是在一个非常令人尊敬的距离内从两侧靠近它的，也许就表达了最深厚的敬意。

这一对娱乐场所的一贯特点是给人一种超级豪华感，在其中的一个里面可以举行聚会，可以放松，也可以作乐。它们不是要用作洗衣房，不是用于存放货物的，也不是用作任何严肃目的的，它们跟日晷一样记录着阳光灿烂的日子。

伊斯法罕的园林是城市的喧哗之中平静、整洁、对称的孤岛：这是由伯特特·古德休所画的八乐园

城市园林：伊斯法罕和北京

互补对立有很大的吸引力，这经常可以在园林当中得到表现，也可以在人造与天然之间的联系当中得到体现。例如在英国，我们发现帕拉第奥式的房子表现出来的精确的对称几何会出现在威廉·肯特或万能布朗的园林设计当中，而在四方形的波斯园林当中，玫瑰丛和果木开花的形式也会使方形园林的严密得以弛缓。在更大的规模上，我们经常还可以看到同样的对称和平衡表现在城市的编织当中。

四庭园在19世纪早期的样子，由尤金·弗拉丁所画

1.苦修僧园

2.葡萄园

3.御座园

4.法则尔斯园

5.四十柱宫

6.八乐园

7.桑树园

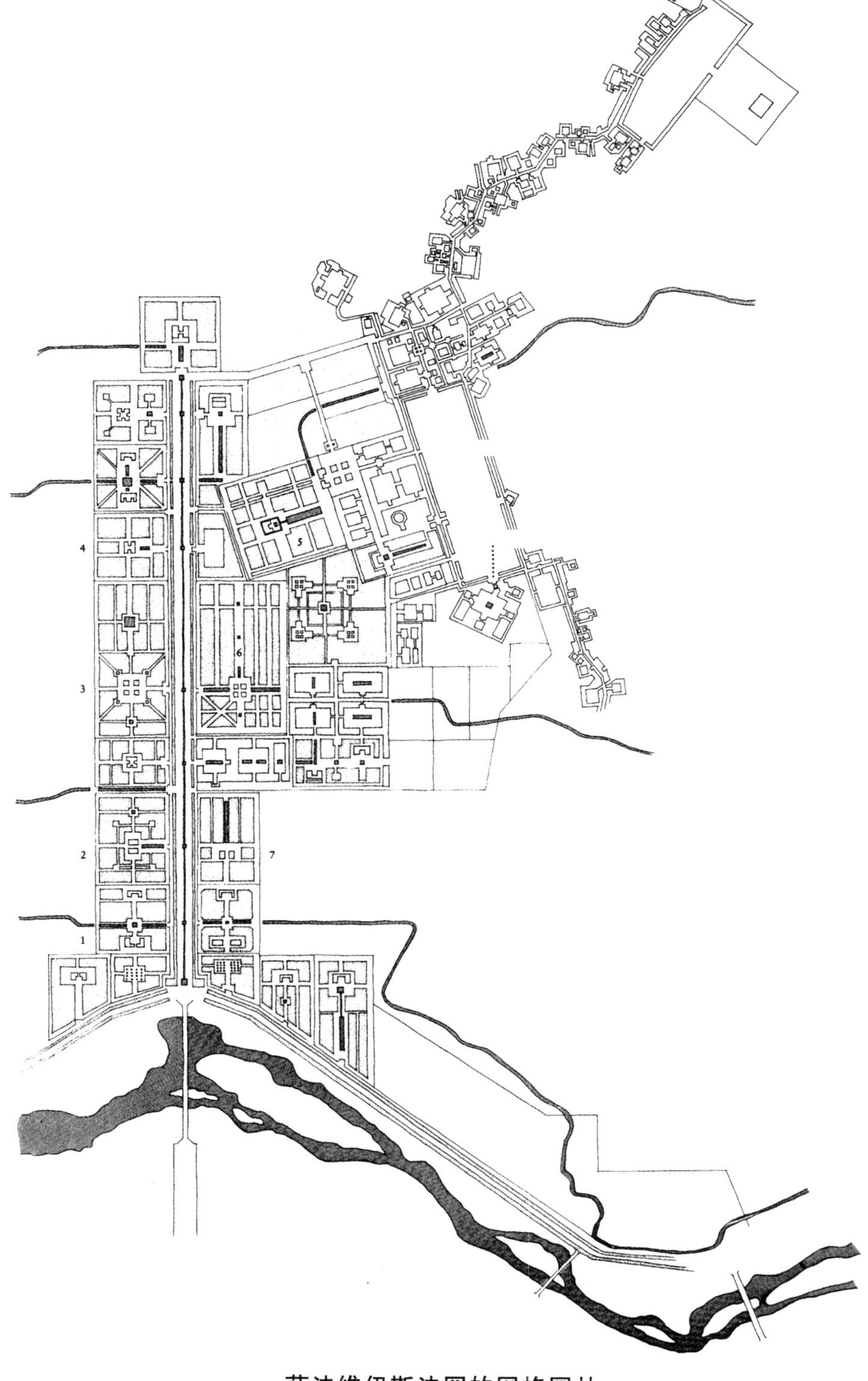

萨法维伊斯法罕的网格园林

例如，许多到过中东的游客都会因为那里景致的鲜明对照而感到惊讶。集市和住宅街道极其复杂，密集、喧闹和嘈杂，而园林和清真寺的庭院却呈现出宁静和清晰以及对称。这些在人类混乱之中展现出来的秩序的岛屿都是人造的模式，也是事先规定好的仪式。

没有哪一个地方比伊朗伊斯法罕的萨法维城的平面图更清晰的。这是沙阿阿巴斯一世统治时期（1589—1627）开始建设的，虽然它已经变成了一个大型现代化的都市，也受到现代高速公路工程以及城市翻新工程的干扰，但是，它仍然保持了原来形式的很大一部分。在其南边是一条河，北边是复杂的集市区。两者之间是著名的园林区、清真寺和宫殿。

三根重要的轴线互相碰撞，并形成重复的模式，它们组织起园林的平面图。三条轴线当中的第一条是主动脉线，从阿拉哈瓦迪罕跨过那条河的极壮观的三十三拱桥处几乎是直接向北延伸过去。这条宽阔的大道有一个人工运河顺着中心走（主要有开满玫瑰花瓣的缟玛瑙盆地），并被命名为四庭园，是根据在两边与它对齐的四层园林起的名。这些园林方块和它们的十字轴形成了严格的网格，与北边的更小规模和更不规则的多孔露天剧院形成对照。（这些园林现在都没有了，四庭园已经成为林荫铺地的现代街道。）

第二根轴线就是麦丹尼沙（皇家广场）那条线。这个宏伟的长方形开放广场位于四庭园的东边。它的轴线与另外一条轴线错开有15度的样子，它结成了一个商业中心（市场在它的北端，有商店围绕着它），还有西边对着皇家宫殿的一个入口，以及在南端展开的重要的沙哈清真寺。宫殿园林在四庭园和麦丹尼沙之间延伸，它化解了这两个网格系统之间的碰撞。

第三条轴线由麦加的方向来决定，是向西南方向的，这是清真寺的轴线。沙哈清真寺与麦丹尼沙哈的南边形成45度的旋转角，交叉轴线的解决是通过入口和门厅来进行的，伊万是

一个奢侈逸乐的对称中心：八乐园里面众轴的交错，由帕斯卡尔·柯斯特所画

苏州的街道

苏州的胡同

苏州的河流

苏州的网格

苏州的园林

一个著名的建筑杰作。小得多但极有魅力的谢赫卢特富拉哈清真寺是一个带顶的方形庭院，在45度角上与麦丹东边的边缘相接。巨大而古老的星期五清真寺（大部分是萨法维前的建筑）是一处由众多迷宫一样的胡同和柱形网格厅组成，全部都融入一个宽阔的长方形庭院，伊万和喷泉明显标志着麦加的轴线。

我们可以拿通过四庭园、麦丹尼沙哈、沙哈清真寺或星期五清真寺的那根轴线的一条路做比较。一条是供探索用的朝圣之路，它在封闭的墙体之间扭动着，在匠人和商人的喧哗声以及香料的香味和众人踩起的尘土和挤挤撞撞中向前延伸，沿路都是令人惊讶的如画风景和人类的各种商业活动。另外一些却是直线的，它们跨过对称的开放空间，有清晰和确切的终点在风景中。

促使四庭园形成对称的辉煌，来自于一种寻求秩序的冲动，这一点在传统的中国城市的布局中很明显。例如，中国古城苏州就是由长方形网格划分的。一条宽阔的河流围绕着它，内部由街道、胡同和河流分隔成许多块。今天的平面图仍然可以看到，它是从那块13世纪的著名石碑上所刻的模样传下来的。大部分的古墙现在没有了，这个城市的整体形状已经远远超出了原来的长方形，但是，传统经纬线的片断仍然存在着。现在房子的白色墙壁因为棕色的木门和阳台而更新了，它们向街道展示出一个连续的正面图。枫树拱起来，在白色的平面上投下斑斑点点的阴影。运河流过房子的后墙。狭窄的胡同在街道和河流之间穿行，有时候还会成为跨过水面的人行桥。但是，隐藏在墙后的是另外一个弯弯曲曲的世界，那里有墙与树的阴影，有阳光的反射，还有风景给人的错觉，这就是著名的苏州园林的幽曲。

除开网格以外，传统的中国规划还利用了轴向前行的原理。例如，在一栋房子私密的规模上，交错的房间和敞开的庭院也许会沿着循环的轴线串在一起，形成有节奏的秩序，分隔出光线和阴影。在一座它的古代皇都上，北京全城都是按照同

轴线在皇家尺度的延伸：北京城中心的紫禁城

轴线在家庭尺度的延伸：苏州杨湾的一栋房子

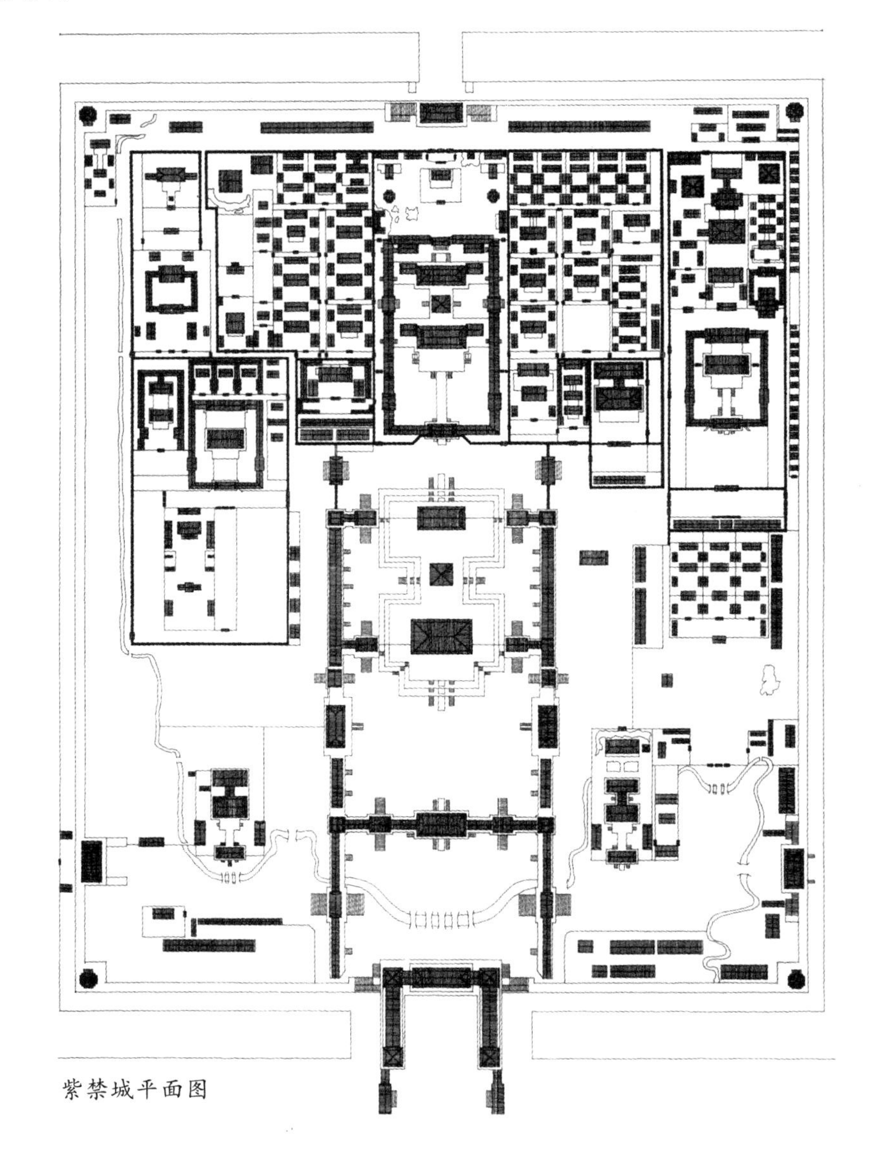
紫禁城平面图

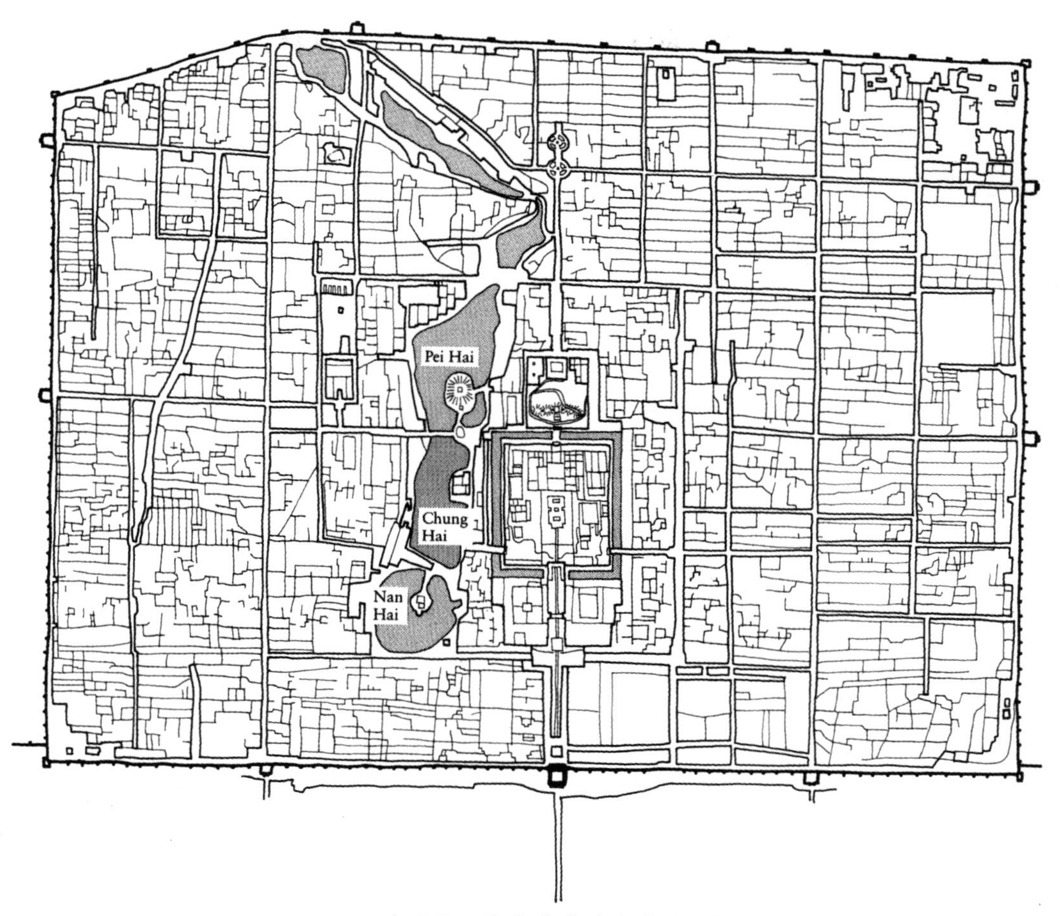

皇城和环绕紫禁城的内城的网格

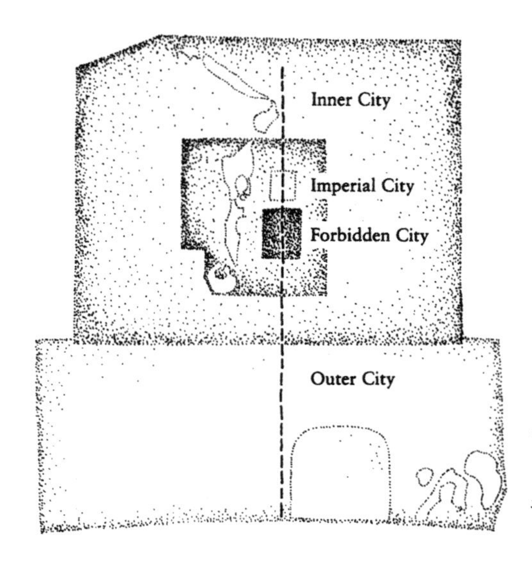

由北向南的轴线以及背景城的四道墙体围成的内部空间（图中由上至下：内城、皇城、紫禁城、外城）

样的方式来组织的，就如同皇帝的住处一样。巨大规模的平面图来源于连续的反复重建辉煌的结果，从12世纪一直到现在都在重建。但是，经过了这么长的历史变迁，基本的思路还是保留着，一点也没有变。主要的中轴完全是从北向南的走向。这个平面图基本上就是一个四合墙的长方形构成物（这是重建和增加的结果），所有房屋全都沿着这条轴线摆开。在它的中心是一个特别突出的对称红墙的复合建体，称为紫禁城，也就是古老的帝都，从15世纪（明朝）开始。主要的入口是向南开的，所有的主要建筑都面朝南方。从象征意义上来说，皇帝的面孔总是处在太阳底下。围绕紫禁城的是皇城，然后是内城。最南端靠近内城的地方是外城。紫禁城与外墙之间的经纬由街道、胡同和方形庭院组成的网格构成：街道的网格大部分都没有变动，但是，老房子现在全都没有了。

两大原则在这里合并形成一个空间层次，集中在政治权力中心和天地之间的中介：皇宫的构成上。第一个原则是顺中央的南北轴线行进，通过一连串的大门、庭院和亭子；第二个原则是封合物的嵌套，一个套在另一个里面。

由于中国最后一个皇帝已经被推翻，中华民国自1912年2月诞生，所以，自此没有人在紫禁城的红色高墙里掌握住了权力（但最后一批皇族人员允许在里面生活一阵子）。然而，古老的轴线仍然在那里，顺着这个轴线走下去，穿越中国历史的多个空间，这也许就是世界上最刺激的城市之旅。在这里，从南向北的顺序是大门、广场和亭子。

1. 永定门（巩固之门）是外城的南大门，也是朝圣之旅的起点。从这里开始，前门大街顺着轴线向北延伸。

2. 前门（正门）是内城巨大的南大门。

3. 天安门广场，接下来是一块巨大的长方形开放空间，它是现代北京的中心。在这条轴线上的还有毛主席纪念堂和人民英雄纪念碑。

4. 天安门跨过一条小溪在广场北侧的中心升起来。这标志着进入紫禁城的入口。皇室的布告就是从这里发出的，现在，这座门塔和它的红墙以及黄色的琉璃瓦屋顶标志着中华人民共和国。

5. 跨过一个小小的长方形庭院就是端门，是一处高高的红色大门，与天安门类似。

6. 午门是一个巨大的U字形建筑，处在一条狭长的长方形封合物的顶端，有林荫大道顺着中心分布。在这里，你会跨过护城河和紫禁城的墙体（有望楼在各个角上）。

7. 跨过有铺石的长方形庭院可以接近太和门（宽度超过长度），还有一条弯曲的溪流和五座石桥。这个门采用的是亭子的形式，是接下来的重要空间的接待室。

8. 太和广场是紫禁城里最大的一个开放空间，也是太和殿的前庭，太和殿是北边中央的一个大堂。它使长方形封合物发展到极点，这里的封合物规模各异，比例不同，都从天安门广场开始。

9. 三个仪式殿在三层的台地上升起，占据着接下来的庭院。

10. 接下来是三个私人殿，这是皇家私密生活区。

11. 御花园是紫禁城里最后和最私密的一个开放空间，也是一处私人园林。里面有极古老的扭曲的柏树、紫藤、牡丹和杏树，构成极其壮丽的色彩。乾隆的藏书室建在这里，慈禧太后也在这里的后墙建了一个石塔，这样她就可以看到远处的街景。

12. 北大门使轴线越过紫禁城的外墙到达护城河。

13. 景山（煤山）由五个亭子构成对称线，是这个轴线上的中心。在现代建筑出现以前，这是北京城的最高点。它提供向南的景致，也可以向回看轴线，向北看到其他的景观。

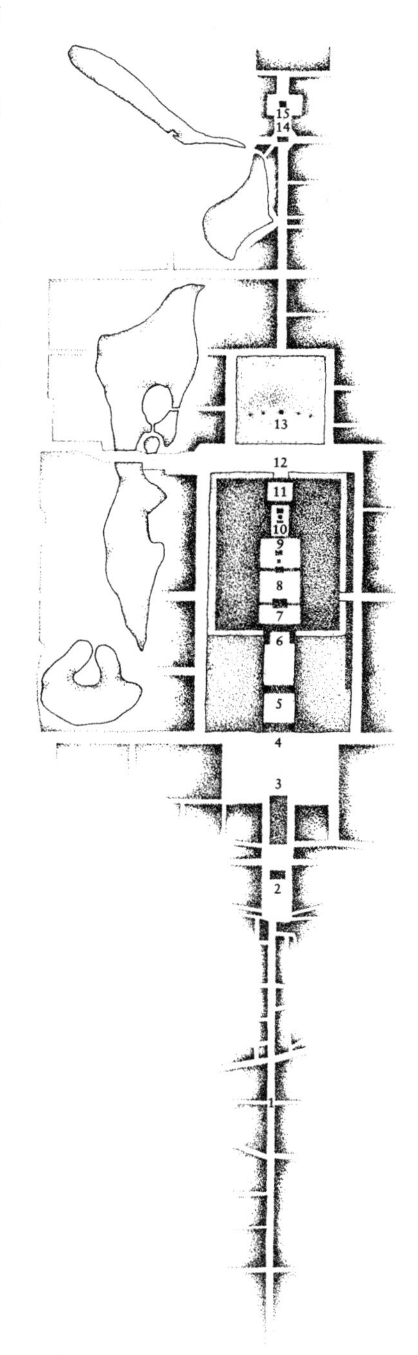

北京城由北向南延伸的轴线上的主要景点

前门大街

前门

天安门广场

天安门

端门

午门

太和门

穿过北京城的朝圣之旅

太和广场及太和殿

从北门向景山看去的景色

中和殿：仪式的宫殿

景山

乾清宫：私人殿堂

从景山向鼓楼看去的景色

御花园钦安殿旁的亭子

钟楼是轴线的终点

北京的园林使大自然自由流动的曲线与儒家网格的严明形成对立：御花园里扭曲的柏树干

14. 鼓楼远在北边，它是一条从景山脚下开始的街道的终点。

15. 钟楼就在远处，它在内城墙体稍南边一点的一个地方终止轴线。

这是最无情的儒家层次秩序。但是，如果看看北京地图，或者站在高高的景山向西看，人们还是会看到挤进这个秩序的一些东西。三座形状不规则的大湖——北海、中海和南海全都卧在这个网格之内。每座湖的周围都有一个公园，有弯曲的小路沿湖铺开：这是符合自然之道的朝圣之旅。

北海在1000年之前就已成为皇家园林，当时是辽、金时代。这里是酷爱园林的乾隆经常到访的地方，1949年之后，这里重新加以修缮之后成为现代北京最主要的公园。它的中心是琼华岛，上有白塔。岛的四周是一个环形路，是一些石铺小径。另一个环围着湖岸弯曲，都在柳枝的拂动之下。这里有荷花、鸭子、亭阁和园林内更小的带墙园林（如颐和园里面的一样），有从东边的景山的亭子借来的景观，还有一面刻有九条色彩艳丽的黄龙的墙壁。在这里，网格暂时被打开了，有温和的风轻轻吹着，也有水从中流过。

在伊斯法罕和北京，你都可以沿着一根轴线穿过城区，四周有对称，你也可以走一条迷宫一样的路线，沿路可以看到如画的风景。但在伊斯法罕，园林沿中轴线对称，而在北京刚好相反。

模式

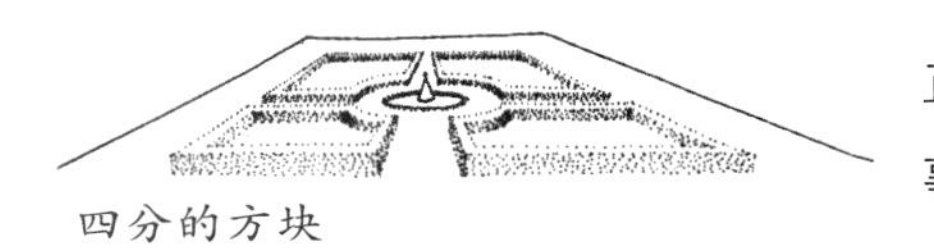

四分的方块

园林的外形，跟文学的形式一样，规模和形状都有不同。正如某些园林，就好像引人入胜的故事情节一样，通过有趣的事件来激发起人的惊讶感，因此可以引导我们。而另外一些园林又用它们的外形、对称和重复以及变化和整体来保持住我们的兴趣，就像韵文一样。

园林基本的对称模式如我们所见的一样是四分的方块，中心有水或雕塑，有小径供人走动或水向东南西北各个方向流动，有规则和严实的周界抵挡住外面疯狂的世界。其他园林在四分的方块当中是由小径构成的，它们本身也许还可以分成四个小方块，小方块兴许还能再分，就这样一直分割下去。这种模式至少早在波斯萨珊时代（公元3~7世纪）就存在了，在西方的中世纪全部历史当中，它就是园林的同义词。

十四行诗节奏和韵律的对称框架并没有引人之处，但是，诗人用他们自己的词和形象一次又一次赋予它新的生命。因此，有模式的园林也是一样。我们并不是被主宰这些园林和很快就能够抓住的简单规则所吸引，而是因这些规则而得以进行的无穷变化和刺激的游戏所吸引。

拉姆园

巴布尔是第一位莫卧儿皇帝，关于印度，他没有多少好话可说。他在《巴布尔回忆录》中是这么写的：

> 印度斯坦是一个极少魅力的国家。它的人民长相很差，在社会交往方面，他们彼此的造访和往来都极少。他们没有天才，也没有什么能力，更谈不上什么礼仪。在手工艺和制作品当中，根本就没有对称、方法或质量可言。没有好马，没有良犬，没有葡萄、甜瓜，没有什么好果子。没有冰，没有冷水，市场上没有好面包，也没有熟食。没有热水浴，没有大学，没有蜡烛，没有火把，也没有烛台……
>
> 除开在深谷和山洞里流动的一些大河和长流水以外，根本就没有其他水源。他们的园林或住处都没有

流水。这些住处没有魅力，没有空气，没有规则或对称。

甚至连他也不能够把这么一个令人失望的地方规整出一个秩序来，但是，他可以在里面建造一个园林，让自己得到一个安歇之所。他就在阿格拉的亚穆纳河河岸建造了这么一个园林，他在自己的《巴布尔回忆录》里还为我们留下了这么一段描述：

印度斯坦最大的缺陷之一就是缺少流水，我一直都在想，应该有水通过轮子流动，在我安营扎寨的任何地方飞流。地面也应该整平，修成有秩序和对称的地方。想到了这么一些目标，我们来到阿格拉的几天后就跨过六月的河水寻找建造园林的场址。那些地面如此差劲，极没有吸引力，致使我们通过那些地方的时候禁不住连连作呕。它们都是那么丑陋和令人不快的地方，使我原本想在这里建造一个四庭园的想法烟消云散，但是，又不得不如此！因为阿格拉附近找不到其他的地方，几天之后只好再找到原来的那个地块。

开始的时候挖了一口深井，引出水来好洗热水浴。也在这里种下了罗望子树，挖好了八角形的水池。之后再挖大池，四周修了围墙。再之后在外层的居住地前面修了水池和会堂，再后是带有园林和种种住所的私人房舍，再后是热水浴。接着，在那个没有魅力和毫无秩序的后面，按照顺序和对称的原理造好了园林，修建了合适的周边，在每个角落还造了花圃，每一个边界都抬升起来，种下了排列整齐的水仙。

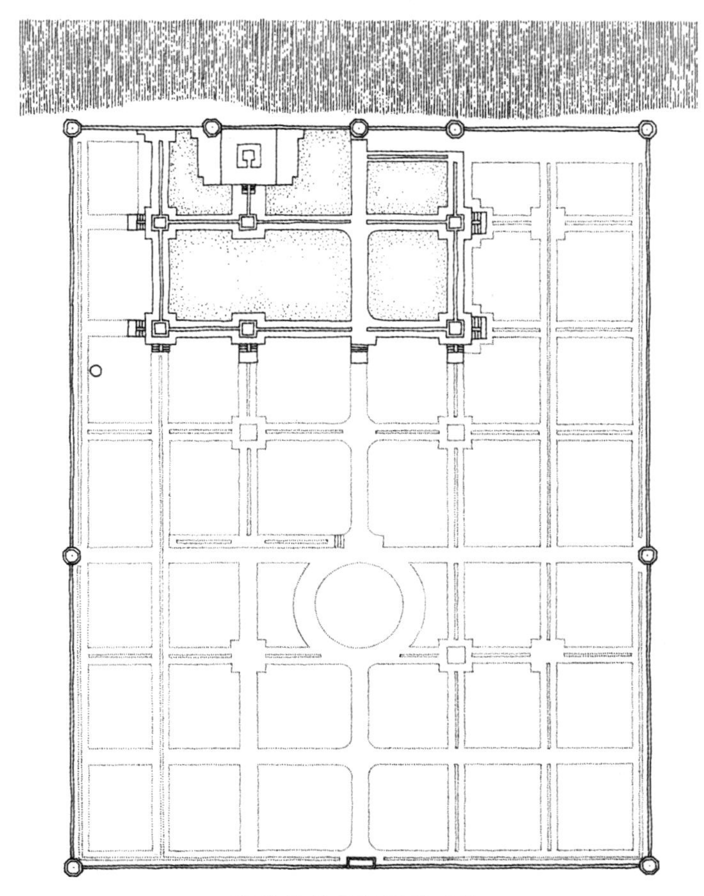

阿格拉的拉姆园的网格

今天称为拉姆园的这处园林也许是巴布尔在这段文字里描述的那处园林的遗迹。它位于亚穆纳河与今天更著名的泰姬陵对岸的一侧。那个城镇的这一部分仍然是“没有魅力和无秩序的”（也许比以往任何时候都更是如此）。来看泰姬陵的一些游客都坐着用自行车改装的满是灰尘的人力车慢慢地观赏莫卧儿园林当中最古老的这一个园林。但在假日，拉姆园是一个拥挤和过节的地方，亲朋好友铺开毯子坐在树荫下抽烟、喝茶、吃东西，正如巴布尔当初一样。树上有鹦鹉和猴子，煮食的味道从数十处火堆上冒出来。热风吹动，尘土飞扬的时候，俯瞰着亚穆纳河的亭子仍然可以提供一处休息之地。

巴布尔来到此地的时候，还带来了他对波斯和撒马尔罕城（这个地方他不时去攻克下来）的四重庭院的园林（四庭园）的记忆，而拉姆园的平面图也是对这种模式的精心发挥，使它变成了由河流构成的广泛的方形网格。靠河边的那一部分抬升起来，形成一个台地，交叉处建有带石砌平台（鸽塔）的十字形运河。今天仍然看得见原来种下的整齐的树木。在这个台地的西边，两个亭子俯瞰着河面，亭子之间有一个岛式平台，就在一个很大的水池的中心。当初，巴布尔就坐在这里，四周有他的周界和花圃（他自己为这个地方取的名字是巴格西加尔阿富斯汗，即“花朵散布的园林”。拉姆园是后来取的一个名字阿拉姆园，即“休息之园”的变种）。台地的边上修的一些斜槽（查达）可将水从运河送到下一级水站。这些斜槽的两边都修有石级，底部有很小的池塘。从这里，运河以石渠的形式继续流下去。

“缺少流水”的问题是靠在西南角的河边挖掘水井来解决的。波斯人的水车（雷哈）用来将水提升起来，贮存在水池里，再用运河分布到各处。在西北角上是一个很大的贮水池，附近有地下洗浴处（哈曼姆）以及蓄水池。

我们今天看到的已成废墟的拉姆园只能够暗示出先前的辉煌，但是，平面图仍然值得人反复玩味。它之所以有惊人的魅力，是因为它能够将亭子、娱乐地和显出极高工程水平的灌溉系统变成一个整齐划一和对称的构图的方法。建筑延伸成为一个园林，同时园林也延伸成为建筑，水的流动使它们彼此连接在一起。

巴布尔急切寻找大量的水，同时也在寻找“秩序和对称”。但是，准确地说，他这么做到底是什么意思呢？从拉姆园的规则排列当中，我们可以推演出很多道理来。但是，我们还应该记住，巴布尔是伊斯兰的艺术传统的继承人，在这个传统当中，几个世纪以来几乎每一种可能的对称形式都曾予以探讨。

首先，有围绕一个点的对称。像水车这样的物体都有围绕一个点的对称，一片树叶（一般）有围绕单轴的反射对称。围绕单独一个中心点的反射（及类似的旋转）对称的轴线数量可以无限重复下去：一个长方形有两个轴线，一个等边三角形有三个轴线，一个四方形有四个轴线，一朵花也许有许多轴线，一个圆有无数的轴线。

方形的四庭园（chahar bagh）有四个边，四条河，四个区，四个对称轴。如果我们将它拉长成长方形，则它的对称就减少为两个。然后，如果我们将交错点移动一端去，对称就会减少为一个。最后，如果我们将交叉点移到中心以外的地方，那就没有对称了。相反的做法是增大对称轴线的数量。波斯人和莫卧儿人都有很好的理由不这么做（方形庭院里只有四条河流出来），但是，文艺复兴时期和巴洛克时期的设计者（比如在卡尔斯鲁厄）却可以自由自在地为了达到辉煌的效果而大量复制对称轴线。

第二种对称可从沿一个轴线的规则重复中产生。这种对称经常称为中楣对称。最简单的一种可以从树木沿着一条直路以规则的间隔栽种时看出来。反射跨过小路的成排的树，形成一条园中小径，你就可以得到第二种了。将这两排树移位，你会得到第三种。总共有七种可能性。

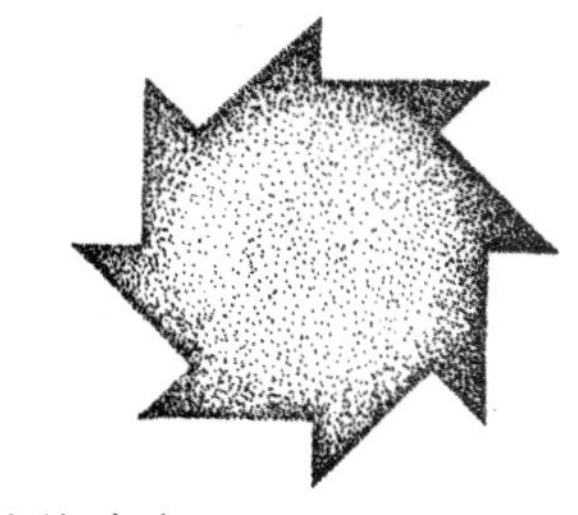

旋转对称

如果树木延伸出来形成一个果园，而且在直交的方向上以同等的规则间隔排列，就会得出一个方形网格。这就是拉姆园的基础。与后来的莫卧儿人齐名的一个相关园林形式就是四悬铃木：这是一个方形，密密种植的悬铃木形成有荫的隔间，有时候，中间还会有一个石制的鸽塔。在纳西姆园，在克什米尔，莫卧儿皇帝沙贾汗复制了很多四悬铃木，形成一个巨大的长方形树林，全都排列在约十米的方格网当中。在这里，隔间变成了一个宫殿。

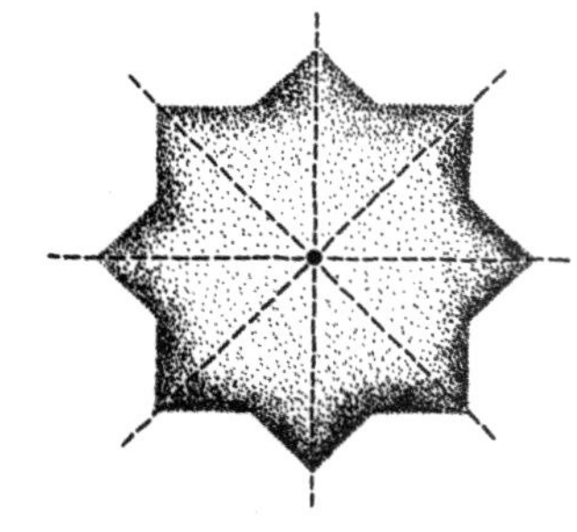

通过一个点反射对称的轴线

我们可以沿着一个方格网的轴线之一延伸或退缩，以形成长方形的隔间。例如，塞维利亚的橘树园里的树林就铺在长方

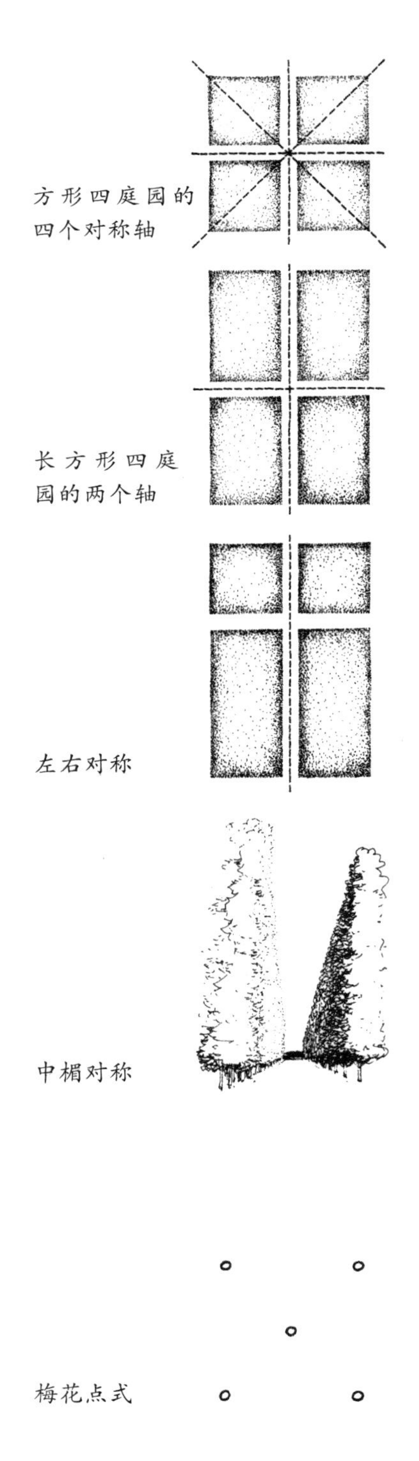

四庭园的对称

形的网格里，沿一个方向的间隔是由树枝的伸展来决定的，在另外一个方向是由灌溉的需要和进出的方便来决定的。

平面网格的另一个可能变形是将每一排都移位，这样，重复的空间单元就成为非直角的平行四边形而不是长方形。如果移位是要严格分成一个单元的一半，那么，传统上称为梅花形的一种模式就会产生。之所以这么称呼，是因为每个点都被四个邻近的点所围绕，形成跟骰子上面的图案一样的五个点组成的一组。这个模式后来很流行，用于莫卧儿人园林陵墓中的喷泉。

英国17世纪的果园（跟伟大的莫卧儿园林当中的一些同时代）经常铺排在规则的梅花形网格当中，这种模式慢慢在园林史上占据了一个特别和令人好奇的位置。17世纪的英国哲学家托马斯·布朗恩爵士写过一篇名为《赛勒斯的园林》的论文。这篇论文的小标题是“对古代梅花形、菱形或网格形种植的艺术、自然和神学思考”。在这篇论文里，布朗恩说，赛勒斯跟古代其他任何一个地方一样，是“极佳和规则的种植处”。他进一步提出，古代人种植的模式是梅花形，说在其完美的梅花形规则形状当中，显示出“天国之城神秘的数学精确性”。

梅花形的平面网格是两个方格网的互相叠加。这是科尔多瓦清真寺的树林所遵循的种植模式，在这里，一个方形网格里种植有棕榈，而另一个方形网格里种植有橘树，橘树就在棕榈提供的荫处生长。

将一个梅花形平面网格拉长就形成第五种也是最后一种模式——等边三角形。由于密密地排列在一起的统一的圆圈的中心排在等边三角形的顶点，结果就成为中心点灌溉系统形成的绿圈最有效的模式。在这样一种排列当中，不能够灌溉到的土地的面积就减少到了最低水平。由于大部分树的枝叶分布都呈圆形，这个三角形的平面网格也就是果园里植树最密的一个地方。

墙纸对称的模式，比如清真寺的砖面纹饰，也都是在如上

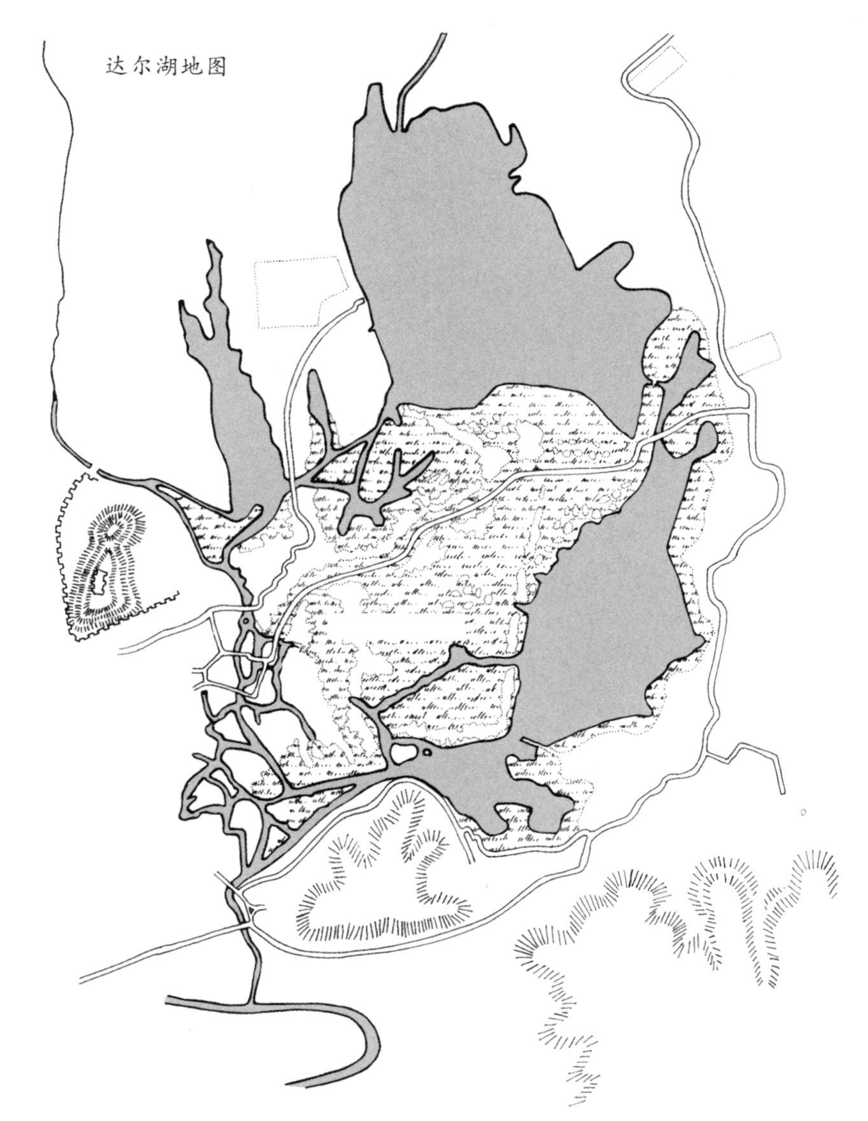

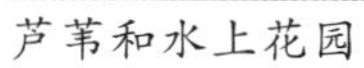
芦苇和水上花园

莲床

云的倒影

达尔湖的湖面

五个规则平面网格的基础上构成的。几何教科书上说，只有17种不同的墙纸对称。波斯人、莫卧儿人和摩尔人的装饰艺术家都找到了全部17种图案，他们摸索了每一种图案里面的可能变换，并使它们进入了亭台和陵园的墙体。在地面，它们就成了铺路图案。

这些规则的空间模式能够在园林设计当中起到诗歌中的规则音步模式一样的作用：俳句的17音节（5—7—5）对称、头韵和谐音、和声和节奏、短长格和抑扬格、抑扬格和强前格。亚历山大·蒲柏有不同意见，他说（当然是用短长格五音步韵律双韵体来写的）：

> 没有悦目的错综复杂可穿插其间，
> 没有艺术的野性令景物多变：
> 树丛彼此叩首，小径互为兄弟，
> 一半的平台是另一半的台地。

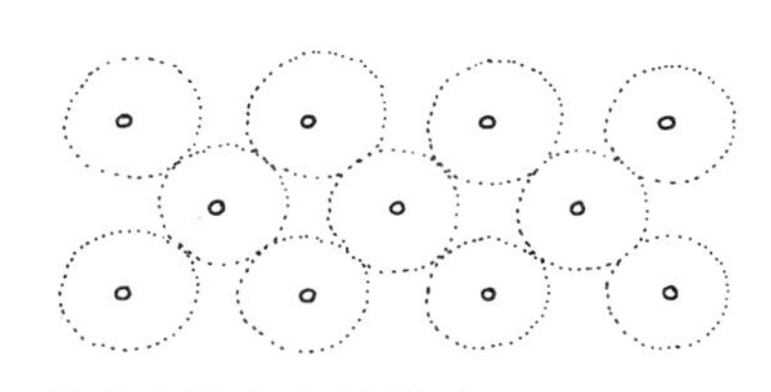

圆周的最小空间排列

树木组成的网格

蒲柏在暗讽，说对称的园林是不动脑筋按照人造规则布局的，结果可想而知是枯燥的。但是，形式园林的大师们跟规则诗句的大师们一样，都明白对称和对等可以支持意义的结构，因为它们可以形成一种设计的各部分之间的同等和对照，他们也懂得从一种模式或其中的变化当中得出的变种可以用来表示特别的意义，也明白一种有模式的片断可以指明更大的一个整体。没有这些规则，这些游戏就不能够玩下去了，也永远无法赢得胜利。

克什米尔的水

巴布尔在拉姆园为自己修造好一个有秩序、对称和有荫的方形庭院，他的后继者会从印度的暑热和混乱当中找到更安全的一个藏身之处：阿格拉和喜马拉雅山脚下的德里北边的克什米尔河谷。克什米尔长约90英里，四周有高高的山峰和山脊。它向西南边倾斜，杰赫勒姆河流贯其中，在皮尔旁遮斯汇入一个峡谷，最后流入旁遮普平原。河谷谷地上有两座面积很大的浅湖，乌拉湖和达尔湖，湖畔有密密的芦苇和莲花。贾汉吉尔皇帝在他的《日记》中写到了这个地方：

> 克什米尔是一个永恒春天的园林，或者是帝王宫殿的一个铁叉，这里有悦目的花圃，有令苦行僧人心胸开阔的传承之物。它可爱的草地和迷人的瀑布远非人类笔力所能形容。有奔流不息的溪水和无以数计的喷泉。眼力所及之处，皆是一片青葱和不止的流水。红色升腾起来，紫罗兰和水仙自行生长，在田野当中，有各种各样的花和发出甜香的药草，这一切哪里是轻易能够描绘出来的。

皇帝阿克巴尔是第一位远征克什米尔的人，然后，阿克巴尔的儿子贾汉吉尔及其后继者在那里建起永久性的夏宫。在春天，冰雪从山口彻底融化以后，他们就可以顺着旁遮普平原向上进发，一直到达这片凉爽的绿色高地。然后，他们会在冬天的第一场雪再次锁闭山口之前回到南方去。

不过，巴布尔的方形庭院构思不仅仅涉及流水，而且还有对称。因此，莫卧儿人通过建造游乐园而完善了这个地方。在这些园林里，阿尔卑斯的草地变成了有模式的花的原野，湖泊变成了人造的池塘，溪流变成了运河，夜莺的啼啭回荡在阴凉的亭阁之间。

但是，园林场址在山坡上，溪流从山上流下，而不是平地，水无法在这里的池塘或水井中流动。从逻辑上来说，水源是从四庭园中心传统的定位中流走而到达上山的终点的。方形变成了下山的长

克什米尔的风景在蛇地园附近形成一个规则的模式

克什米尔的一处天然池塘和草地

亚克巴的一处对称池塘和草地

方形，其反射对称只是围绕在中心水轴线的附近。

地面不再平坦了，投入了一连串的下降台地。巴布尔以前只用最小的坎儿井就可让他设在河边的平台下降至地面，现在有机会做更大的瀑布，即中央的河流跨过台地墙体的地方。现在的水也更多了，还有更好的水压，因此，瀑布可以快速地流动，而且（通过水管）由重力操纵的喷泉可以用来在其脚下喷射。

水的下落编织成了极复杂的形状。有时候，水会闪光，形成一层透明的水帘，显现出隐藏在后面的景色，或者闪耀出背后的色彩。有时候，水又变成极细的飘动的喷雾，有时候还会微微闪动，或者发出溅落的声音。坎儿井的表面被刻成了浮雕的样子，那是有卵石的山溪的溪底造成的各种形状，这些浮雕的造型千差万别，以形成闪闪发光的雾膜、扭动的长流水、结霜的小水泡、多泡的斑纹、互相交织的喷射、水的突起和下陷、飞动的水珠、激溅、小河或者有惊人浮泡的激浪。

在水轴的交叉处建一个亭子，或者在角落上建一些四方形亭子，也有可能出现一大批对称的亭子，还有一些座位骑在现在非常突出的中央轴线上，并顺着山坡上升。或者，亭子或座椅也有可能以对称的形式出现在这根轴线的两侧。当然，它们也可以放置成最佳的效果，一般是靠近景点和有落水的声音的地方，并且在其凉爽的喷水处的范围之内。交叉处可以变成成排规则的踏脚石。

中央的河流有更大的水体，需要加以放大，有时候还需要复制，而交叉的河流的重要性却被缩小了，有时候还予以彻

克什米尔的一条溪流从山坡上的源头流下来

蛇地园的一条对称溪流

天然山坡下降至达尔湖

园林台地在尼夏特下降至达尔湖

山上的瀑布

对称的瀑布：亚克巴的一处坎儿井

沙拉马尔的一处有鸽洞的对称瀑布

山中溪水形成的天然图案

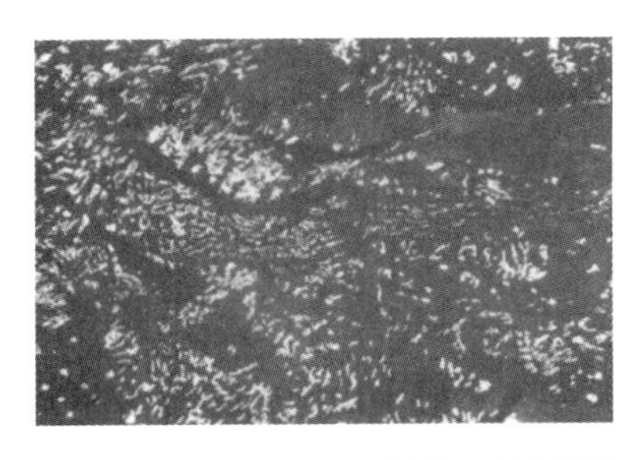

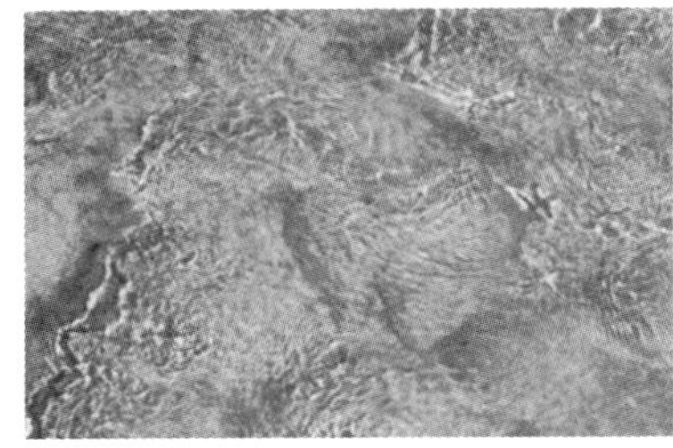

查斯玛萨伊的一个坎儿井
对称的表层模式

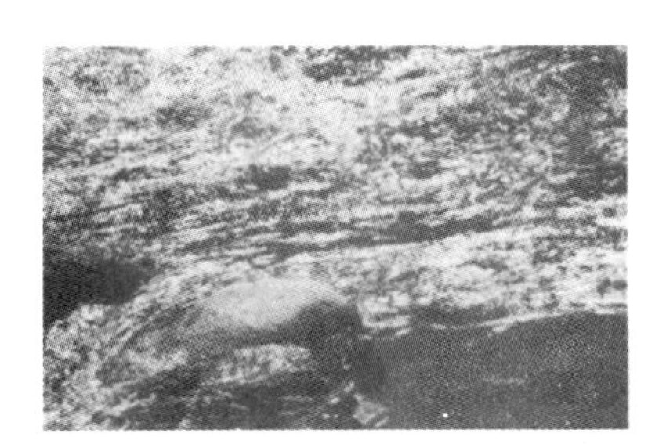

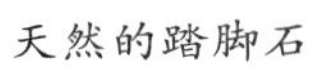

天然的踏脚石

沙拉马尔对称的踏脚石

底消除。悬铃木可以规则地种植成排，可在河流的两侧种植，以便让水横向的连续流动与垂直的连续不断的敲击节奏保持平衡。

园林朝山下（谷地或湖岸）的一端一般是最容易进出的，因此，这就成为入口。从这里开始，有一个上山和上溪流的行进，是通过由台地墙面形成的连续的封合物行进的，而这样的封合物可用来组织一个从公众场所向私人处所的转换。最公开的台地就在底部，在入口旁边，而最私密的地方（一般是闺房）就在最不容易出入的顶部。

我们所画的图纸显示出这些莫卧儿人在克什米尔修建的现存的快乐园地。沙拉马尔是一处极漂亮的皇家园林，一直通往达尔湖的湖岸，它从贾汉吉尔皇帝的统治时代开始，再由其继承人沙贾汗延伸下去。尼沙特有更陡的台地，它是女皇努尔汗的兄弟阿什拉夫可汗建造的，就在湖岸边，一直到沙拉马尔的南边，并靠近斯林纳佳城。这是克什米尔的莫卧儿人造的快乐园最伟大的两处园林，稍后，我们会更详细地探讨这两个地方。

小一点的园林（但也值得人注意）是查斯玛萨伊、阿查巴园和维纳格。

查斯玛萨伊（皇家之泉）建在尼沙特的南边，在高高地俯瞰着湖面的山上，是由沙贾汗的统治者阿里·马丹·可罕修建的。它在规模上比沙拉马尔或尼沙特都更私密一些，事实上，它只不过是围绕泉水的十二门亭的一个台地前院。它的荣耀之处在于，它是顺着其中央轴线流动的一处伟大的坎儿井。

阿克巴尔是一处有森林的山坡，里面有丰富的水源，还有一个园林，日期远到贾汉吉尔的时代。坎儿井在这里成为咆哮的瀑布，还有坐着听水声的地方：一个两层的十二门亭，就跨在轴线的中央，另一处在一座岛上，巨大的石制鸽塔斯有古代的悬铃木提供阴凉。

克什米尔所有剩下的莫卧儿人园林当中，最简单的一处，

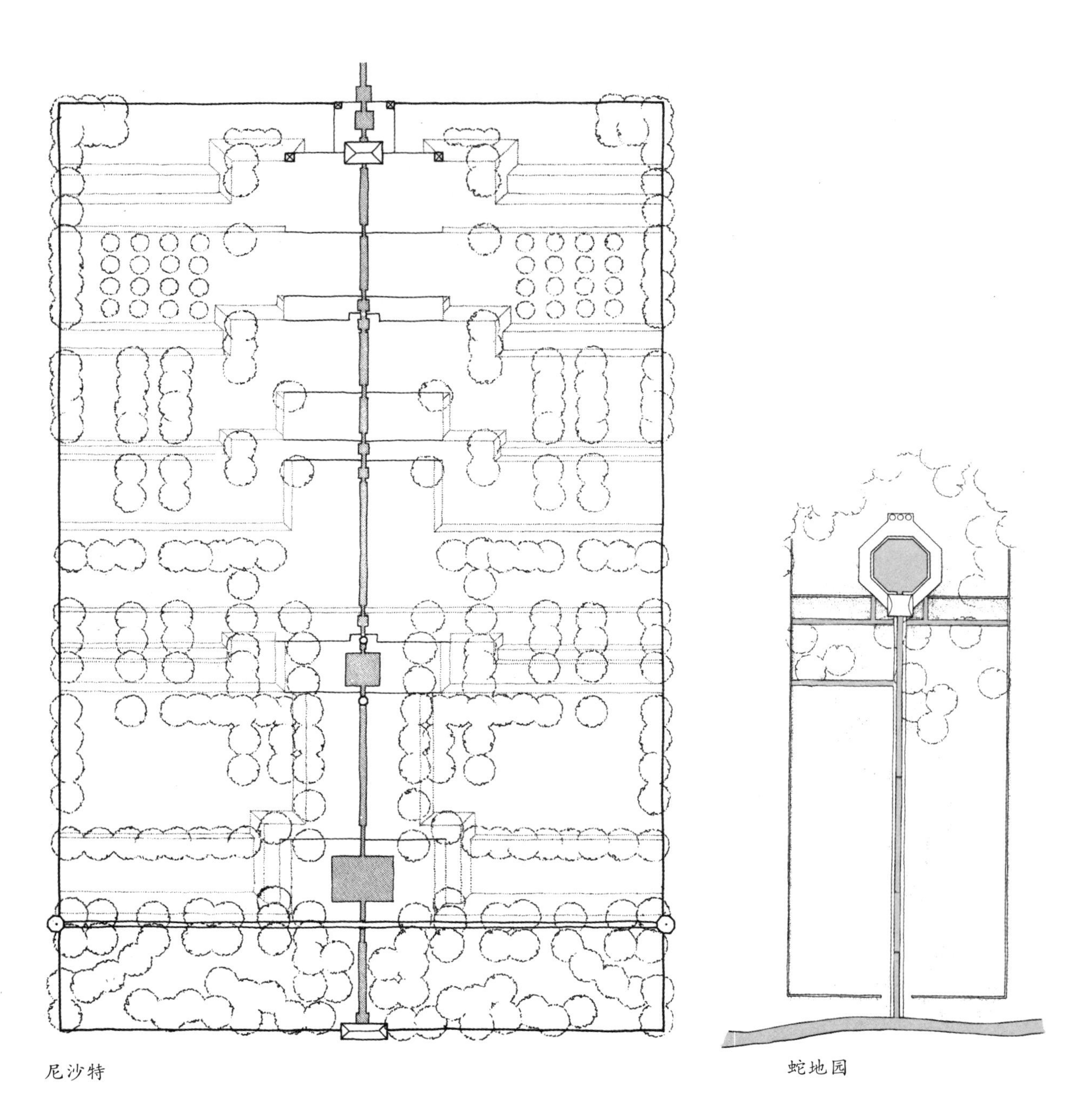

克什米尔乐园游戏：按同样比例缩小的平面图

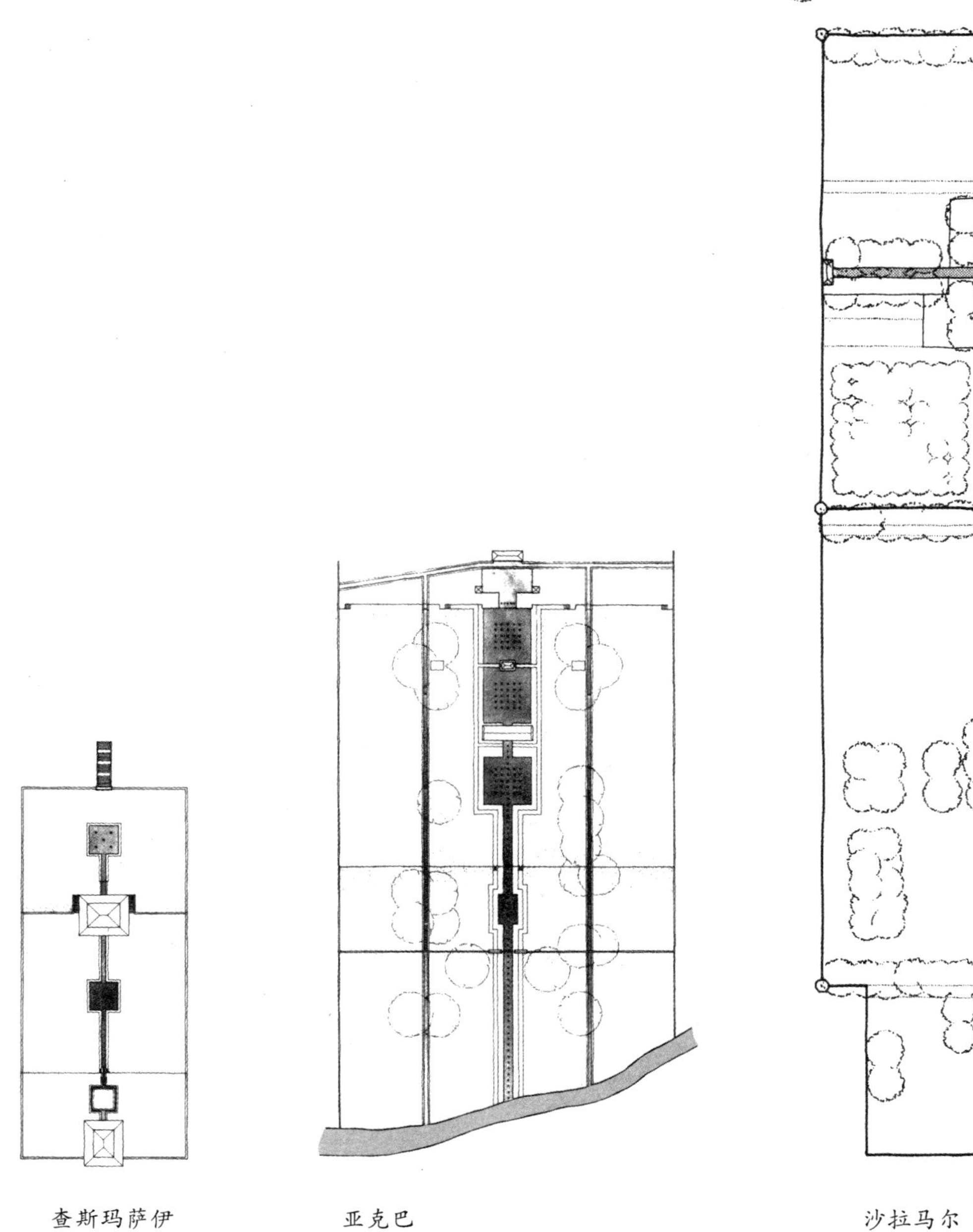

查斯玛萨伊　　亚克巴

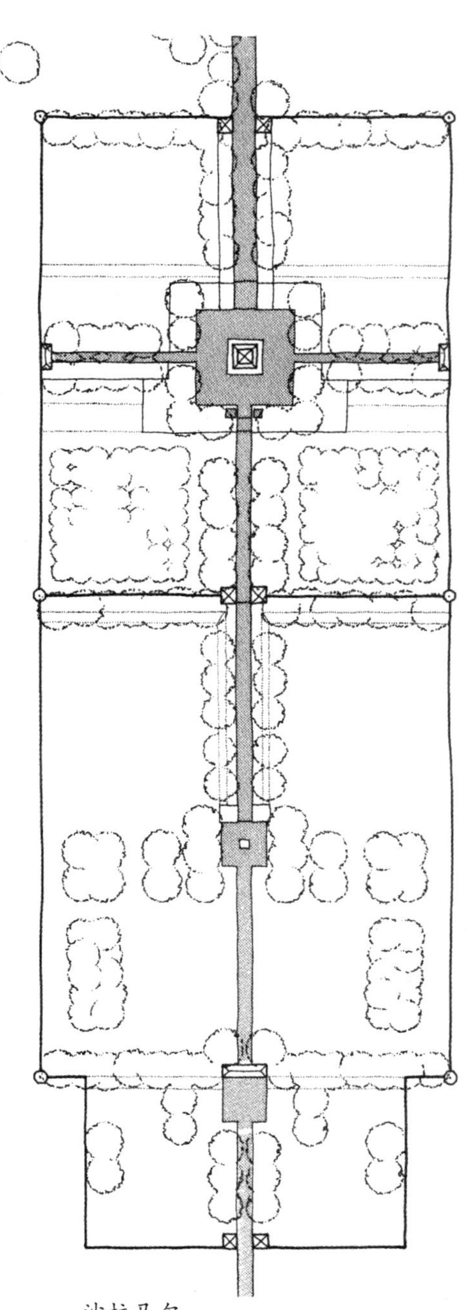

沙拉马尔

也是最偏僻的一处在蛇地园，就在通往印度平原的巴尼哈山口的山顶附近。这个地方是一片缓坡草地，在一处有松林覆盖但也很陡的山坡脚下。水从这里流出来，收集在一处很深的，几乎是透明的八角形蓝色水库里，这里有成群的鲤鱼来回游动。这个池子周围有凉爽的石拱围着，这样，唯一的景观就是顺着河口，在映衬着天空的地方高高升起来的山坡。从河口开始，水流动非常之急，一直到一条直直的运河里，在草地上流动有一千多英尺远，然后消失在一个鳟鱼溪流里。花圃和安宁的草坪在两边延伸出去。

贾汉吉尔是伟大的园林建造者，1627年，他在靠近蛇地园很近的一个山口上死掉了，就在每年一度去到平原的路上。他最后的愿望是回到蛇地园，并埋在靠近泉水的地方。但是，跟卢梭一样，他注定要躺在更大的一个坟墓里。因为明白大雪将会封掉山口，他的随从人员将他的遗体运到了拉合尔，努尔汗在那里树起了大理石制的皇帝道路。

这里的每一处园林都是根据同样一个对称原理建造起来的。它们的建造者与严格的规则玩了一些游戏，因此，在某种程度上，我们准确地知道会看到什么样的一种情形。每一个园林的独特之处以及快乐，都来自它牵涉人们的这些期盼的特别方式——有时候是肯定，有时候是摸不着门径，但总是会想出办法来预示当地的场所精神，以纪念水的流动：在查斯马萨伊有水的溅落声和叮咚声，在阿克巴尔有冲刷和咆哮声，在蛇地园有旋转和透明的深度，在沙拉马尔和尼沙特有精美的瀑布流向莲花开放的湖里。每一处园林都是对一个构思的诗意的更新。

沙拉马尔园

沙拉马尔（梵语中的“爱之所”）是克什米尔园林当中最著名的一座。贾汉吉尔本人是这么描述这个极漂亮的场所的潜质的：

走近沙拉马尔

> 沙拉马尔靠近湖边。它有令人愉快的溪流从山上流下来，一直流淌到达尔湖。我嘱咐我的儿子库拉姆筑起坝来做一道瀑布，这样看起来会更美。这个地方是克什米尔的景致之一。

这个园林的布局是1619年由贾汉吉尔开始的，几乎与附近的斯利那加城同时建造起来，1630年，它由统治者扎法尔可罕按照沙贾汗的命令延伸到了北边。后来，帕坦人和锡克教的统治者将它当做一处游乐场所，欧洲的游客也在兰吉特辛格哈统治时期开始出现在这里（兰吉特辛格哈将这些游客安置在大理石制的亭子里）。最后，大君哈日辛格哈在这里安装了电灯。今天，这是一处游人甚多的公园。

贾汉吉尔在这里建造一处爱的居所是极其适当的。他那丑闻不断的过去包括与美丽的女奴阿娜卡莉（石榴芽）的一次媾和。这次事件结果很差，因为他的父亲阿克巴尔抓住了贾汉吉尔和阿娜卡莉在镜子里相互微笑，因此将她活埋了。然后，在拉合尔，贾汉吉尔遇到了波斯美女梅尔乌妮莎。他把她的丈夫谢尔阿富甘处置掉以后，于1611年娶了她，她也就改了努尔汗（世界之光）这个名字。她每年都陪他一起进行克什米尔的朝圣之旅。

沙拉马尔跨过一条浅浅的沟壑，群山在四周升向天空，默赫代奥的雪顶构成背景幕。正如克什米尔是一个四周有山围住的地方一样，这里的园林也处在一个封合的范围之内。最开始，共有三处方形的块。最低的一处现在已经因为修筑现代公路推平了，当时是入口。在它的上面，屹立着迪万尼安姆（公共大厅）、皇帝经常坐在那里的御座里当众讲演的十二门亭。接下来是皇帝之园，里面有迪万尼卡哈斯（私人大厅），朝廷的成员可以进到这里来。（这个建筑现在已经拆毁，但是，它的石基仍然保留着。）最后是萨纳纳园（女士园），里面有沙

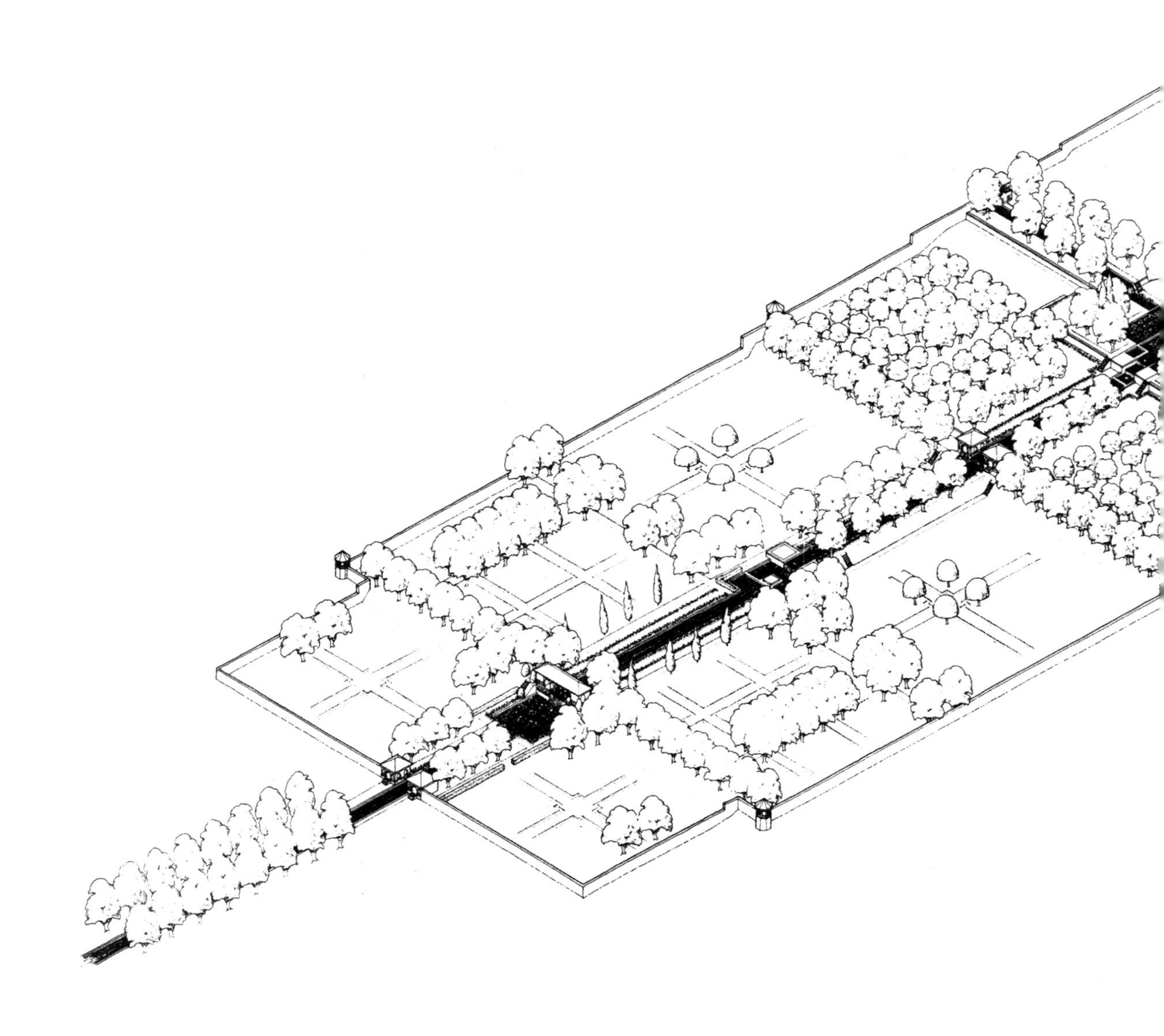

沙拉马尔园（全景、建筑及台地、水、种植）

通过一个模式而进入水源的朝圣之旅：

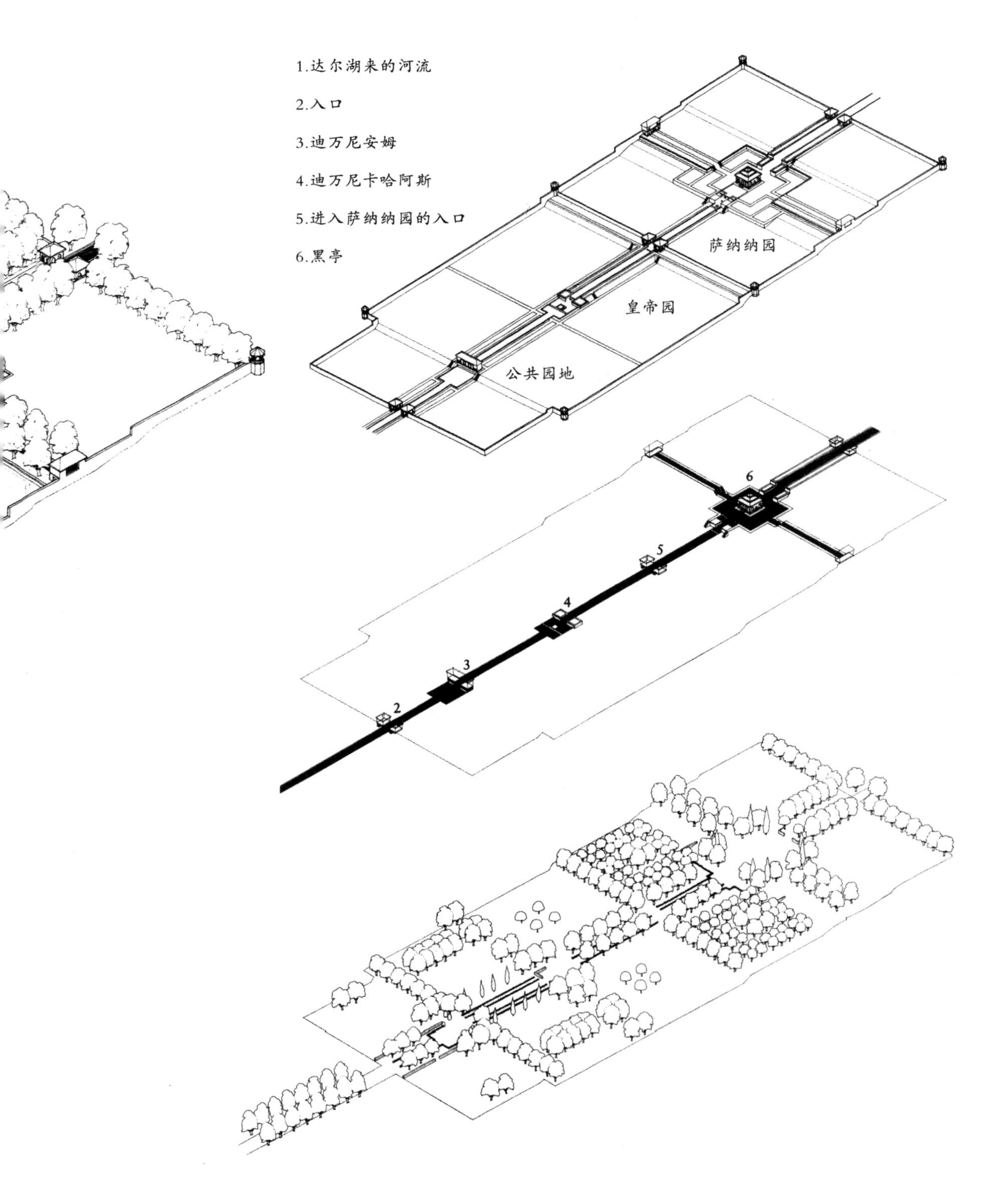

贾汗所建的极漂亮的黑亭。这明显是莫卧儿人用作餐厅的一个地方。

地面的自然下降一向就被利用来形成一系列的台地，台地一直通往湖中。台地之间的高度会有变化，但变化很小，而且有低墙形成一定的形状。

贾汉吉尔筑起大坝的山溪已经成为一条又宽阔又直的河流，它沿着园林的中央轴线流下去，最后倾入湖中。方形的池塘在亭子下面形成，让人想起克什米尔谷地宽阔的河流流入湖中的情景。第二条轴线跨过皇帝园林和萨纳纳园中的池塘。总之，它们都是采用古典波斯人的四庭园的形式。

喷水口标志着河流的中心，一排喷水口盖住每一座池塘。今天，它们都是些薄如羽毛的水雾，但在当时，它们是实实在在的水体。它们在瀑布的底下更为密实，在这里，水头足以确保喷出像样的水来。

在河流跨过一个台地墙体的每一个点上，都有一个瀑布存在。平静的水面从表面突出起来，小型的凹陷处会切入其中。这些凹陷处在特别的节日里会盖满鲜花，在过去，它们还会在晚上装上油灯。萨纳纳园的黑亭前面的运河源头三面围着瀑布，成为一个水花溅满的地方，看上去总有光屁股的儿童在这里嬉水。

主要的通道设在运河的两边。这当然意味着，你无法走在轴线上，总是稍稍偏离一点点。交叉轴线的交叉点很少，它们都还标记着大规模的仪式。第一处交叉点在迪万尼安姆，皇帝放在荫处的大理石御座就放在运河的中心。萨纳纳园的黑亭可通过一条狭窄的石桥走到，石桥一直通往喷泉的田野。只有鸭子才能随随便便地从这里通过。

走道有规则大道上的巨大的悬铃木的树荫盖着，两边都有平坦的、不规则的草地，草地里面有草、花和果树。水和得到灌溉的土地的基本组织跟今天仍然能够在克什米尔看到的一模一样，只不过现在的果园和菜园小得多，也不太正式。今天，沙拉马尔的草地是按不太正规的样子保持下来的。但是，在贾汉吉尔的时代，它们都是整齐划一地组织起来的，有几何学上的精确性，就跟种植地一样。

要造访沙拉马尔，最好回避公共汽车和从斯利那加开出来的出租车。人们应该在纳西姆园坐一种叫什喀拉的船（当地的一种船），它就在达尔湖对面的湖岸上。什喀拉可在莲叶之间缓缓划动。晨雨之后，莲叶罩在闪闪的水光里，在湖中心进入死一般的寂静。有时候，会有载着一大家人的船只朝哈兹拉特巴尔的重要的清真寺划去，或者有渔人撒网捕捉生活在芦苇里的鲤鱼，但是，他们很少会打破群山在湖中的倒影。靠岸的时候，沙拉马尔和尼沙特显现出长方形的方块，一片悬铃木的青色，映衬着山坡的暗灰色。在湖岸上，一片沼泽地里布满迷宫一样的渠道，彼此被高齐人头的灯芯草构成的岛屿隔开。然后，什喀拉进入运河长达一英里的直河道：这是接近沙拉马尔的正道。通过成排的悬铃木之后，你就可以到达园林的脚下，会有很多老人和孩子站在岸上看着。

黑亭

在最底层的那个方块内，迪万尼安姆显现出来，它在运河的顶端呈现出莲花的粉红色。然后是有荫的缓坡，通过了迪万尼卡哈阿斯的御座和两个较小的守卫亭，这些亭子都摆在运河的两侧，在黑亭处数量最多。这个地方高过了喷水雾的那片地方，完成了从对岸的莲花中间开始的那根轴线的行进过程。在这里，有一个深深的阴影，还有水的响声和反射。景致从四个方向打开，同时，凉爽的空气从池塘和瀑布边缓缓吹过。

四方形庭院在平坦的地上建造成功的时候，焦点和要去的地方一般就是池塘或处在中心位置上的喷泉。这样一个园林以微型形式再创了沙漠民族来到沙漠并穿透绿洲心脏的体验。但在沙拉马尔的山坡上，中央的轴线拉长了，园林的心脏移位到了上坡的那一头。在这里，规模和场面宏大的体验再次让人想起莫卧儿皇帝每年一度的克什米尔之旅——它的开始处在外部

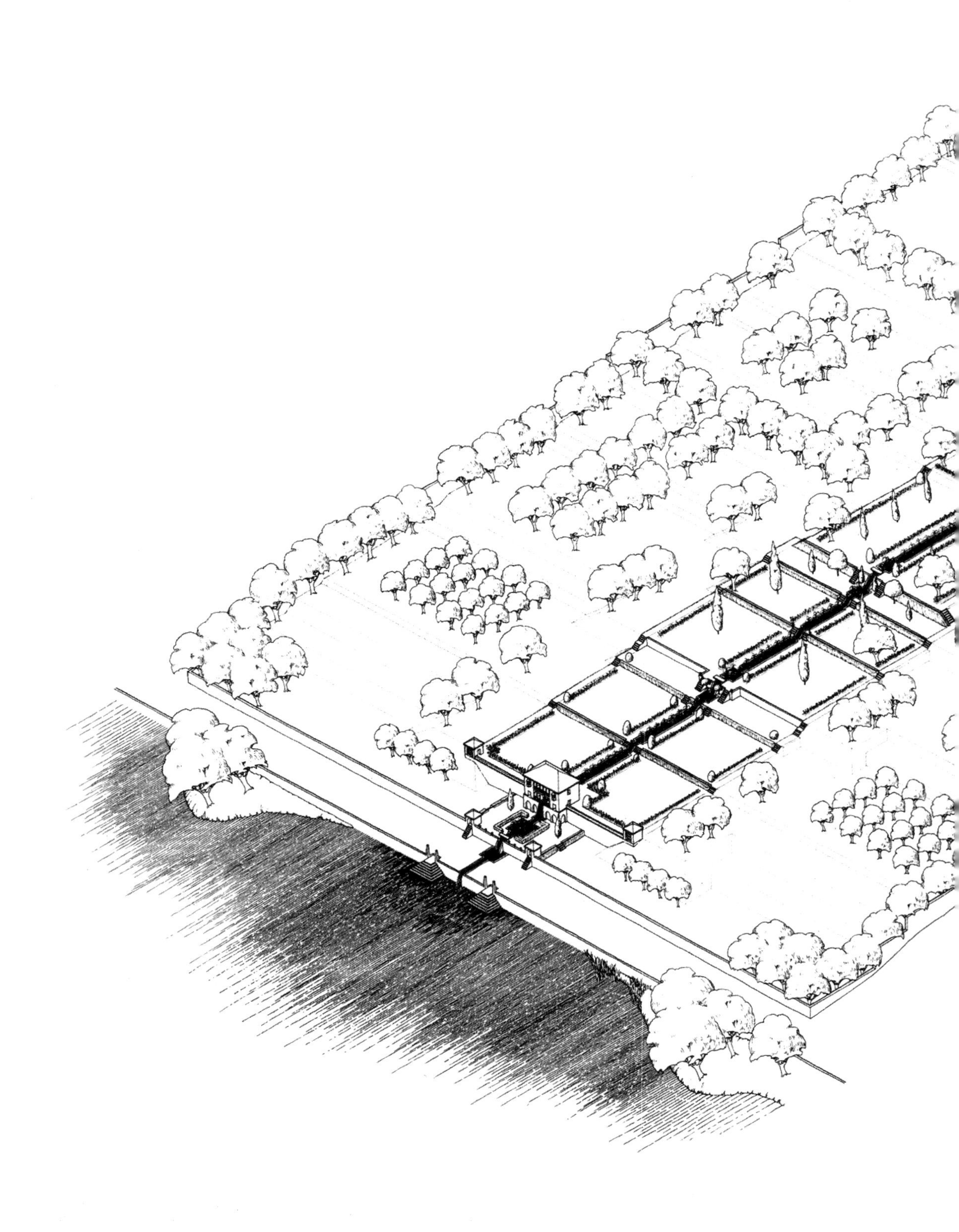

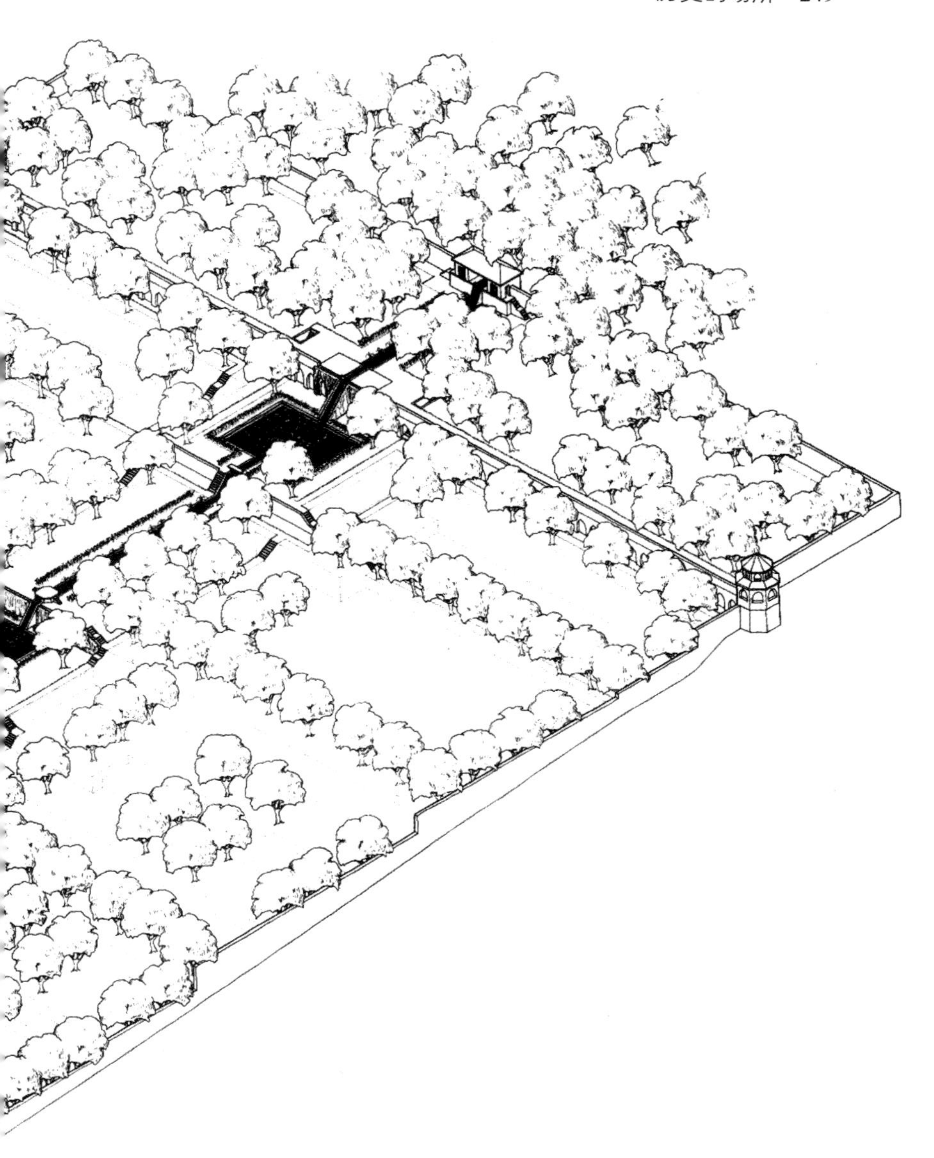

尼沙特（全景）

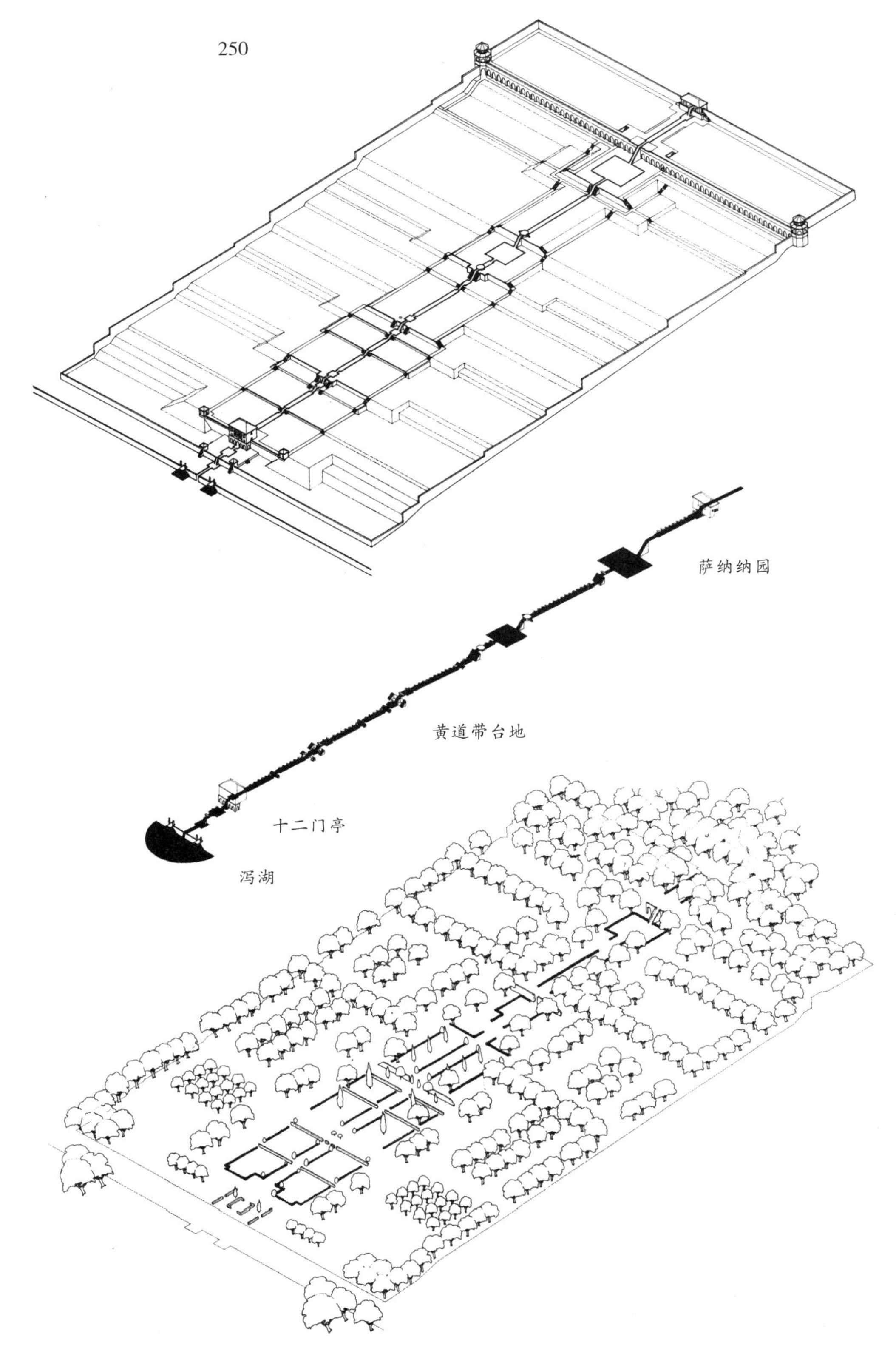

尼沙特（建筑及台地、水、种植）

的世界，交叉处（通过山口）在田野、花朵和结果的树木的封闭范围之内，而后通过水路上升到一个凉爽的避暑之地，最后回到低地。

尼沙特园

走近尼沙特：达尔湖里的倒影

尼沙特的台地

尼沙特在类型和规模上都跟沙拉马尔一样，它起源于同样的建造蓝图，并且是在同样的一个皇帝统治的时代在附近的地方用同样的材料建造而成。但是，由于尼沙特不是皇家园林，它也并没有得到像沙拉马尔一样在空间的礼仪层次。总共只有两个部分：低处的快乐乐园和上面的萨纳纳园。

这个场所比沙拉马尔更陡，它与湖的关系也更加密切。这里没有田野和沼泽相互交错。这就形成了一个入口的泻湖，它意味着，台地必须更高，更狭窄，数量也更多。共有12层台地，对应于黄道的12个标志。

高度水平的转换并非通过又宽又低的鸽洞瀑布实现（沙拉马尔园那样），而是依靠又窄又高的坎儿井。这些石头管槽倾斜的表面都刻着浅浅的浮雕，都是一些规则的几何图案，山溪溪底的质地形成的造型。溪流干涸的时候，它们会形成微妙的光与影的模式；潮湿的时候，它们会闪出光芒；水流动的时候，它们会翻腾出浮泡和水雾，形成白色的花饰。在坎儿井两侧的是台阶，台阶之上，跨过运河的是石座。

尼沙特跟沙拉马尔一样是朝圣之旅，也是一种模式。跟在韵文中一样，它的对称会按顺序展开和完成自我。这首诗以接近开始，通过什卡拉，从达尔湖对岸的纳西姆园的树丛开始。这条路通过浮动的园林（西红柿和西瓜在漂块上密密地生长）和供人游泳用的湖中小岛。一拱尖尖的、只有一孔的石桥立在环绕此地的河湾上，静水里有对应的图像，这是通往开满莲花的泻湖的入口。园林台地里满目青灰和莲花的粉红在岸上戏剧性地堆积起来。

十二门亭（早至大帝时代）曾立在这个入口台地的源头。我们已经在图纸中显示过这个地方，在本世纪的头几十年当中，康斯坦斯·维利亚–斯图亚特为我们留下了这样一段迷人的文字：

> 尼沙特园的第三道台地上的十二门亭是一栋两层的克什米尔建筑，立在早先的一栋建筑的石基上。较低的一层长约59英尺，宽48英尺，两侧由格子木窗封住。中央有一个水池，约14英尺见方，3英尺深，里面有5个喷泉，靠近中央的那一个是这个园林里唯一遗留下来的石制喷泉。在夏日里，很少有比这种克什米尔园林之家的喷泉堂更迷人的房间了。有刻纹的木制家具在水雾的喷射中呈现活泼的色彩，与暗青色的流水形成悦目的对照。通过带格子的拱门，可以掠见明亮园林台地的影子，还有瀑布映衬在群山背景上的闪亮的白色。朝湖里看去，湖水在阳光照耀之下波光粼粼，谷地的景致收束在模糊和大雪封顶的山峰之内，那是皮尔旁遮斯最远处的地方。攀爬蔷薇在绘彩的木制廊柱上成对缠绕，它们奶色的花朵透过格子的开孔露出笑意，在微风中低头颔首。整个漫长的下午都有微风掠过湖面，将花香不停地刮过来，与不停喷射的喷泉水雾融汇一片。在亭子下面的台地上，按照古老的习俗密实种植了大批的波斯丁香，也即花叶丁香。

经过十二门亭之后，快乐园的黄道带台地朝萨纳纳园的高墙爬去。从底下看去，它们都是很矮的墙，是透视的效果，看上去是一道巨大的瀑布。当你上升，园林不断呈现在眼前，一个平面接着一个平面，就跟早晨的一朵花一样。在每一个阶段，你都可以坐在石凳上（莫卧儿人就在这些石头上支起他们的帐篷，铺下他们的地毯），听听声音，感受脚下的坎儿井的喷射。可以看底下绽放的花坛，可以看远处湖面不断扩展的景致。最后是有拱廊装饰的高高的石墙，两侧有八角形的露台。萨纳纳园是一处浓密有荫的树丛，它的景致一直掠过水面，到达阿克巴尔在哈日巴特建的城堡，这座城堡屹立在湖对岸的一处山坡上。

从十二门亭的鲜花到萨纳纳园的阴影及一直爬上山的12处对称的黄道台地，由一个双韵体封合构成，其实那是天上的云彩，还有云彩在莲花铺满的湖里的倒影。

莫卧儿人的陵园

《古兰经》允诺，诚信之人得在果实累累、凉爽宜人的天堂享福，并具体描绘了等待他们到达的那些引人之处。第76章明确地说，他们将“靠在床上”，“不觉炎热，也不觉严寒”。第47章描述“其中有水河，水质不腐”，另有酒河，有蜜河，还有乳河。第55章讲到园林、绿草地、棕榈树和石榴，“有许多贤淑佳丽的女子”，“蛰居于帐幕中”。

伟大的莫卧儿人在园林中建起了陵园，是按照他们得以许诺的天堂的样式建造的。在他们活着的时候，这些园林用来当做游乐场所，在他们死后，它们就成了进入天堂的入口。通过这一方式，天国和人间就彼此连接起来了。

巴布尔是莫卧儿人的第一个兴起在园中兴建陵墓的传统的国王，他最开始埋葬在阿格拉的亚穆纳河岸上（也许是在拉姆园）。一些年之后，尸体搬到了喀布尔，重新安葬在一处较好的山坡园林的小坟墓里。如他所指令的一样，坟墓一开始“向天空开放，上面没有建筑，不需要看门者”，但是，这个地方现在已经为一座现代化的建筑所覆盖了，所有园林的痕迹都已经消失了。

德里的胡马雍墓

西康德拉的亚克巴墓

阿格拉的伊迪马德乌德道拉墓

阿格拉的泰姬陵

四庭园的石制陵园

巴布尔之子胡马雍以及后来的数位莫卧儿王的陵园都更壮丽一些。所有这些陵园都是同样一个基本模式的不同变种。每一座墓园也都是设在四庭园背景里的精美的石制陵园。在这样一种形式当中，融汇了数个传统。壮丽的墓园建筑一直是莫卧儿人的帖木儿帝国祖先的传统，而帖木儿自己带有穹顶的坟墓仍然立在撒马尔罕。四庭园，如我们所见，组成了从天堂流出来的四条河的图案，另外，印度神学（莫卧儿人当然知晓这种神学）谈到了圣山梅鲁，从这里也有向北、南、东和西面的溪流，构成了一个庞大的十字。在拉姆园，巴布尔展示了亭子、台地和水系如何可以并处一处，形成一个统一的构造。

但是，这些莫卧儿王的陵墓比普通的园林亭台规模宏大得多，也不太容易归入四庭园中间去。游戏的规则提出了一个形式上的问题，必须予以解决——正如希腊建筑师必须解决围绕着一个角落的三竖线装饰问题，拜占庭建筑师必须面对圆顶穹窿横在方形房间的矛盾，意大利文艺复兴时期的建筑师不知道如何将传统的正面与一座教堂的长方形中殿结合起来一样。德里的胡马雍墓展示出一种解决方案。这是块极大的红色沙石，有大理石的亭子，架在一处高高的方形平台上，再有一个球茎状的穹顶盖在上面。更小的圆顶支在柱子上面，摆在中央穹顶的两侧。为了保持比例，周围的四庭园以相应的宏大规模铺开。如果只有传统的四条灌溉运河在中心得以利用，则园林的角落会留下来，远离任何一处水源。因此，四个大方块都再由河流组成的平面网格细分为九个更小的方块。园林的每一个部分就因此而成为整体的缩微，它有自己的四条河道，交叉处也有自己的石制平台。这种递归式的空间分隔成为莫卧儿墓园的典型特征。

水从位于北大门处的水井里抽出来送入河道系统。但是，从这里流出来的水量永远不够灌满大池子和河道。另外，园林几乎是平的，当然也没有高压水泵，因此，没有办法使大量的水得以循环。这样，设计者的宏大概念与比较而言较小的水供应之间存在不匹配的问题。为解决这个问题，河道都做得很狭窄，很浅，仅仅只是石头表面割成的一些细线条，但是，周围有很宽和稍稍抬起的红色砂石做的堤道。这些就明显标出了河道的平面网格，在图案当中确立了它的重要性，同时，精美的河道也给了水的每一道清波和滴落以最大的重要性。

阿克巴尔在西康德拉的墓跟胡马雍的墓一样，都有陵园布置在四庭园的中心。但是，其规模更为庞大，这座园林周边有2000多英尺长，而胡马雍的墓园才不过1200多英尺长。布局是由方块的分枝形成的，但是，它是根据不同的一个规则来进行的。在这里，方块是按向心的结构布置的，一个方块在另一个方块之内。陵园本身由一些带石级的金字塔构成，这里的方块越来越小，有红色砂石的层次，以向心的方式布置在一个方块封合物的交叉轴线的交叉处。水池安置在四个位置，另一个方形会与十字轴交叉。水池本身形成同轴方块，是整个平面图的缩微。在中心上，四庭园的横轴在从阿克巴尔的墓室延伸出来的一个看不见的纵轴上交错，这个墓室也是藏在地下的。横轴通往方块回廊之内的一个白色大理石纪念塔，向天空开放着，处在陵园的最顶层。在回廊的几个角上，簇拥在较低的层次上，是一些极美的开放的华盖亭，是四个石柱支撑住的圆顶——这就是亭中亭。

这样的园林并不是一种二维模式，跟胡马雍的墓园不一样，它是以高浮雕来做模型的。堤道抬升起来，与地面有数英尺的距离，宽度也足够，可以容纳较多的人（阿克巴尔的儿子贾汉吉尔在他的《回忆录》中描述说，圣人都齐聚于此“且歌且舞，体验圣喜”）。原来，堤道的边缘是与柏树对齐的，那是死亡与永恒的象征；而园林的方块都种植有果树，那是生命的象征。这里有带尖顶的高高的大门，你可以透过这些大门看到外面的园林，感觉到炎热的平原上吹来的一阵阵风，你还可以在陵园本身带荫的小房屋里产生同样的感受（阿克巴尔在附近建造的另一个城市法塔赫布尔西格里也因为能够捕捉住凉风

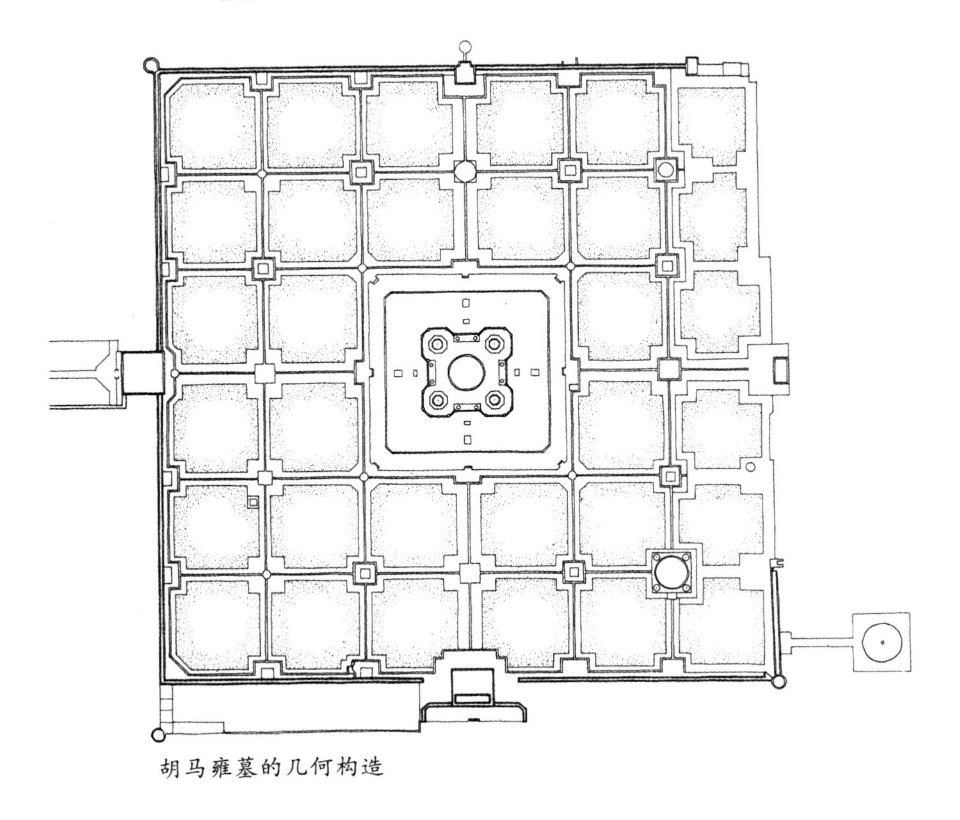

胡马雍墓的几何构造

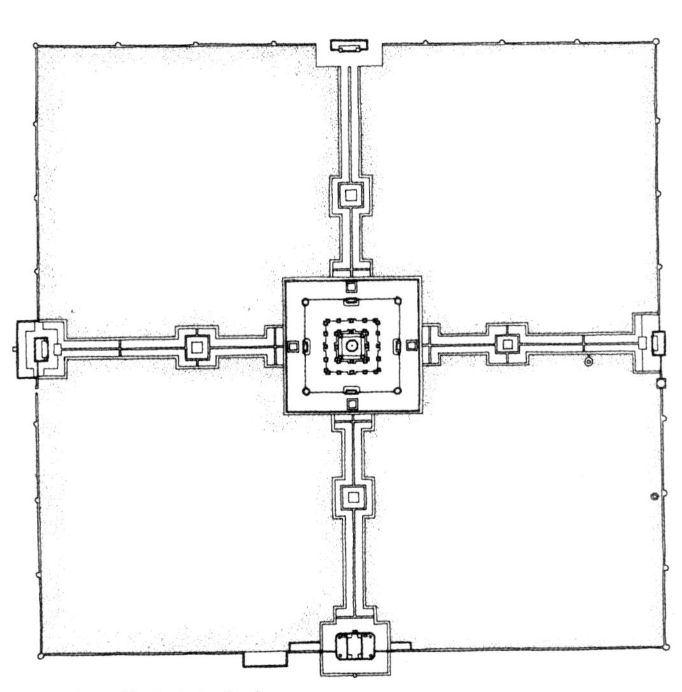

亚克巴墓的几何构造

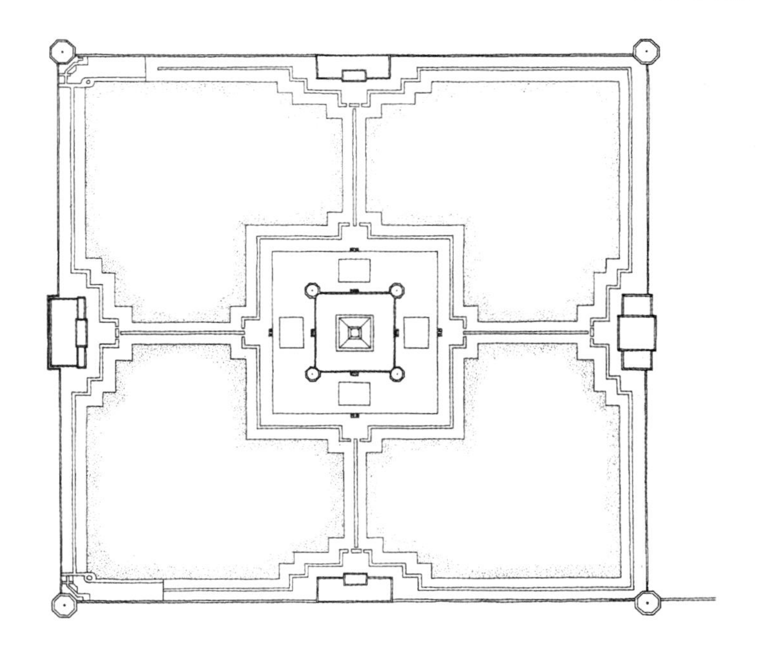

伊迪马德乌德多拉墓的几何构造

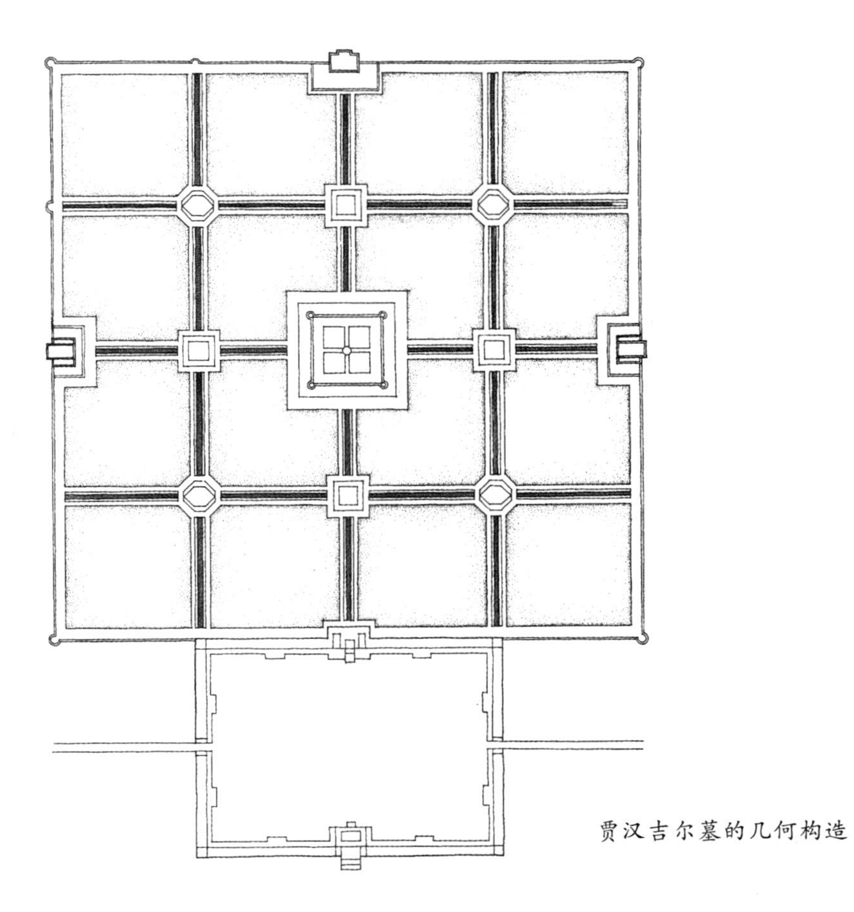

贾汉吉尔墓的几何构造

的建筑而著名）。

接下来值得注意的莫卧儿墓园，是贾汉吉尔统治时期为伊迪马德乌德多拉在阿格拉的亚穆纳河岸上建造的墓园。这不是一处皇家墓园。伊迪马德乌德多拉是波斯人，是贾汉吉尔的大臣，也是贾汉吉尔的妻子努尔汗的父亲，他当时主管建筑。

在这里，由于不需要皇家的宏大规模，规模的矛盾就可以通过造缩小陵墓而不是放大四周的四庭园来解决了。陵墓成为一个精巧的大理石缩微物，由一个方形的石制平台构成，靠一根柱基提升起来，顶上是有穹隆的亭子，亭子里有伊迪马德乌德多拉和他的妻子的纪念塔。八角形的塔立在陵墓的每个角落，也立在外面的围墙的几个角落上。跟平常一样，亭子标志外墙交叉轴线的交汇处。东边的亭子是门房，其他的地方都是假门。由于四庭园相当小（周边约500英尺），与陵园的规模相当，因此，递归的河道网就没有必要了。沿两个轴线和围绕周界的河道就足以确保园林的各处都能够得到水源。

胡马雍和阿克巴尔的墓的表面都是红砂石和白色大理石做的，但是，伊迪马德乌德多拉的陵墓却有惊人的不同，它的上面完全为马赛克装饰所覆盖，那是些嵌在大理石中的一般的宝石，用以形成复杂的图案。这使表层得到戏剧化，使它得以与天空的颜色一起变化，这样，陵园看上去就不是很大，也不是很灿烂辉煌的样子，而是一个极小的易碎的东西。

还有另一个极大的差别。这座园林并不在一个统一的平原上，但是，它跟阿格拉的其他任何一座莫卧儿园林一样也是背对着亚穆纳河的。主轴从大门通往河边。园林的三个面都有墙封住，第四面墙是由一个高台阶形成的，你可以从这个台阶朝外看，透过宽阔的泥褐色的河流看到城市。

1627年贾汉吉尔故去后，沙贾汗继位，之后，新寡的努尔汗着手修建墓园。她在拉合尔为丈夫建造起来的白色大理石陵墓，在风格上与为她父亲修建的陵园是类似的，但是，其规格稍大一些，也

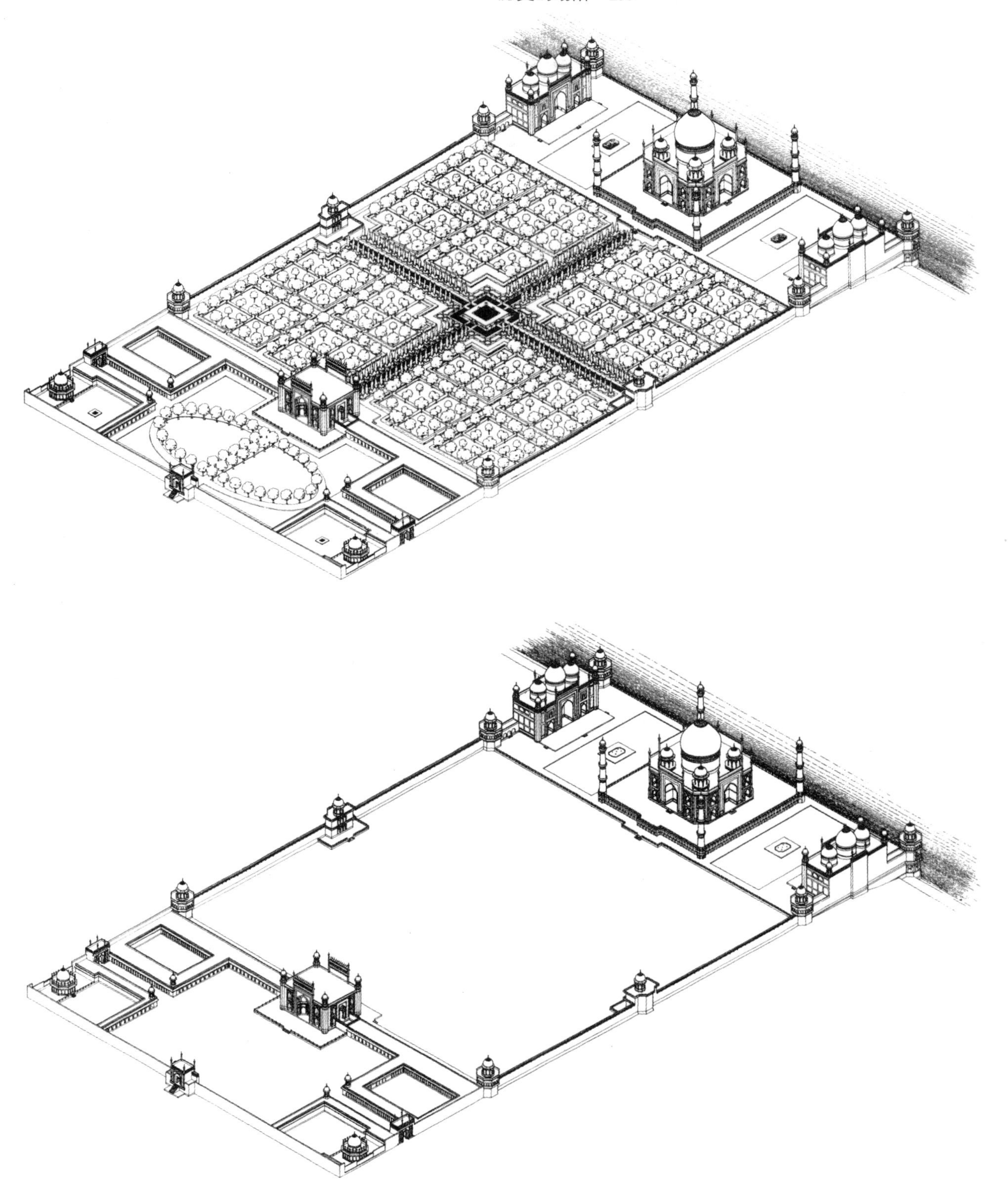

泰姬陵（全景、墙体及建筑）

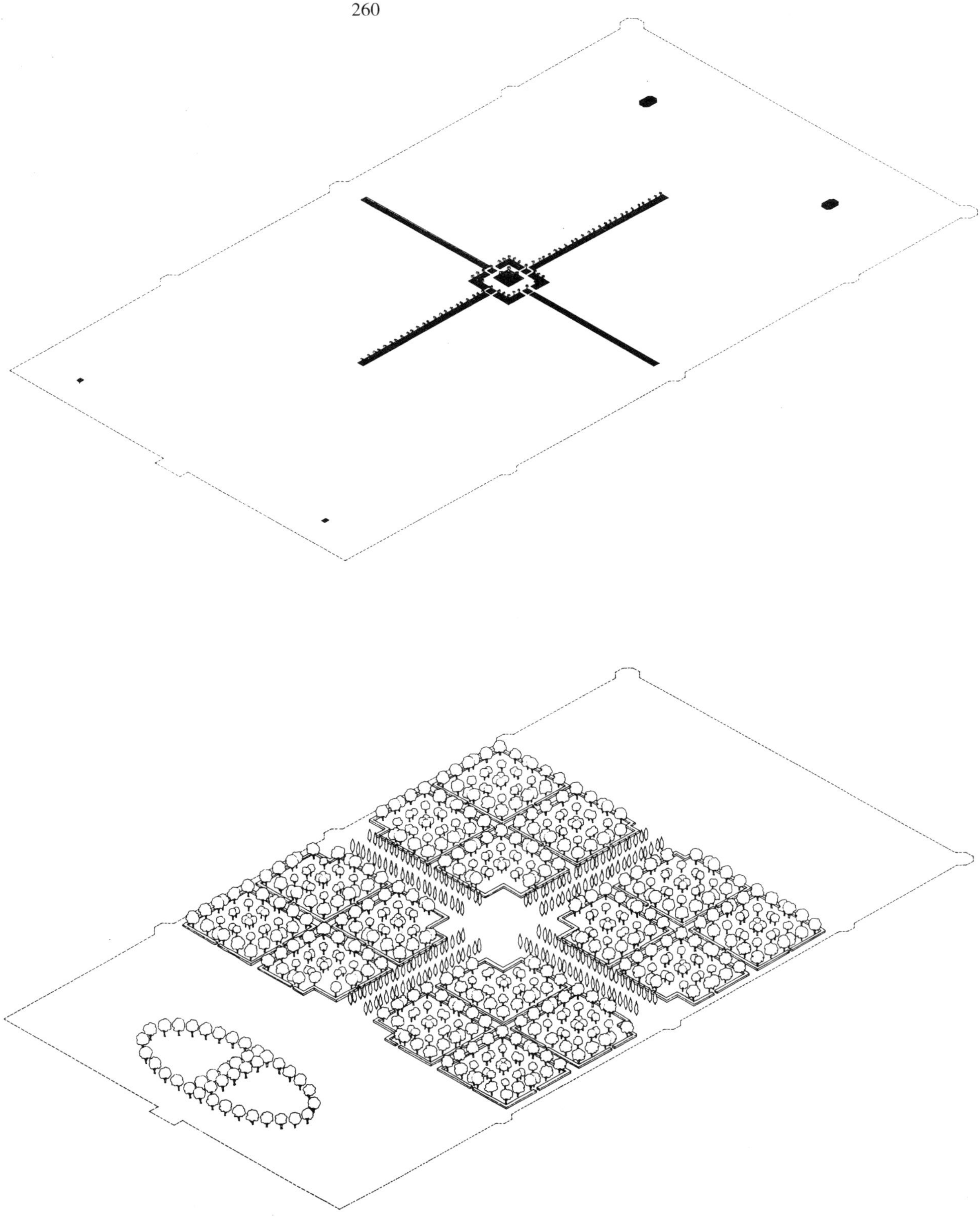

泰姬陵（水、种植）

更合适一些。这个园林是另一处河流纵横的方块。

1631年，穆塔兹·玛哈尔生第14个孩子的时候过世，她是沙贾汗的妻子，是伊迪马德乌德多拉的孙女。沙贾汗因悲痛而产生巨大的力量，他倾尽帝国的全部资源，借用已经成熟起来的建筑传统，为她建造了所有陵墓中最灿烂辉煌和最漂亮的一座，这就是泰姬陵。工程于1632年在阿格拉的亚穆纳河岸上进行。16年后，陵园得以完工。沙贾汗最终被他的儿子奥朗则布篡位，并囚禁在阿格拉的红堡。他在那里眺望跨过亚穆纳河水的白色穹顶，度过了悲惨的余生。1666年死去的时候，他的尸体被搬到了他魂牵梦绕的地方，安葬在他的妻子身旁。法国旅行家让·巴蒂斯塔·塔法尼尔用一份报告装饰了这个结局（对此没有任何证据能够证明），报告说，沙贾汗在对岸为自己计划了一座照着泰姬陵的样子做的黑色大理石陵园。但是，按照故事的说法，吝啬的奥朗则布否决了这项三维的复制计划。

我们很难忽视这样一处奇闻轶事不断的地方，而重新看待这样一处其图片重复得如此之多的地方（哪怕在印度餐馆销售的啤酒商标上都可以看到），但是，这值得一试，因为泰姬陵是一项惊人的建筑创新。它屹立在亚穆纳河岸上，跟伊迪马德乌德多拉墓一样，它的大理石和马赛克饰面的构造也是一样。陵园与四庭园之间的关系给人倒抽一口冷气的惊诧。在这里，陵园从轴的交叉点移到了河岸的台地，交叉只是通过一个很小的反射水池实现的。清脆的侧步打破了陵园规模与四庭园的规模之间的联系，这样，令人烦躁的矛盾就轻而易举地消失了。

这个四庭园大约有1000平方英尺，传统的轴线堤道分为四个方块，然后，每个方块由更小的堤道再进行细分。在园中，正如今天它存在的样子一样，递归细分的进程在这里停止。但是，由印度勘测总监于1828年完成的园林平面图表明，划分的进程原来又重复了两次，这样，合适的分配对象就是一个由156个方块构成的平面网格，是由四层深的递归水平完成的。在递归方案当中的位置是由方块之间划分的宽度来指定的。主要的交叉轴有很宽的河道，都有喷泉，两侧还有花圃，然后在外墙处还有在两侧均带有狭窄灌溉运河的人行道。接下来的划分水平是由简单和狭窄的人行道构成的，最后的水平看起来是由地表的一些线条构成的。

如果重复这个主题，陵园本身的平面图也是按递归的方案建造起来的。一个方块（边角都削去了）通过轴线通道被分成一些小区，一个八角形的空间位于它们的交叉处。然后，每个小区又由交叉的通道予以分割，这些通道在中央全都有一个八角形的空间。

值得注意的是，高处的尖塔，也就是我们期望看到处在陵园本身的角落上的那些尖塔都移到了宽广的长方形台地的角落上。这增大了陵园明显的规模，但又没有增加冗余的感觉（这样，它看上去几乎就是浮在园林之上），符合陵园的宽度，并捕捉住了一片当做陵园背景的天空。

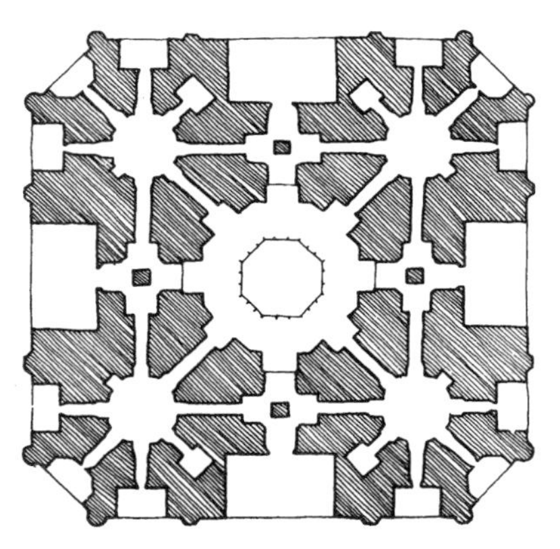

泰姬陵平面图中对空间的递归性再分割

较早的莫卧儿墓园直接将四庭园的四分平面对称与穹顶围绕其垂直轴的无限的对称联系在一起，也与陵园双边抬高的对称保持了一致。不过，泰姬陵的对称更复杂，更微妙。园林和陵园都有四分的对称围绕着它们自身的中央轴线（现在是没有偶然关系的）。陵园立在一个长方平台的上面，其尖塔移向了角落一些，这象征着有两个对称轴。全部的构造都是双边对称的，围绕着一个单一的轴线，这根轴线也构成从入口到反射池、陵园和最后的亚穆纳河之间的移动轴。但是，我们不会在这根轴线上走很远，而只会走水边的那条路，还有上到台地的那些梯子。有意的回避使这个轴线增添了重要性。最后，地面的平面图也有一个对称，正如陵园也倒映在池塘中一样，因此对称形式又被带了回来，虽然不重要，但却回到了它曾经被移除的园林中心。

轮到奥朗则布兴建墓园的时候，他也为他的妻子建造了一个陵园，这个陵园跟泰姬陵类似，但没有同样的比例上的大

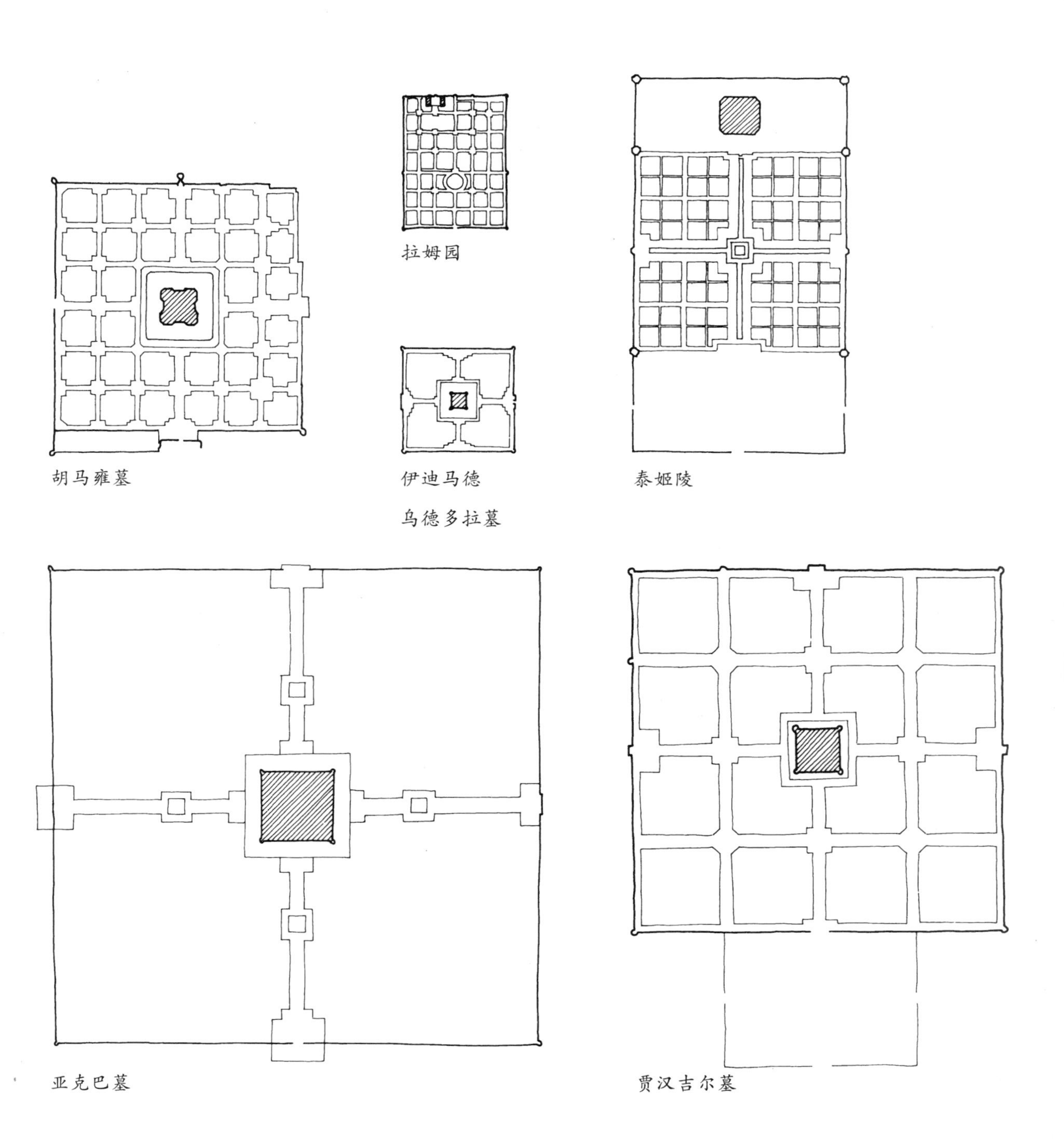

陵园游戏：按同等比例画的平面图

度，也没有构造上的恰当。跟巴布尔一样，他命令，他自己的安息之地应该是简单的、有土覆盖的坟墓，也向天空开放。这就使伟大的陵园建造的传统走到终结，尽管还会有11座莫卧儿皇帝要建造他们自己的园林，直到他们当中的最后一位被英国人在1857年的叛乱之后赶走。

泰姬陵

奥朗则布妻子的墓

陵园与尖塔

不过，也许那也不能够算作一个终点。埃德温·勒琴斯爵士设计伟大的总督之家，把它当做在新德里的英属拉加的首府的焦点时，他对泰姬陵平面做了微妙的变形（尽管他对莫卧儿建筑公开表示轻蔑）。这是前任总督的妻子哈丁夫人要他来做这件事的，因为她对克什米尔的莫卧儿园林有非常亲切的回忆。

勒琴斯设计的总督之家现在屹立在这个城市正式的轴线的终结处。这根轴线成为排在运河边的一条壮丽的街道，这样，接近对称和粉红砂石的房子时，让人想到接近莫卧儿坟墓的园林之路，但是，这个规模却大得多。令人吃惊的是，这根轴线从房子当中继续穿过，而且，穿透其间的首先是莫卧儿风格的精美园林（称为总理官邸），然后是网球场组成的梯队，最后是一个很小的圆形花园。这样，这栋房子和园林就与泰姬陵和园林具有同样的关系，只有那栋房子背对着园林，这样，现在的园林就提供了一个目的地而不是一个道路。那个房子不仅仅在规模上比莫卧儿人的陵园大得多，而且，园林的递归细分在复杂程度上也超过了其先行者当中的任何一座的规模。有九重葛和花坛以及超过四百多种玫瑰的变种。但在其中心，一个先前被了不起的皇帝占据，然后又在泰姬陵被戏剧性地腾空的地方，除了有异域色彩的英国草坪以外什么都没有了。

这是具有美学冒险意义的一个故事（借用约翰·萨莫森的一句话说），是由一个仍然需要解决的问题挑出来的。这样的冒险之所以成为可能，之所以充满兴味，是因为设计者都一致认可（至少有一阵子）一些词汇和句法的传统，而这个传统内部的逻辑也生成了一个设计问题，正如某套格言和参考性的规

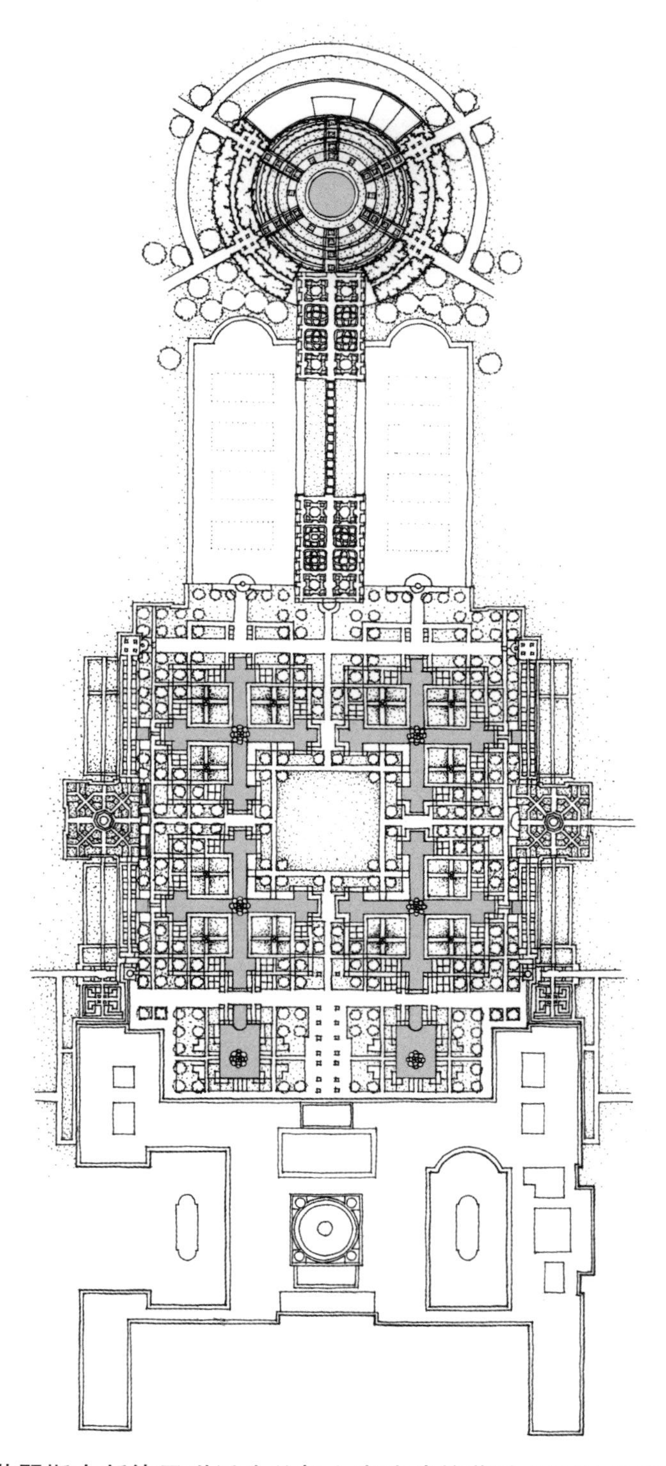

埃德温·勒琴斯在新德里附近为总督之家建造的莫卧儿园林的平面图

则也许会产生一个数学问题一样。有趣的不是传统本身，而是他们使之动起来的想象力的冒险。

阿尔罕布拉宫

在格拉纳达古城之上的内华达山脉的边缘，是一个红色的堡垒，外面看起来粗俗而疏于防御，但在里面，像一个晶洞的中心一样闪光的是一处奢侈逸乐的游乐场一样的宫殿，它精巧得令人吃惊，也有令人炫目的灿烂辉煌。对曾经研究过它的那些人来说，它存在于这个地方的理由都不太清楚：任何稍微有点像样的宫殿园林都不是伊斯兰首都的富人或权势人物传下来的。而这个不太起眼和累受围攻的公国会建造这样一处具备皇家风范的杰作吗?

阿尔罕布拉宫粗犷而易于防御的外墙：达利为华盛顿·欧文的《阿尔罕布拉宫》所画

虽然它的起源围绕着众多的神秘传说，但是，它的灿烂辉煌却是有目共睹和确凿无误的，只是部分为其表面的大群游客所隐藏。自华盛顿·欧文与吉普赛人一起来此扎营，除了墙内刻的一些土匪和有纪录的（杜撰的）常有的冒险和浪漫以外，赞美之声一直不曾停歇。

格拉纳达在历史上的地位来自于它是西班牙的一位摩尔人王子最后的所在地。它最后的统治者博阿布迪尔于1492年1月2日逃离了自己的宫殿，他的哀叹至今还有人在吟唱（流行的“格伦德琳娜”唱的就是这次逃亡）。格拉纳达从来都不是一个重要的首府：摩尔人占领的最初几个世纪里的权力中心一直都在科尔多瓦，但是，基督教的君主慢慢将摩尔人逼到了南边，中心崩溃了，只有一群较小的城邦留了下来。一个接一个的基督教国王，莱昂、卡斯迪耶和阿拉贡的国王将他们挑出来，直到仅剩下格拉纳达为止。经数年攻击，并经过没有多大实质意义的抵抗之后，最后为天主教的君主费尔迪南和伊莎贝拉所占领。虽然他们很高兴拿到这个地方，但是，他们却不太可能喜欢这个新宫殿。很显然，广大、阴沉和未完成的方形宫殿里只有一些圆形的庭院，是他们的儿子查尔斯五世委托人兴建的，它背离了人们对合适的雅致（可取代的）的基本理解。

我们现在看到的是园林宫殿的残余，很接近原来的样子，但园林台地却新得多。红堡的墙体的合适封合远胜于此。剩下的空间一定曾经包括宫殿的依赖性，是由其防御所保护着的。构成不是投入古代波斯人地毯或园林的单独一个方形模式，而是仅仅松散地捆绑在一起的数种模式的拼贴。典型的模式有可能包括有遮盖，经常用有小面的精美穹顶做屋顶，而且向一个中央庭院开放的空间，那里还有喷泉在喷射。小小的开口也有可能通过一个黑暗和不规则的通道进入另外一种模式，而且是围绕另外一个庭院布置。

分割的模式彼此都大不相同，除开浴室和清真寺以外，根本没有让我们给一些隔开的地方分配一个特别用途的时候。把庭院想作精美和漂亮的营地也许是最有用的，把这些地方用有图案的地毯弄得五彩缤纷，极吸引人，还用一些炭火盆来取暖和煮食，并用一些柔软的垫子供人躺在上面。当然，现在，所有用于生活的随身用品都消失了，但是，墙体和天花板还是用瓷砖和涂漆的图案以及灰泥块盖着，让这些空间看上去充溢着活力，就好像它们在有人居住的日子里一样。

我们在后面画出来的轴测图显示这个宫殿的心脏、附近的园林和在背景中时隐时现的查尔斯五世的宫殿。一个巡回应该集中在拼贴模式的五个当中：金庭、桃金娘庭院及其邻近的房间、浴室、狮庭和其邻近的房间，还有达拉克萨的庭院。（向左边）越过的是帕塔尔园和一些更低的亭子。每处都有明显不同的空间质感，但是，所有的都共有一个精巧和完美的表面来依附，其中的复杂程度，由19世纪的英国建筑师欧文·琼斯以类似的极度细节加以抽取和利用。

金庭是现存的通往这个宫殿的公共入口之内的第一片有模式的空间，是一个小小的长方形庭院。它的大理石地面除开靠近南面的墙面和中心的一个八角形下陷处以外，别无特别之

主庭院与相关的房间：

1.金庭

2.桃金娘中庭

3.大使厅

4.狮子庭

5.阿本塞拉耶厅

6.两姐妹厅

7.达拉克萨院

8.女王的梳妆室

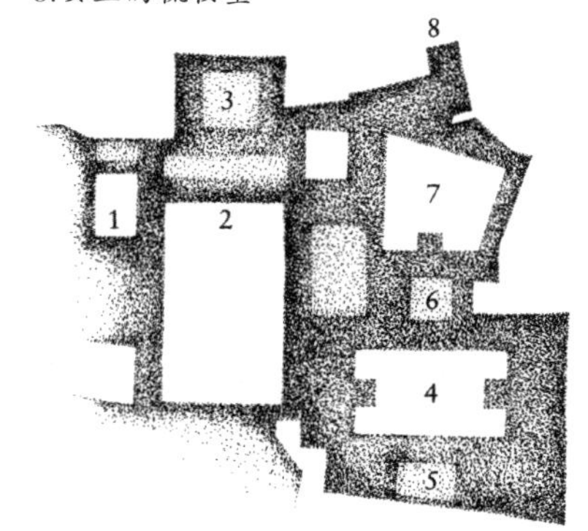

处。那个八角形的下陷处有一个圆形的喷泉地，有扇形的边缘，能够捕捉住来自中央源泉的水浪，并且能够以千奇百怪的样式将水浪反射回去，或者荡到一边去。在这个方形庭院的北面，三层模式极复杂的墙通往一个长形的房间，房间俯瞰着谷地。南面有瓷砖和灰泥做成的复杂装饰，可提供一对同样的开口，但意义非常模糊，一个开口回头通往入口，另一个通往桃金娘庭院和这个宫殿的其他去处。

桃金娘庭院面积为77英尺×120英尺，约为金庭的四倍。中心有一处24英尺×114英尺的池塘。在池子的两端，各有一处小小的斜槽把圆形喷泉的水溅入池中，哗哗的溅落声使这里的宁静更加突出。这个庭院的边角都抬升起来了，既高且很规则。三层高的南面以查尔斯五世的宫殿为背景，北面的瀑布（其穿透的灰泥墙在后面的墙上投下斑驳的舞影，覆盖着底下的池水反射上来的波光）由阿尔罕布拉宫的塔楼当中最大的康马尔塔粗糙的灰泥墙面所支撑，显得格外令人敬畏。康马尔塔里有大使厅，是用瓷砖和灰泥墙面做成的一个惹眼的房间，天花板由8017块木板构成。

桃金娘庭院长长的两侧看起来完全无法掺和，但是，它们包含通往其他有模式的空间组的开口，尽管其重要性已经减少了许多。一处并不惹眼的开口通往浴室，这些浴室处在比两侧的大型庭院低得多的平面位置，这样，他们就与达拉克萨院和眺望着对面的谷地、称为女王的梳妆室的一处望景楼连接起来。另一处最小的开口在桃金娘庭院的同一面墙体中，通过一处又小又黑的通道到达这些模式当中最著名的一处，也就是围绕狮庭的那些房间。

从空间上看，这是阿尔罕布拉宫地区到目前为止最复杂的一处。庭院是长方形的，比桃金娘庭院小得多（约为52英尺×94英尺）。它的周围为一个门廊所围绕，这个门廊为两个终点处各边提供一个伸出去的亭子。在这些亭子后面，是一些长而狭窄的房间，都处在轴线上。西边的一处是一块安静的平

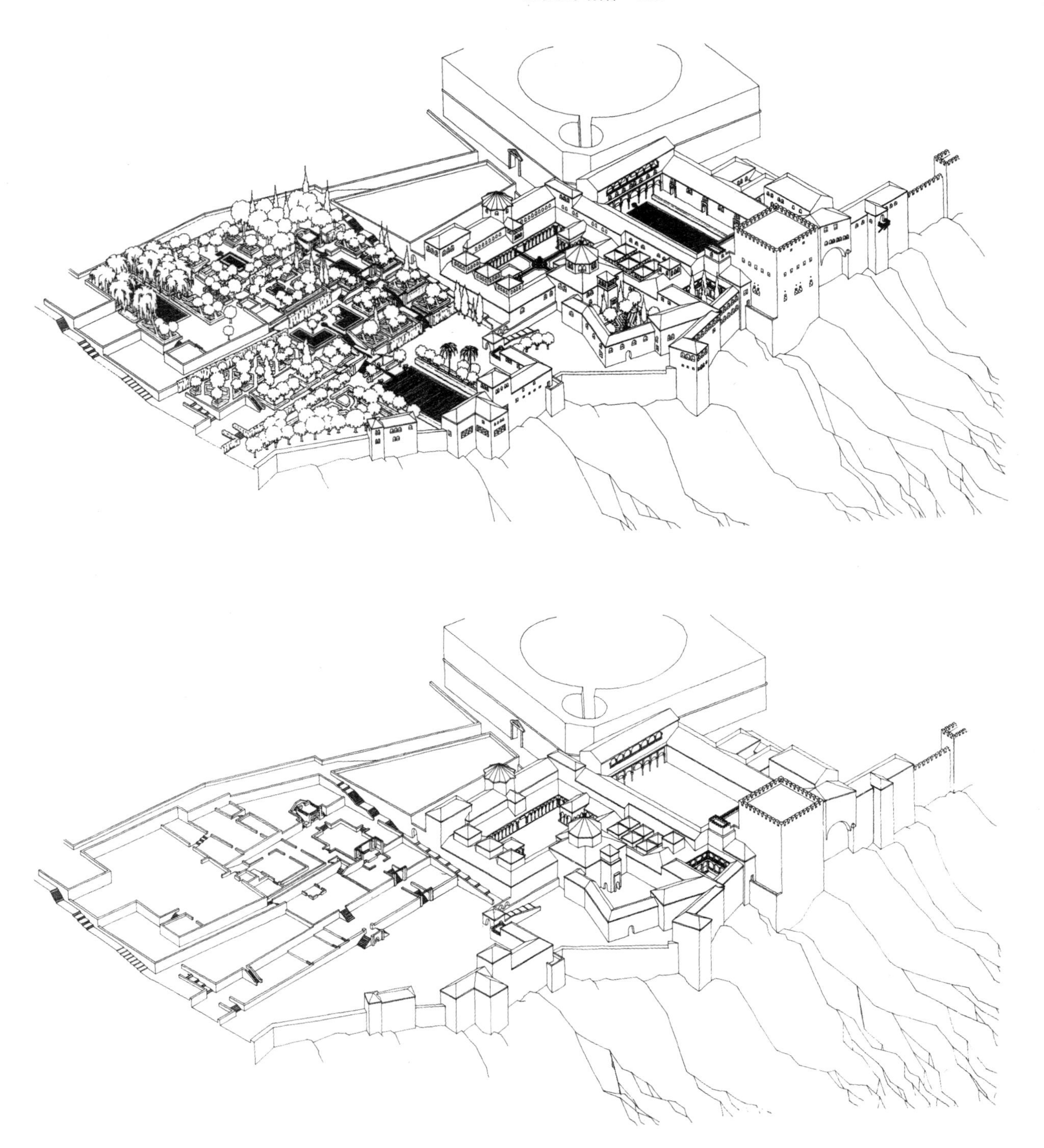

阿尔罕布拉宫（全景、建筑及台地）

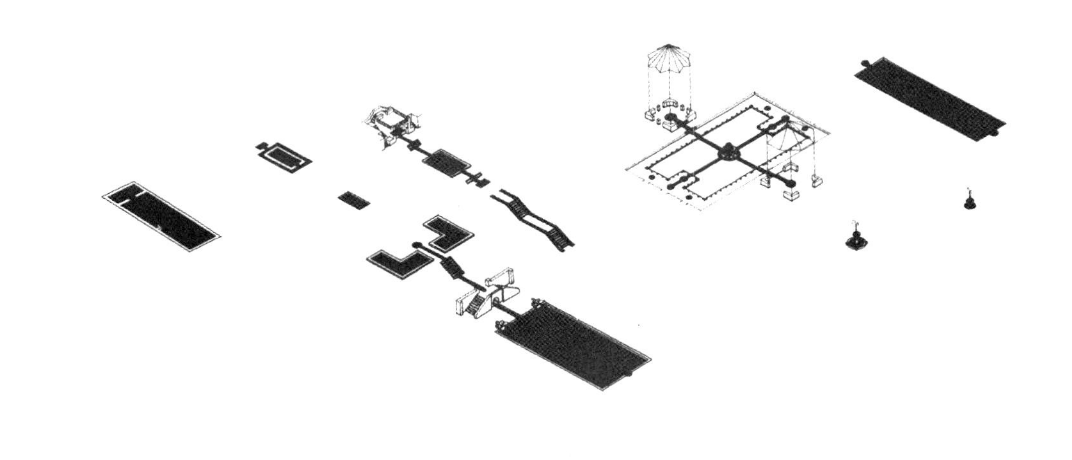

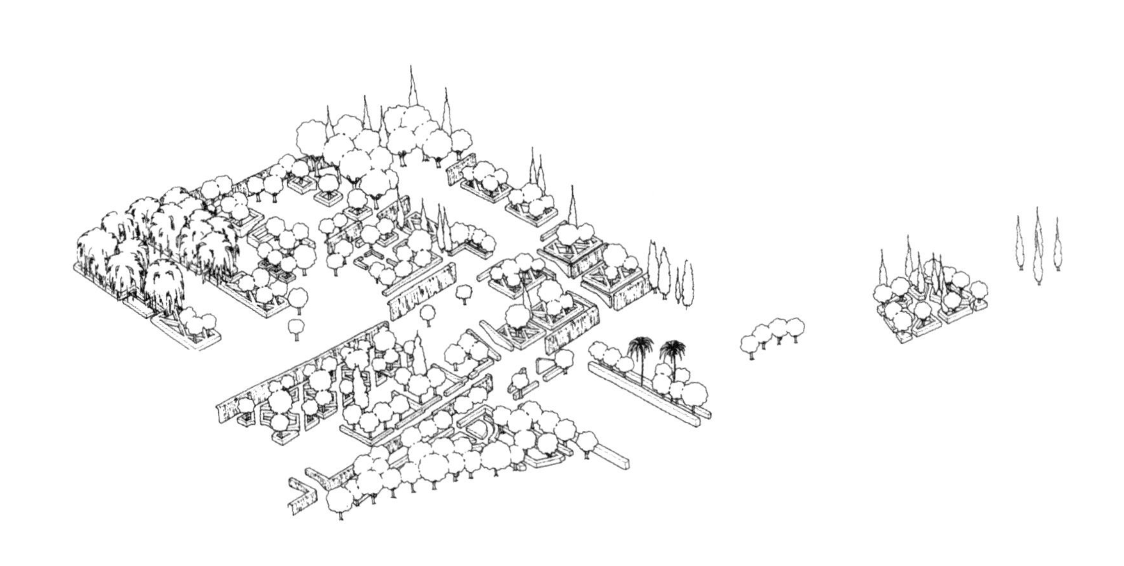

阿尔罕布拉宫（水、种植物）

原，东边的一面是国王大厅，由三个方块构成，每个方块都由一个灰泥块和两者之间的长方形、平顶的空间组成。

这个庭院的北边是所有房间当中最漂亮的一个，也就是两姐妹庭，这个房间有嵌在一个八角形当中的灰泥块构成的错综复杂的圆顶。它的周围是三个长方形的空间，北边的那一处有一个亭子，俯瞰着达拉克萨院的一片青葱。在这里，树木和在一处高高的地方喷射的喷泉，将水向上推过看景亭的高度。在这个庭的南边是阿本塞拉耶厅，是一个方形的房间，两侧有长方形的房间，在中心之上还有另外一处灰泥块构成的圆顶，形成一个八角之星。从这四处方向当中的任何一个看过去，那两个终点上的亭子、两姐妹厅、阿本塞拉耶亭的漂亮房间以及被小小的喷泉所充溢的大理石做的水渠都从台阶上滑下，一直到这个庭院的中心，在那里，另一处闪亮的喷泉处在狮子背后高高的地方。关于这个庭院的合适表面的争论仍然在继续。在华盛顿·欧文的时代，这里长满青翠欲滴的植物，后来才变成一些简朴的碎石，而且最近又补种了一些植物。不管有没有这些植物，它还是一处园林。

瓷砖和灰泥模式。由欧文·琼斯画的桃金娘中庭示意图

就在狮庭的东边，园林呈现几何图案，但这里的建筑更少，绿地却更多了。一个柱廊在防卫墙的顶上立着，可以看到北边的谷地和南边的一座大池塘，池塘的波澜将闪动的倒影投入门栋造型极其丰富的木制天花板上。有一处单独的塔和一处漂亮的小礼拜堂以一个角度对着其余的部分，而朝麦加的方向，它从黑漆漆的房间里面形成差不多是一种轻率的变形，向着明亮和歪扭的外部世界。顺着城墙的两处粗糙的塔里面有很小和精巧的亭子，它们以缩微的形式重复了这个灰泥晶球的灿烂辉煌。

这个带图案的地方在现代游客的心目中奏响了一道共鸣的和弦，一部分是因为我们对其用途的感觉产生的。露营是我们这个时代最喜欢的活动之一，而找处优美的地方露营简直是所有人的梦想。乡村气息与优雅华贵相碰撞，漂亮的亚麻布铺在草地上，柳条蓝里千奇百怪的美食，这会让我们感到一种特别的愉快——还有整整一个宫殿供人扎营，那里的房间都是园林，园林也都是房间，看来那是终极的豪华享受。房间和庭院到今天仍然都有图案和极复杂的釉面瓷砖的丰富装饰，有穿透灰泥墙的装饰，还有甚至更复杂和精美的天花板雕饰。想象铺在地上搞野餐的那些毯子和枕头的图案和颜色吧，加上在寒夜里形成温暖的中心的火盆，还有在炎热的夏天飞溅的那些喷泉周围的地方。从一个图案到另一个图案，或者从一个庭院到另一个庭院的错纵复杂和惊讶感一定会形成连续不断的激动心情。这里有居住者在四处走动，也有滞留一地一动不动的人。在没有通常所说的树木的露营地，我们发现自己处在一处森林之中，那里有树木做的柱子，它们外边的灰泥柱头和装饰都像树枝和树叶。瓷砖和灰泥以及木头的表面形成人造的绿叶，跟让人更为熟悉的园林当中的植物一样丰富多变，因为它们捕捉到了阳光，而且更令人惊讶的是，它们捕捉到了来自喷泉和池塘的闪亮的倒影。

在我们打探这一切复杂的层层叠叠的华丽图案之后，接下来我们的表情几乎是斯巴达式的严峻，但这并不会失去它的光泽：例如，实际上几乎没有水，布置妥当的喷嘴使每一滴水都各尽其用。明显没有限制的图案使非常简朴的一些主题发生天才般的变化：两姐妹厅里面的近5000块粉饰灰泥只是11种图案的变种，全部都基于四个平面的形状。在各种各样的表层下面，只有7种可能的中楣对称和17种可能的墙纸对称。阿拉罕布拉宫的构造明显告诉我们，如果按照秩序甚至是简朴来建造，错综复杂会更加令人满意，而简朴的快乐也可以安安逸逸地来自于令人头晕眼花的复杂之中。

夏宫

阿拉罕布拉宫以阳光、灰泥和水为图案。在南边微风拂过的山坡上，它的对称是用更多的水、阴影和真实的绿色植物再

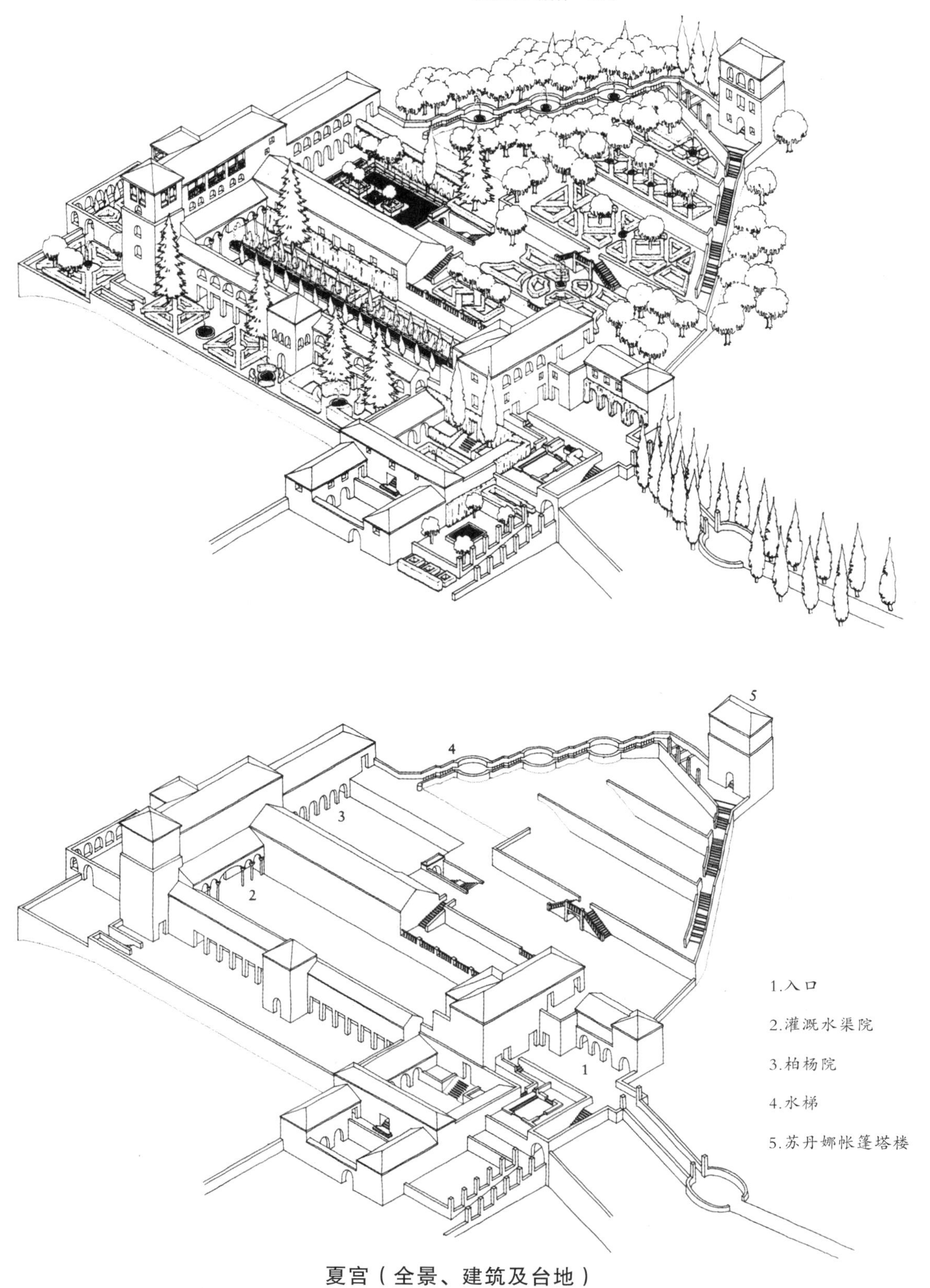

夏宫（全景、建筑及台地）

夏宫（水、种植物）

造。绿色植物的树叶会在安达卢西亚漫长的夏天吸入空气，从而让炎热的夏天看上去更为凉爽，它的花朵也可以弄成各个季节的欢庆尺度。我们假定，逃出红堡的封闭，时不时去一个更凉爽、更开放、更天然的地方一定会感觉不错。无论如何，这处“建筑师的园林”1319年之前就开始了，当时建成了模式园林的西班牙版的典型样式。山坡在西班牙经常是随处可见的，它们的景致和微风使其成为园林佳址。园林都是通过将山坡夷为平整的条状地带形成的，每个带状地址都种植物映衬山坡的背景，有图案的花圃、走道、绿坛和一些喷泉和树丛，还会在山坡上做一个观台。

多叶的模式：夏宫中的树叶

夏宫的建筑师在这个基本的园林主题上做了一系列的变换。入口从轴线上最近的角落开始，顺着成排的柏杨之间的山坡，上到有柱廊的斜坡上，通过一处拱门，再沿几级石级升到入口的庭院，里面有灌木修剪而成的拱廊。越过入口的庭院以后，是一栋细瘦的高楼（三层），里面有一些很小和明显随意的开口。如果你选择中间的一个开口，会发现自己进入了一个面朝着夏宫的最大一个花圃的凉廊，也就是灌溉水渠园。前面是一个长形的水槽，两边有很细的水流形成的水拱。它的后面是一些稀疏的直柏，直柏的四面又是极奢华的种植物和一条直直的树篱。过此之后，在上山的一侧是一条便道和一堵高高的墙，墙顶是下一个园林的栏杆。在下山的一侧又有一条走道和一处有荫的拱廊，它的一排带拱的开口越过一处也有喷泉装饰着的园林台地，俯瞰着阿拉罕布拉宫、远处的城市和向哈恩延伸过去的广袤的平原。在入口对面长长的水面的终点处，是另一处高而窄的建筑，下山的一角有一个塔。在这栋建筑的地面是一个拱廊。它后面的凉廊有一处伸出去的观景点（与长形池塘在同一个轴线上），这可以看到用拱廊包裹住的一个小小方形园林之外的景色。

在这有荫的低低的园林后面是一个方形的开放台地，中心有一处喷泉。拾级而上，台地会继续下去，有交替的长角走

柏杨院

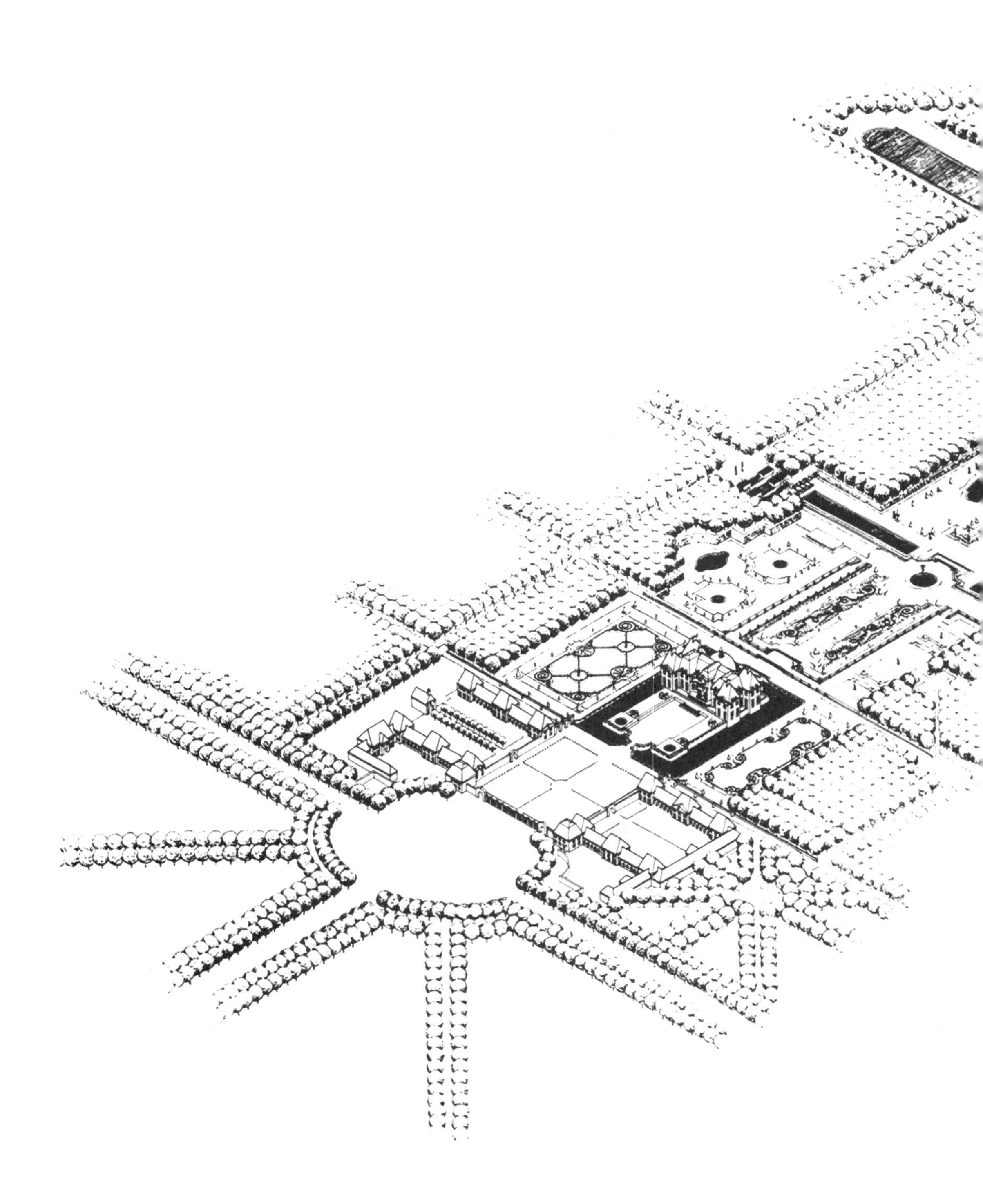

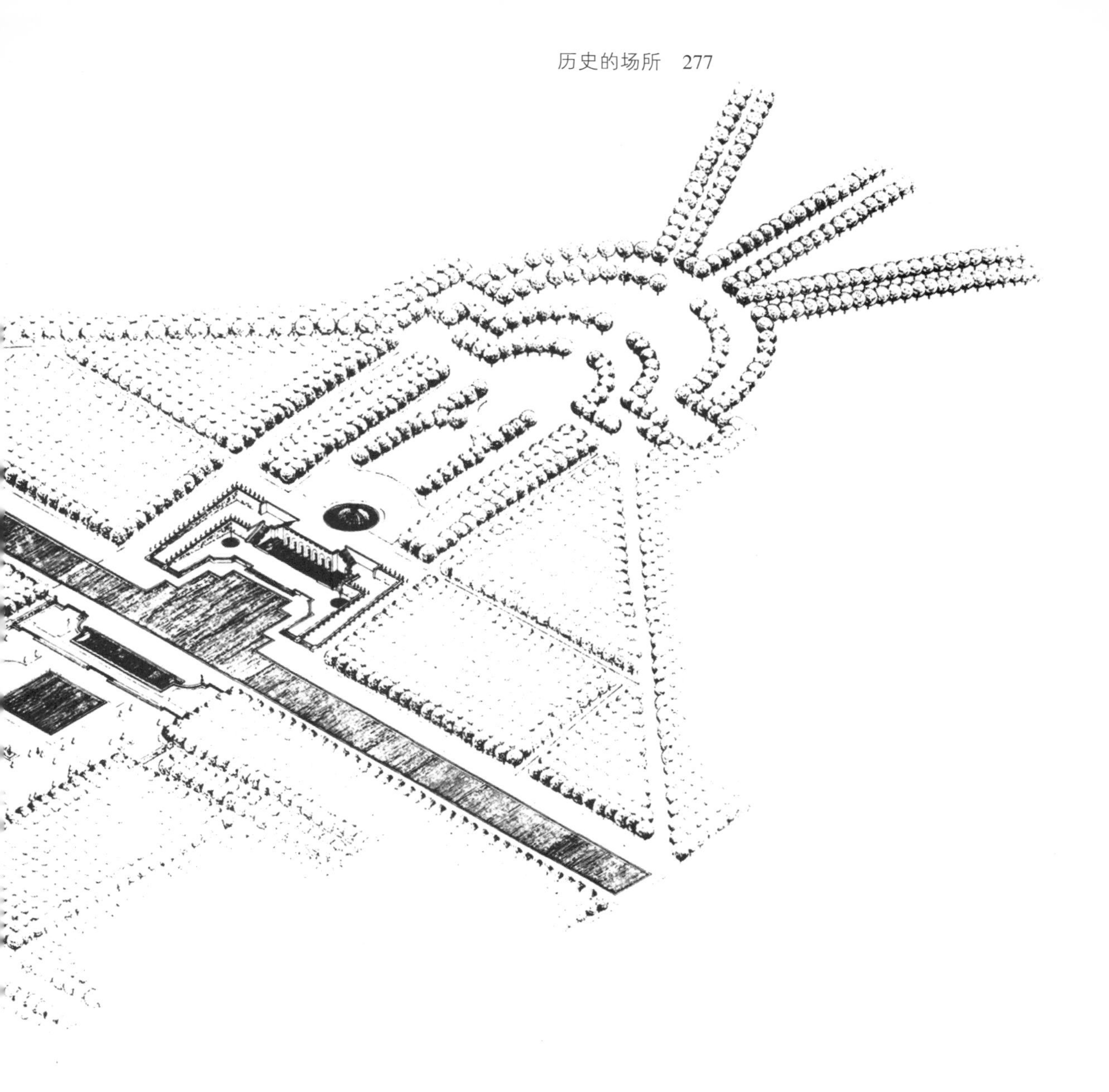

维孔宫城堡（全景）

道在一个方块和很小的喷泉广场里，直到我们第一次进入这个园林的那一组建筑。这栋带凉廊的建筑处在长形池塘最远的一端，它在柏杨院前面投下一处阴凉的侧影，它的四周也有靠山的围墙围着。它的设计者利用非常小的水平变化形成一个天堂一样的地方，展现出惊人的技巧，这样一处园林处在看来会沉入另外一个世界的全部景色之中。因为太浓密的种植而不易为人类所进入的一个半岛从一口方形池塘中露出头来，池塘里面还有一处喷泉。它的周围是一个砖墙的台地，除开雾和喷流之外，平时都是干的，这使我们十分惊讶，因为它就在四周池塘水平以下几英寸的地方。它看上去有被包围起来、处在极遥远的地方的象征意义，那是一个遥远国度里的一个砖墙台地。

在柏杨院的上面，又有三处台地，四周为一个对角的梯子所包围，梯子伸到苏丹娜帐篷的观景塔楼上。处在轴线上的最远的梯子因为其扶手而特别著名。它的顶部是一些渠道，里面有水朝下哗哗流着，与三个圆形的楼梯平台中心处的喷流形成对照。水渠很简单，没有后来标志着意大利水园的那种表面装饰，没有栏杆装点刻有贝壳的水渠来使流经其中的水发生卷曲，因而发出溅泼声。但是，在安达卢西亚夏天多尘的炎热当中，这样的楼梯仍然是使人感觉凉爽的喜悦之源。

维孔宫城堡

巴黎南边的维孔宫城堡园林在帝国的历史上特别突出，它在园林史上也同样突出。它在帝国历史上传达的信息是一种遭受了处罚的虚荣。尼古拉斯·富凯是路易十四的财政部长，他想办法找到了年轻的风景建筑设计师安德烈勒·诺特，让他设计一处漂亮的园林。在园林揭幕的时候，富凯自豪地邀请国王参加，国王感觉到太多的法国钱财花在这个地方了，因此命人将富凯囚禁起来。然后，国王雇用勒·诺特进行了后来的一连串建筑设计工作，包括凡尔赛宫。

在园林设计历史上，维孔宫城堡有更中心的位置。它标志着姿态上的深刻革命，因为模式园林以前一直被一个敌意的世界挡在外面，人们讲求清晰和确定的边界，而这次却一边回避围堵遏制，一边第一次进入了这个边界，并侵入自然。在维孔宫城堡，运河布置在跨过轴线的地方，这样，它就从修修剪剪的园林变成了一处野地和不受控制的自然，而这样的一个自然长期以来一直好像太具敌意，很难穿透，但在自信的17世纪终于准备好让人类介入了。

维孔宫城堡

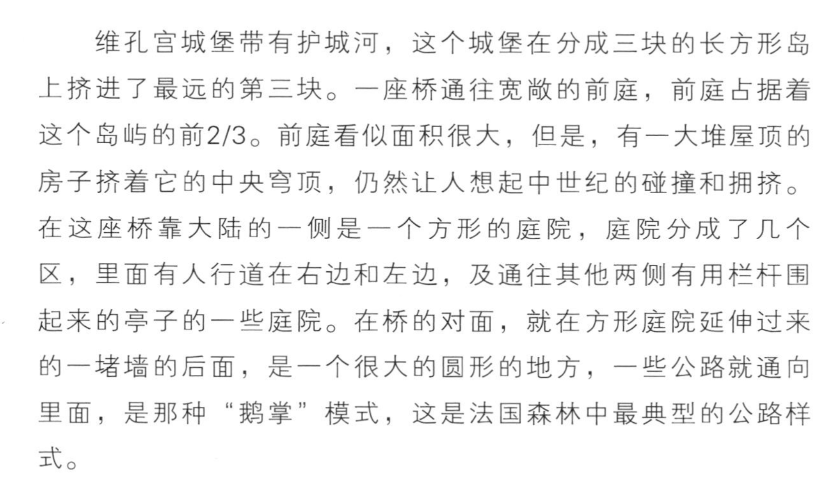

维孔宫城堡带有护城河，这个城堡在分成三块的长方形岛上挤进了最远的第三块。一座桥通往宽敞的前庭，前庭占据着这个岛屿的前2/3。前庭看似面积很大，但是，有一大堆屋顶的房子挤着它的中央穹顶，仍然让人想起中世纪的碰撞和拥挤。在这座桥靠大陆的一侧是一个方形的庭院，庭院分成了几个区，里面有人行道在右边和左边，及通往其他两侧有用栏杆围起来的亭子的一些庭院。在桥的对面，就在方形庭院延伸过来的一堵墙的后面，是一个很大的圆形的地方，一些公路就通向里面，是那种“鹅掌”模式，这是法国森林中最典型的公路样式。

在城堡的右边和左边是一些有图案的花圃。左边的那一个长是宽的一倍，铺在两个方块当中，每一个方块都被一对小道分成对角的小区。每个方块的中央是一个圆圈，一个几乎是圆形的螺旋线或贝壳处在每一个角落，都装饰得极精美。城堡的右侧是一个窄得多的花圃，这里没有分成区，有植物种植在边缘上，形成三个连接的草块。

但是，大部分园林都在城堡的外边，而且在比城堡稍低的地方,通过一处横向的散步场所。这栋建筑带穹顶的正面连接着这个散步道——跨过护城河上的一座桥，然后下到一个楼梯。接下来的楼梯下到一处分开的花圃（有很宽的人行道顺着中心延伸而过），从一栋房子通往一个圆形的喷水池。刚过喷水池是一个第一级的交叉河道，这个运河并没有延伸过有图案的花园。通过这里后，处在同一个轴线上的是一处很大的简单得惊

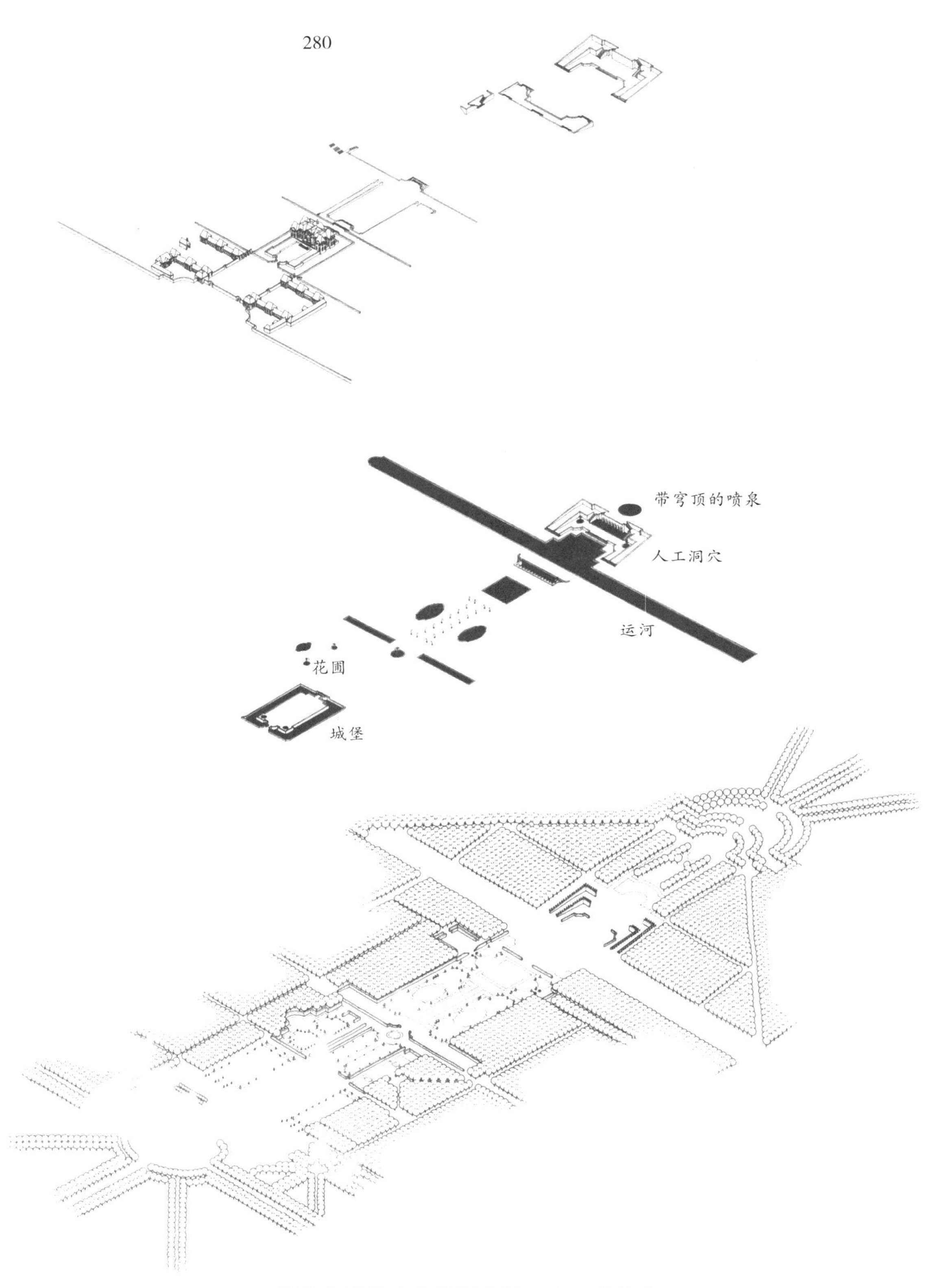

维孔宫城堡（建筑及台地、水、种植）

人的花圃，上面有一个方形的水池在轴线上，还有一对椭圆的池子摆在两边。这片地从房子这头开始抬升起来，一直到左边。它的坡道较平缓，但在如此大的一处场地，还是形成了相当大的高度差别。方形池子的左侧是一处很高的方形草坪，是一个特别吸引人的地方，两边有成排的交织树篱，一排梯子顺着支撑这片抬升地块的墙爬上这个地方。

沿着主轴，通过方形喷水池的是极宽的浅石级，然后是一堵墙和雕塑，一些水，再后是转折的运河，一直伸到看不见的地方（直到观看者到达它的岸上，这才看得见它的终点）。路过运河有一处景物，是一个长长的斜坡、水池、石级、喷泉、拱廊山洞，再过去就是一个圆顶水瀑，跟长轴另外一端的城堡的圆顶达成平衡。树木使这根轴线得以延伸，然后形成一个同轴空间，向森林漫延而去的“鹅掌”一样的公路就从这些空间里开始。

这一切都显得广阔、直接、简洁、强而有力、气度不凡，展现出对自然和对人形成的力量。它利用了有限的人工几何形状，带我们进入到无限的边缘。它所暗示出来的力量会在凡尔赛宫得以进一步发挥，会在细节上更为丰富、规模比这里大得多的一些园林里得以发挥。但是，在哪里都没有在这里的表现更加清晰，也没有产生这样的效果。

在这样一个地方布置一些设施会怎么样？看来有两种不同的答案。更适合的第一个回答是，布置的内容也有可能涉及旨在表现的行动，这些行动是有风度的，形式的，仪式化的。那么，形式的背景也适合于形式的行为——拿维孔宫城堡作比，这里有通过很大的河流形成的这样一个暗示，即，总能够从这里逃逸而出（如果不是为可怜的富凯所安排的一条退路）。这样，一系列形式的风景姿态就在事先约定的形式外表的布置内容当中支持事先约定的形式姿态。

相反的答案有更多有趣的暗示，这个答案是建筑师让－保罗·卡里昂让我们明白的。他说，在其起源的那几个世纪里，形式上的对称空间里是以完全轻松的方式加以布置的：精美对称的壁炉台从来都没有加以匹配，也不是对称的，家具的成组摆设也是为了实现其功能，是直截了当的，根本没有形式上的考虑。也就是说，建筑（和园林）的形式秩序使摆设物从形式仪表上得以解放，让它们以选择的方式去布置自己的对称空间。

斯塔德利皇家园林

我们探索过的莫卧儿和摩尔人的方形庭院在水花四溅的阳光下形成对称的模式，勒诺特的园林突出了太阳之王光彩四溢的统治，但是，斯塔德利皇家园林却是一座北部的园林，这里芳草萋萋，青褐色交错，有雾中的远景，有淡色的天空在安静的水面上留下的银色倒影。这个园林在约克郡里彭附近的一处林木青葱的山谷里，是由约翰·艾斯拉比设计的，这是勃朗特姐妹的世界里勾勒出来的一个人物。他曾任财务署长（在18世纪早期），但因南太平洋经济泡沫的破裂而蒙羞，并以"不名誉的蛮勇无谋和腐败罪"被关押在伦敦塔里。他不是第一个，也不是最后一个在自己培植的园林中找到安慰的人。

跟龙安寺和阿尔罕布拉宫一样，斯塔德利皇家园林拿粗犷与善美，崎岖失衡与精微对称相对照。龙安寺园是在平整白沙上由一个完美的长方形地面排列石头做到的，而阿尔罕布拉宫却是将一个个闪光、晶莹的长方形庭院全都挤在一个粗粝多石的皮壳中来实现这个目标。斯达德雷在野山和废墟中把对称的水池和经过修剪的草坪排成一些模式。

这是在极小的斯凯尔河的河谷上的一处L形地块，谷地在这里的陡山之间慢慢窄小起来。身处谷地之后，你无法明白转过谷地外面后有什么东西，这使艾斯拉比能够创造出一份戏剧性的惊讶。事实上，斯塔德利皇家园林是两个园：第一座顺着这个L形的上端，第二座在下面的这一端。你可以从任何一个方向往里走，走哪条路都行。

在低下的这一头是一个堰坝，形成一个大约为圆形的较大的湖。有一条路围在湖边，曾经还有带喷水口的方形尖塔立在中央。湖的一侧是由第二条坝的坝石墙形成的，它一直延伸至谷地的河口。坝的中央是一个分层的半圆形瀑布和顶部为金字塔形的方形“钓鱼小屋”，小屋有帕拉第奥式的精美小窗对称地立在湖岸的两侧。很明显，这些都是柯伦·坎贝尔的作品。

这样的几何对称暗示通往谷地的一处水轴线，但是，并不可能立即确证这样的期盼。通往钓鱼小屋和瀑布的那条小路从东边进来，顺着石墙的顶部一直向前走，再通过石级跨过去到达西边的湖岸。到达石级处的时候，你的确会发现，一条长且直的运河与小路形成垂直角度，引导你走进园林隐藏的中心：草与水平整的平面，完全是以欧几里得式的精确构造而成的对称布局。

河流横过谷底，形成一片山林当中的一条索道。一侧是一个圆形池塘，这里有雕塑标志艾斯拉比放上他的圆规来突出其圆形的那个点。通过这个中心，建造了一条相对于这条运河的垂直线，它在牛角形的池塘两边形成一个对称轴，并在山坡上以一个隐现于山林之中的多利安式的庙宇予以终止。相对于运河的另一条垂直线进一步退向堰坝，它是同轴半圆的轴线，这个半圆围住一个环状的池塘，其中央也有另一座雕塑。这条运河上坡的一端是由第二个堰坝终止的，两侧有树木形成的屏障。这种用弧、轴的平面、平行以及垂直构成的模式就是月池。四处都有暗黑色的粗石和峭壁，有地方可以朝下看到它的形状：这里有柯伦·坎贝尔设计的一座漂亮的帕拉第奥式的餐宴石屋，一座称为名声堂的敞开的多利安式圆形大厅和一个中国式的庙宇（现在已经没有了）。

在溪流上游的瀑布之外，运河以钝角进入树林，然后（再过另外一处堰坝）变宽，成为一口极宽阔的、香肠开头的池

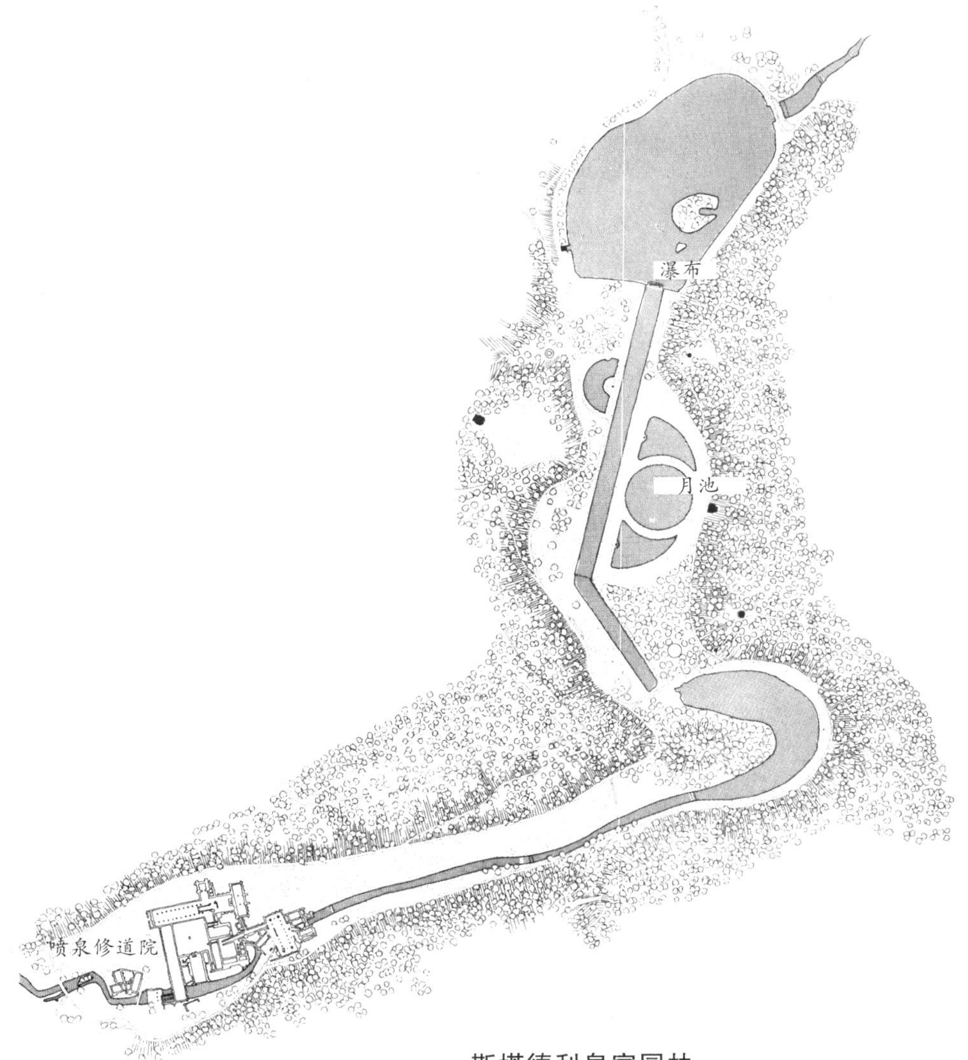

斯塔德利皇家园林

美丽景致：斯塔德利皇家园林的月池和名人殿

崇高：斯凯尔河流经喷泉修道院的废墟

塘，这口池塘绕过那个角，进入上面的园林。这是后来才加上去的，直到艾斯拉比的儿子威廉继承这片地产之后才得以完成。

这上面的园林仅仅只是一处狭长的河谷，有溪水，也有一条小路在旁边。一块巨大的草坪、树木终老的坡道和中世纪的废墟山泉修道院使这一端终止。屋顶已经不见了，修道院的蜜蜂在现在已经成为空洞的窗口边嗡嗡低吟，斯凯尔河的河水在乱石间流淌，太阳在露草对面的断垣残壁上投下重重阴影。

我们当中的一个人（不知道这个地方后来的历史）首先来到斯凯尔河谷瞻仰这里著名的残迹废墟，然后沿着河慢慢走，穿过一处小小的林地，发现了当时看上去像是一处秘园的地方——那是经过修剪而达到完美的一处奇迹。几何图形在地面出现，表明有人类的智慧出现在这里（这跟那位遇了大难的哲学家在荒凉的罗得斯岛海岸看到的一样）。废墟留在后面了，白色的多利安式的庙宇无疵的对称映衬着在午后的斜阳中闪着熠熠光芒的山坡。

另外一位首先到月池去看看，然后冒着约克郡轻软的雨水沿着溪边慢步，发现了一处全是片断和挽歌的地方——那是对僧院表现出来的壮丽魅力的回忆。这座僧院随国会解散而突然停建，造成一场灾难。它让人想到约翰·艾斯拉比自己被毁灭的希望以及伦敦塔中的黑暗日子，想到格雷和华兹华斯的诗行。它暗示出久已失去的对称也许会超过现存的完美。

4

我们自己的家园

有人曾建议托·斯·艾略特这么叙述他的文章《传统与个人天赋》：我们的祖先看来遥不可及，因为我知道的比他们知道的多得多。艾略特答道："此言正是，他们本身就是我们所了解的。"既然我们已经慢慢了解到了过往的许多伟大的园林构筑者和鉴赏家，也见识了他们的部分作品，那么，作为后继者，我们应该如何在自己这片不断缩小的园地以我们自己合适的方式来延伸和光大造园传统呢?

为了找到这个问题的可能答案，我们首先要探索美国人在过去的约350年中利用过，并带到了新世界的古老造园传统。然后，我们会插进几句简单的话，谈论一下我们在这个星球的表面所处的特别时刻，还有我们感觉到在这个时刻所应该提出的一些紧迫的建议。

天堂回放

弗朗西斯·培根1625年曾写道："人成熟到了知道端庄雅致的时候，就会去建造庄严堂皇而不是精巧别致的园林。"此时，"朝圣的父辈"（1620年建立普利茅斯的英国清教徒）在北美大陆的荒野里左冲右突才不过四年光景。因为在那片未开垦出来的土地上求生不易、险阻重重，是刺激也是挑战。因此，在接下来的数百年间构成了美国人与他们的园林之间的关系，因此也很少促使这些园林变成像我们前述的欧洲和亚洲那样全面而了不起的园林艺术纪念碑，反过来却常常变成了世界园林精华当中经过精剪的回放——是世界园林杰作的浓缩、外推、片断和转化，这种特征也适合一个处在运动之中的国家。

这是一般的规则，但早期也有少数几处重要的例外情况，最知名的就是南卡罗来纳州米德尔顿广场的那些园林。这些园林是一位英国造园家带领一百名奴隶为亨利·米德尔顿所建造的。这些园林气宇恢宏、十分壮观，跟18世纪的欧洲园林不相上下，还特别让人想起几乎同时代的斯塔德利皇家园林土木工程和池塘。但是，由于能够投入工程的人手有限，耸立在新世界这片土地上的旧世界园林造型较少人工凿痕。西班牙殖民者将带有围墙、几何图形的正式园林的不同版本带到了干燥的西南部，而不同形式的天然园林也与英国人一起在潮湿的东北部生了根。到今天，这些早期园林的残影还可以在新墨西哥和新英格兰的开拓者墓石间找到。

例如，在陶斯牧场的印第安村庄里，涂成白色的土砖教堂（建于1780年左右）耸立在长方形的封闭园林当中，教堂很对称，四周布满十字架。一条直直的通道绿树相扶，直通教堂前门，而且正好将长方形的带墙园地分成两块。因为缺水，这个园林大部分只是灰棕色卵石铺就的一块平地。但是，间或也有用土砖围起来的微雕式圆形绿洲，以此打破平地的单调。因为绿洲很小，用水桶从附近的水井里提水就可以浇灌，绿洲里有花草绽放。这些开放的花朵集中在一处，十分耀眼，令卵石铺就的炙热平地一除单调气息。教堂墙壁是大片的白色，而点缀其上的少数几块涂漆木刻装饰使教堂陡增奢华（当时缺少熟练的匠人，正如缺水浇花一样）。

印第安村庄的习惯是将住处的背部对着干燥多尘的大地，然后建造一处受保护的中央广场。西班牙人到来时带来了地中海民族的做法，他们在房前用一种建筑或墙体围上一圈私家草皮。然后，西班牙传教区将这两个传统合而为一，他们围中央庭院做一些住处，中央庭院是一个凉爽荫蔽的花园，里面有喷泉、果木和能够让人想起已经远远遗忘在欧洲修道院花园里的一切。再往后，在加利福尼亚南部地区建造平房场院的都是些精明能干的人，他们看到，在价钱不贵的郊区地皮上可利用同样的模式。他们用棕榈和香蕉叶、白色的灰泥和星星点点的九重葛编织起隐秘花园的浪漫史，让人一见而顿生怀旧之情，想起海伦·亨特·杰克逊的《雷蒙娜》时代色彩斑斓（当然大部分是想象中的）的光景。《雷蒙娜》是一个让人泪水湿襟、但最终皆大欢喜的浪漫故事，讲的是一个半印第安、半苏格兰美人和她注定噩运不断的印第安情人亚历山德罗之间的往事。“那是风景如画的生活，有多愁善感的一面，有快乐的一面，有真正的戏剧，有更多的浪漫，在阳光灿烂的那些海岸上，如今再也找不到同样丰富的生活了。”海伦·杰克逊是这么描述她的故事背景的。“那浪漫的芳香依旧在加州南部飘散着，工业和人类的发明尚且没有完全扼杀它的一切。”

陶斯牧场教堂

不过，从差不多最开始起，更凉爽、更多雨的北美各地营造了相反的一个传统，那是些自成一体、自给自足的村舍和小屋。那些房子并不向中央围建，而是向外朝向四周的原野，房前是一圈开阔地，而不是封闭的院墙，也用作了标定地产的工具。亨利·大卫·梭罗修在瓦尔登湖畔的林中小屋就是一个极好的例子，那房子“离任何一处邻里都有一英里远的距离”。

如果想以泪洗面，也在气候凉爽的新英格兰地区找一个可以与《雷蒙娜》媲美的浪漫情绪，那就只有选纳萨尼尔·霍桑的《带有七个尖角阁的房子》了。雷蒙娜和亚历山德罗在广阔无垠的加州旷野里从一个避难处逃往另一个避难处，但是，霍桑的菲比和克利福德长篇故事的背景却设在“荒废的木屋里，木屋之上有尖尖的七面山墙，指向罗盘的各个方向，中间还挤着一簇簇巨大的烟囱”，不禁让人产生幽闭恐惧。让人觉得温暖的烟囱（而不是荫蔽的庭院）放在情节的中央，而且，霍桑没有把墙写成像西班牙传教区的那些墙一样拥抱一切、收拢一切，而是描绘成“人类的面容，那上面不仅挂着饱经风霜的刻痕和灿烂的阳光，而且还透露出凡夫俗子生命的流逝以及面容下掩盖着的一生沉浮”。

基础种植的结果是一幢玫瑰覆盖的小屋

早期的美洲人分散的房舍归拢为村舍和城镇，但它们所形成的是一些散乱的格局，跟印第安村庄和传教团的居住地成簇的风格迥异其趣。每栋房子都孤零零地独立于地块的中央，房子相对于街道的比例越大，相对于地产的侧面和后面的比例越大，这所房子所占据的重要性也越大。四周种植树木的目的与其说是营造一处便于人居住的地方，倒不如说是要修饰房舍，甚至要使房子得到一些掩饰。美洲许多奇怪的屋旁种植习惯就是由此得来的，这些植物种植在那里是要软化甚至盖住砖石构造。过度狂热的种植和无法控制的植物生长结合起来，造成许多房舍几乎为灌木所包盖，因而说这种习俗得了一个不雅的名称，而房舍与植物的恰当结合本来是可以比玫瑰覆盖的别墅更呈现悦目风光的。到目前为止，这样的习惯已经写进了当地的法律之中，慢慢形成这样一个约定俗成的做法：郊区的房子必须建在地块的中央，没有为房子所遮盖的土地分成一个前庭和两侧的园地，前庭必须有草坪、树木和灌木，可以从街上看到，也可以从邻家看到；侧边的园地使房子与邻家分开。还有一个掩蔽起来的后院，传统上专用于维修工作，现代一般用于停车。

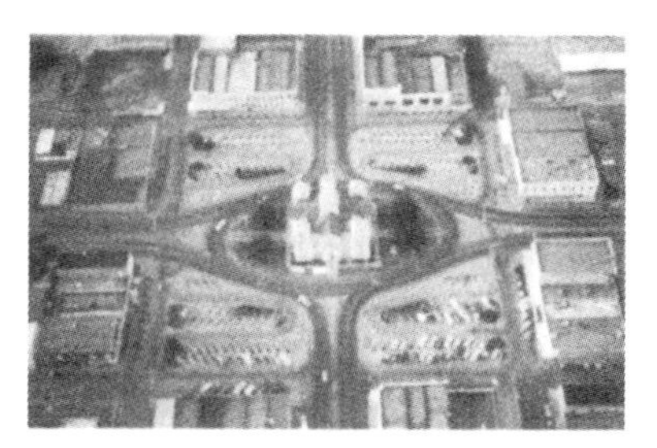

一个建筑物的重要性经常由它四周的绿地空间来说明：德州政府所在地

沿着散乱的房舍，使各个散乱的部分统一起来，并提供合适的正式公共脸孔的常常是绿色植物而不是建筑物。正如巴思和伦敦的连续的门面和并列的房子规则的开窗使相对不重要的单个居所变成了更宏大的一个整体一样，一展无余的修剪草坪和街树——中西部弯弯的榆树和贝佛利山的棕榈树——的节奏经常也使一条不起眼的郊区街道变成令人惊讶的公共场所的辉煌壮丽的景象。

早期新英格兰的城镇形成了这样一个重要的传统（以后传播到了远至德州乡下的一些地方），那就是给重要的公共建筑留下更大的空间，远远超过房舍的空间。法院可能位于一个街区的中央（“法院广场”），教堂兴许围着一片绿色植物。处在更靠近乡下的教堂的坟地经常是没有围墙的，它们只是简单地与周围的树木和田地连接在一起。再后，坟地的碑石本身也消失了，像柴郡猫一样消失在树林之中。这个过程开始于1825年波士顿附近的奥本山，当时，威廉·比奇洛博士（一位植物学家）开始计划建一座“乡间”坟场，其规模要足够大，风格必须符合地道的坟地，使其成为美国第一座绿色公园。这里有起伏的山坡，有湖泊，跟万能布朗设计的园林一样，还有弯弯曲曲的道路，全都以美洲的树木和灌木来命名。所有能够暗示生命的物体都必须连根拔除，不过，柴郡死神的浅笑依然笼罩在坟场上空：成簇的树木遮蔽的不是成群的羊和牛群，而是一排排的墓石；神殿不是华丽的建筑，而是一些墓室。在我们这个世纪，森林草坪墓园的创始人赫伯特·伊顿博士找到了一个办法来使英国田园天堂的外观得到完美化，他使一些墓石与有

春天的奥本山墓地

草的山坡齐平。（这还使动力剪草少了许多障碍物，因此有了额外的好处。）但是，在阳光下，极光滑的墓石突然间发出的偶尔的光芒还是会闪出墓地的味道——“Et in Arcadia ego”，我（死神）也在阿卡迪亚。

安德鲁·杰克逊·唐宁是第一位值得注意的美洲风景理论家，他对奥本山留下深刻印象，也因为其他类似的“乡间”墓地而感触很多。19世纪40年代，他写道：“这些墓地最引人之处不是因为这是埋葬之地……而是因为这里有自然的美，因为这些场地被艺术进行了装饰。”在接下来的近半个世纪，弗里德里克·罗·奥姆斯特德和其他人根据奥本山的原理（除开墓石的模式）创建了伟大的民主园林（为付税的公众而不是为少数贵族赞助人）：像纽约市的中央公园那样的城市公园，费城的费尔芒特公园，波士顿的芬威公园，像圣弗兰西斯科半岛上为斯坦福大学修建的大学校园，甚至包括像园林的子项，比如巴尔的摩的罗兰德公园。

美国最伟大的城市公园规划者们找到了一些办法来解决把看上去乱成一团的景色变成有秩序的几何图形（这在伊斯法罕、苏州和北京的园林中已经通过例子予以讲解）的问题。中

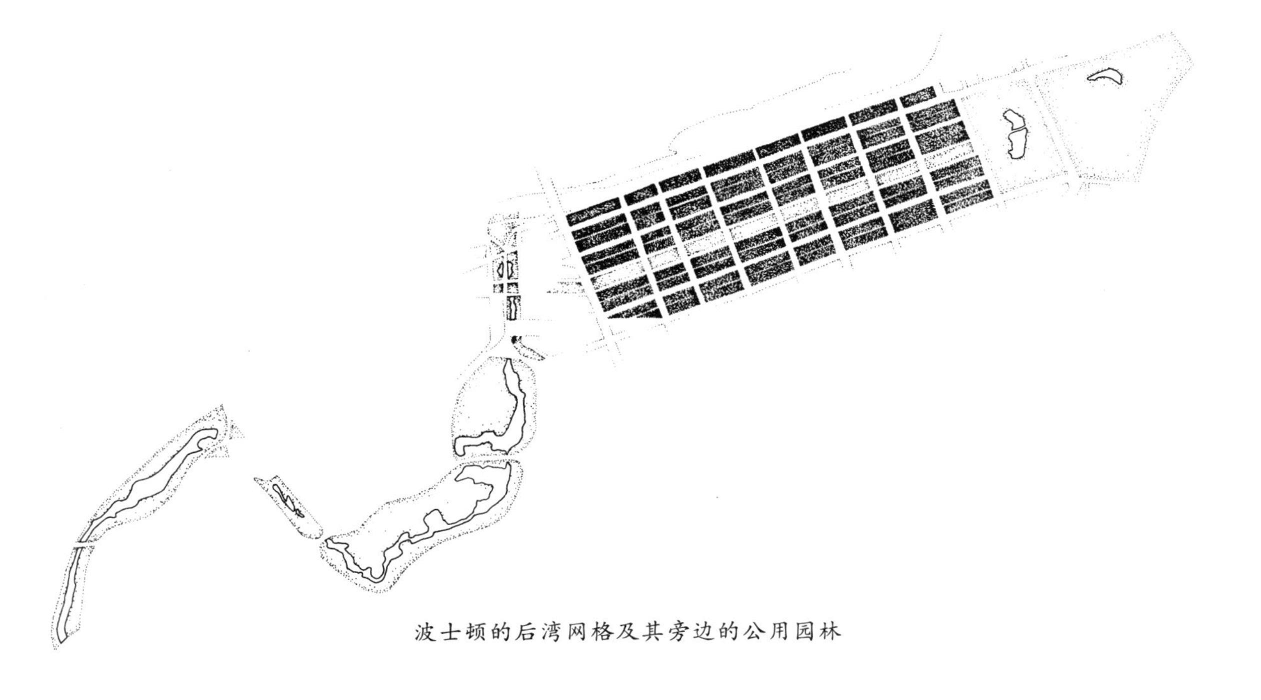

波士顿的后湾网格及其旁边的公用园林

央公园是一个巨大的直角户外房间，是从曼哈顿的网格中切下来的一块。在公园的内部，一片自然的绿色植物像一幅画一样装裱起来，这是根据万能布朗的原理构想出来的，正如他的弟子汉弗雷·莱普顿所解释，后来又为奥尔姆斯泰德及其伙伴卡尔维特·沃克斯再次解释的一样。有很多具独创性的新布置来服务大批的人群：山坡和隧道隔开了车辆交通（最初用来隔离马车，后来用于分流汽车）和人行道及马队。在芝加哥，一连串绿色公园形成永久不变的芝加哥网格与密西根湖蜿蜒的湖岸之间的边际：有一条直直的城市的一侧属于汽车，还有一条天然的边侧属于散步者、慢跑者和骑车族。在波士顿的后湾联邦大道上，有一根人为的园林之脊，正如四庭园之相对于伊斯法罕一样：一侧是波士顿的公园，一块有精确边角的绿色长方形在中央变成一座如画的湖泊，里面有天鹅游艇在滑动。在另外一侧，后湾沼泽散漫开来，横过街道的图案，就跟北京的格栅中的一些湖泊园林一样。

不过，20世纪突然冒出来的许多城市里的居民却不太愿意在公共园林上花费很多资源。也许可以这么说，汽车时代的城市松散的质地允许许多人可以建立自己的园林，因此，公用绿色空间就失去了其更为隐蔽的许多功能。但是，园林看上去还是一个非常重要的视觉因素，让人想起新世界原来的蛮荒，而不断扩展的城市却把这份记忆推向了越来越远的过去。

更大的规模

荒地的有序布局和将无用之地变成有用之地的转变，是彼此并行且反复出现的两大美国主题，甚至超过了传统意义上的美国园林建设。

在朝圣的父辈之前的那个世纪，哪怕是能力极大的巴布尔也无法让活水流入他的园林，所以，拉姆园只封合了数公顷的土地。但是，在美洲，有井之地已经为巨大的水库所占，河道成为数百英里长的引水槽，坎儿井成为惊人的流出物（比如

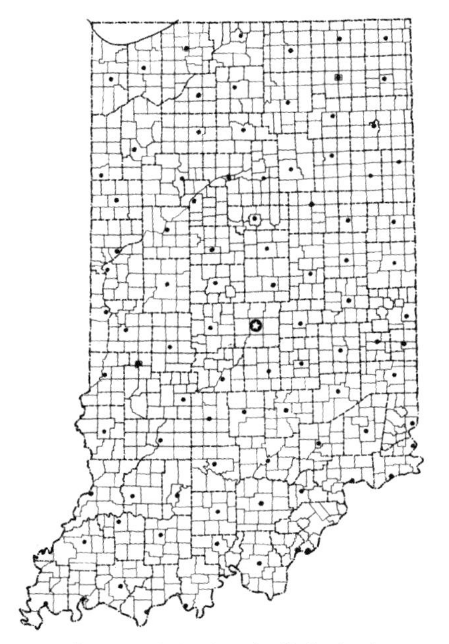

四庭园的放大图：印第安纳州

顽石坝上的飞流），有水灌溉的成片土地成为完全农耕化的谷地。巴布尔可以在他的绿色天堂里勘测建亭子的地方，但是，更大的这些系统只能够从跨大陆的喷气机上才能够欣赏得到。

有时候，水体的分布会形成完美、宏大和冷酷的对称，足以令最傲慢的莫卧儿人感到惊讶。巨大的绿色圆圈（陶斯牧场巨大的花卉圈籽实饱满的子系体）通过灌溉覆盖在大草原和峡谷里，这些水管在水源周围慢慢地转动着。这与有边界的稻田完全相反。亚洲的山坡因为稻田而充满生机，这些稻田是根据山坡的形状来具体确定的，稻田只能平整地开在山坡上。而美国的圆圈可以上山也可以下山，它们的开头跟山体的周边没有任何关系，它们会漫不经心地让方形田野的边角抛弃一边，成为无人问津的荒地。

山体也可以修造出人工的山水。在洛杉矶后面崎岖不平的某些乡村，掘土机削走了一些山头，取土与巨量的垃圾混在一起填平一个峡谷。结果填成了海绵状的、多少有些平整的土地，辟出了一个高尔夫球场，里面布满了管道，以便把埋在下面的爆炸性的沼气排走。现在已经成为平顶的山顶的边缘，仍然坚固的土层支撑着一排非常昂贵的新公寓，公寓一排排挤得紧紧的，但正面都俯瞰着高尔夫球场，看得见这个高尔夫球场在卫生掩埋后的地块上起伏。这是全新和极有利润的人工绿色风景，以前在这里的裂缝山坡的形状和颜色已经完全看不到踪影了。

巴布尔有一股冲动，他一定要在不规则的地块上形成方形的结构，他的这个冲动仍然能够在美国感觉到。比如，犹他州的摩门教开拓者受其先知的训示，要在方形的十公顷的地块上建起他们的城来。但是，由托马斯·杰弗逊构想出来，并由1785年的全国测量会规定下来的大格栅，才是自始至终协调人类几何学对自然地貌的主宰性的真实体现。这样纵横交错的图案可在空中看到，间有长长的直线公路和矩形的田野，几乎延伸到了乡村3/4的表面。其中的一些部分跟拉姆园的格栅一样整齐划一，完美无缺。比如，整个印第安纳州都分布在一种递进分割的棋盘上，只有少数几处地方跟自然地貌相冲突而发生了变化。有各个县的格栅，里面有36平方英尺的市镇，640公顷的小方块，再里面就是基本上为160公顷的方形农场。就在这个大人国的中央，也就是皇帝希望自己所处的位置（不论死活）上，屹立着州首府印第安纳波利斯。

更快的朝圣之旅

我们的祖先过去在这里开拓了疆土，他们留下的一个重要遗产与其说是到达一地的兴趣，倒不如说是不停的运动。我们共享的最鲜活的一些形象不是某些地方，而是人们走过的道路——俄勒冈州的淘金之旅，圣达菲之旅，波士顿邮政大街，让孩子们开上第66号公路，还有沿路发生的一些事件，比如在坎伯兰岬口和密西西比河发生的那些事情。市场广场（传统上是一个中心，也是一个目的地）现在已经成为一条商业带，从城里沿公路一直延伸过去，根本没有地点或到达的概念。

借助机械完成的朝圣之旅：进入迪斯尼乐园的一处山洞

使人畏缩的距离和对速度的需求很快便促使美国人让自己的行动机械化了。铁路从各处风景上跨过，然后是高速路，最后是航空线路。我们在迪斯尼乐园里的马特洪恩峰上找到了我们的阿马尔纳特：这是一座钢结构的水泥封合起来的彩色山头，里面有一个洞，洞里有疯狂乱转的长橇，付过钱的客人高高地吊在机械化的吊舱里快速进洞朝圣。

立体枢纽上的伊甸园：洛杉矶

我们强调运动而不是安居，这当然会使我们在户外空间里的生活少一份轻松。这份困难还因为尺寸太大而显得更加复杂了：美国的许多地方看来太大（比如大峡谷），无法让人产生愉快的归属感，离家也太远，因此，许多美国人感觉到无论走到哪里都必备活动大帐篷。

园林里面满是书法

随着汽车时代的到来，美国的十字路首先成了环行岛（或在波士顿是环形交叉处），然后是高速公路的立体枢纽——有些枢纽还可列上美国最巨大建筑的光荣榜。在都市的编织网里，它们展现出园林建设的新格局。比如，在洛杉矶北面，有一个四层的立体枢纽，因为在过去的四十年当中藤蔓和树木已经长得十分茂盛，这里已经成为一处高速的亚热带天堂。你只能够坐在车里一呼而过，但永远也无法在那里停留下来，除非你碰巧是那种不幸的隐士之一，在没有人看见的情况下扎着纸板帐篷睡在树丛底下。

不过，也许最具特色的美国园林就是极长的高速车用园林——车用道或风景公路。纽约州的塔康尼克公园大道和康涅狄格州的梅里特车道就因为其伯克式的美而著称。交通流在其平整的表面快速地通过，还转过它们缓缓的弯道，当然是缓升和缓降的。奥尔巴尼的北道、弗吉尼亚的蓝脊车道和加利福尼亚洞岸的一号公路在更有戏剧性的土地上渐渐变成了崇高的美（在高速工程的局限之内）。在更为成功的一些例子当中，林木、草地、杂树、灌木篱墙、溪流、沼泽、山坡和偶尔出现的参天大树都构成庞大的风景，都可以从极快奔驰的汽车的窗口外看到，它们的排列是要让汽车的朝圣之旅依次连贯地看到。带有停车场的休息站替代了园林中的座椅，标志和贴签都放大到了广告牌的规模，在汽车停车位旁边甚至还有可能出现一些雕像：在南达科塔的黑山，一处风景车道钻进山脊，让人们看到四处反复出现的拉什莫山上的四位美国总统巨像，晚上有灯光照射的时候，看上去尤其动人。

更昂贵的收藏

风景的多变和对照是极受人尊敬的美国德行。南加利福尼亚尤其因为其彼此相异的自然背景相互挤撞在一处而知名。远在空中交通令人习以为常之前的那些日子，人们最盼望的是有机会搭上齿轨机车一大清早到达北部雪皑皑的山顶，中午在橘树林野餐，下午在海滩上度过。据说，电影业之所以搬到加利福尼亚，就是因为这里的背景繁复多样。从寒冷的州来到加利福尼亚州的客人总是感到十分惊讶，因为这里一年四季鲜花不断——玫瑰和开花的藤类伸展到无法想象的尽头——客人们还会发现像罗杰斯公园（洛杉矶南边）这样的一些建筑，那里有鲜艳夺目的花卉植物，供人随意购买。奇怪的是，这里跟常见的朝圣之旅相反，朝圣者不是将某一种奉献带到这个特别的地方来，反倒是罗杰斯园喜欢他们拿走一些宝物而留下一些钱来。

一批坟墓可为一处如画的风景提供护养的资金：洛杉矶附近的森林草坪墓园

拿走一些献礼的行为当中，最令人满意的一方面是，买一些东西同时也就是做了一些事情。如果他们在做一些事情，比如烧烤，或者游泳，或者喝酒，或者在池边回电话，或者开一辆旧车，或者开一条破船，或者打高尔夫球的时候，美国人在他们的园林和风景中是最快乐的，这样说也许不无道理。高尔夫球道都是美国流行的9球或18球座，我们这样想是因为球座极复杂的布局规则提供了一处极严格的人工结构，可确保某种程度的秩序和变化，有相关的朝圣顺序和定义非常严格的做法，是每个停止位都必须严格遵守的。平整的绿地有节奏地重复，间有青草绿润的平坦球道、起伏的草原、沙坑障碍、山坡或林地，一切的安排都是为了让球手（经常也包括看客）产生惊讶和迷恋。

哪怕是能够做什么事情的可见的机会对我们也是很重要的，是不是真的做了某件事情倒不是那么重要。马克·吐温说：“如果不是非得反复不停地击打一只小小的白球，高尔夫球场应该是个好去处。”可以放心大胆地说，我们的院子里布置的游泳池比游泳的人还多，如果我们可以想出办法来把草坪变成网球场而又不使它们变得无法通行，那么，底线和网栏一定会出现在每一条街道上。

各处的收藏者都收藏独一无二的东西，而自然不可复现的运动是很难击败的。中国园林家用能够找到的最奇怪的石头来满足他们追求独一性的爱好；英国园林家坚定地追求最罕见和最有异域特色的植物，是整个日不落帝国各处可以提供的一切稀有之物。但是，开拓西部的美国人发现自己有机会获取更大的一些标本，那是特别选择的整片荒野：约赛米蒂国家公园、黄石公园、大峡谷、莫纽门特谷地、化石林国家公园、多色沙漠、蒂顿岭国家公园、佛罗里达大沼泽地，还有其他一些不凡之地，它们不是某个皇帝的私人收藏，而是国家公园系统中极受人欢迎的大众去所（这个更讲求民主，有更大的活动性的时代远非哈德良和乾隆皇帝的时代所可比拟的）。各处的公园都小心地划定边界，得到细心的保护，贴上了标签，它们是作为在巨如大陆，有汽车穿行其间的户外博物馆的发现物而展示出来的。

美国收藏者经常通过其藏品的珍贵使自己出类拔萃，他们还想出特别天才的、具有企业精神的战略方法为这些藏品支出费用。威廉·兰道夫·赫斯特（他在圣西蒙的室内和露台上收藏了珍宝和幻想），让保罗盖蒂（他有重建的庞培古城博物馆，有艺术收藏品，还有俯瞰着马里布海滩的园林）以及亨利·E. 汉廷顿（他有玫瑰收藏，还有山茶藏品，并在他靠近帕萨迪纳大厦附近有极惊人的仙人掌收藏）都是按老式的方法进行收藏的：首先收集大量财富。罗杰斯园林的所有人销售一部分藏品，然后立即用更多的藏品取而代之；国家公园服务署牺牲掉一批树木来筹集资金，以支持风景的收藏。沃尔特·迪斯尼保留了自己的藏品，但是，他索要一些门票费用让人们来观看。税赋减免可使一些绅士的农场中的藏品得以保留，比如在巴尔的摩的保护地里，由一些高税率等级的人所护养的起伏的田野和母牛以及树篱都受到鼓励，因为他们让我们其他的这些人得到了视觉上的享受。森林草坪墓地中大批精心构筑的人工风景、复制的雕像和建筑都得到另外的资助，这就是收集不断增加的真正的人骨。

更简朴的背景

美国人对风景的专注似乎经常只集中在没有为人类之手所触动过的天然背景上，它们必须足够大，有足够的空间，使人

无与伦比的自然奇观：死谷中的沙漠盆地与山冈

类无法触及，以便让观赏者能够想象自己是第一个来思考其原始的荒芜境地的。国家公园独特的风景尤其牵挂着国民的想象力。它们达到了艺术家所追求的东西，超越了大部分园林建造者所能够渴求的程度：它们本身都是值得纪念的，跟地球上其他任何一个地方都不一样。

人们对无与伦比的天然奇境与爱默生式的自然神论（这种理论好像觉得上帝是生活在树上的）的结合特别有兴趣，其中的一个结果也许就是让人造的背景退出竞争，让它们变得更为简朴一些。一个值得一提的例子是1895年建在罗德岛上纽波特的巨大的范德比尔特大厦——布雷克大厦的正面的草坪。这是靠海的一个纳凉之地，但规模宏大，乃人工所为。在海洋一边是一个台阶，几个石级，然后是一直通向海岸悬崖上的草坪，就是海洋开始的地方。仅仅只是一个草坪。从可比拟的庄严程度上来讲，很难想象一栋欧洲的房子会突出如此精致的园林。但在这个场地上，草坪是一个灿烂的发光点，仅靠它简朴的延伸就可以暗示出能够跨越大西洋而到达西班牙的大片地区。

有两处最值得纪念的美国背景却从来都没有真正在户外表现出来，却一直还是保留在各种书籍的封面上：埃德加·爱伦坡的《阿恩海姆庄园》和《兰道小屋》。说它们来源于美国是没有错的，但是却远离任何一个城市，这只是从一个旅行者的角度来描述而已。事实上，“阿恩海姆的领地”的讲述在朝圣目的地之前的某个地方就结束了，并集中在一种不自然的完美化的进行性表现上。到旅行的结束，极清澈的水中没有一粒卵石，水体的形状也不完美，在无疵无污的生苔的水池里甚至没有枯枝落叶。这也可能是最能代表我们的伟大园林的北美，但是，我们并不能够信任自己做出这样的结论，当然，对于一个崇尚年轻和运动，不能够面对死亡的国家来说，那有可能是极完美的一个园林。

订制伊甸园

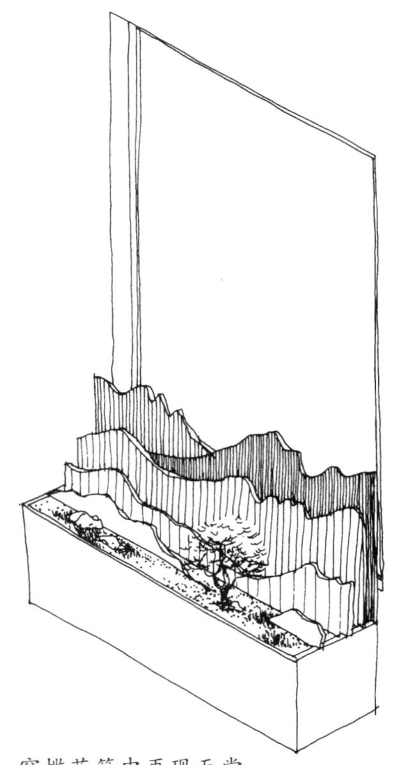

窗槛花箱中再现天堂

我们修筑自己的园林是一种休闲活动，是一种造化，一种游戏，一种痴迷。但是，要指导我们的行动，我们不可能仅仅依靠一个综合和命令式的规则来行事。在我们这样的一个时代，彼此的交往繁乱复杂，向前的节奏非常之快。虽然园林也许能够更简朴一些，更集中一些，但是，给它们强行制定任何一种规则都是不够的，不可能的，也许也不应该。我们了解的形象众多，我们的回忆与多重的复杂性混在一起。我们喜欢移动，我们欢迎可移动的享乐，哪怕我们都渴望有所根基来依附，哪怕我们珍视园林，因为园林供我们以稍事休息的机会。我们为日本园林罕见的纯净所感染，但又极情愿受伊索拉贝拉毫无廉耻感的诱惑。在别的艺术当中也会产生共鸣。酿酒跟一地的土色和气候密不可分，与其远景也密不可分，或者在歌剧中，它也无法与其时空和艺术鉴别力之间的纠缠区分开来（从花腔到特殊的园艺才能）。我们感觉到画家对图像平面完整性的执著追求，也感觉到打破这种画面以便从不同的一个层面来体验物体的快乐（和需求）。我们喜欢在时空当中渐次有序展开的结构，比如音乐中的结构；但是，我们也喜欢在时空中同时表现出来的东西。我们关键的一个词是：还有。

在某些时代，宏大的空间联系流行一时，从而形成一股以“不要”来替代“还有”的紧迫需求。伊格尔·斯特拉文斯基20世纪初在《音乐诗学六讲》中描述了这样一股在最紧张的可能极限内制造艺术的冲动。他的同时代人约瑟夫·阿尔伯斯从自己的画作中抽掉了一切内容，只留下色彩的相互作用，这样就便于集中于色彩的运用上。同时，建筑大师路德维奇·密斯凡德罗也去掉了他的建筑物中的一切内容，只留下最清纯的方格网式的矩形。这样一些艺术上的原教旨主义精神的最基本的原则是说，有绝对的东西可以追求，可以纯化。但是，一个对绝对事物的信仰降低的时代更有可能同意这样一个说法：萦怀于我们脑海和记忆中的一些形象是取之不竭的。过去的伟大园林里面并不存在我们可以一次取用而一劳永逸的东西，但我们每个人也许都可以在大地，在太阳底下，在雨中和在我们的回忆中找到为数众多的一些基本食粮。我们自己对它们的阅读会暗示出新的规则和新的游戏。诗歌会处在边缘上，而传统（僵化成原型的规则）会受到挑战，会被推翻。

因此，我们刚刚选取和描述的每一处园林都提供一个开始点，用于根据想象予以探索，并在其中保持无限新意的种子。我们在这批选择物中包括了少数没有为人类之手所触动的风景，在这些地方，像魔术一样，大自然精巧的混乱落入值得记取的秩序。（上帝之手在此可能指这样一些人，他们庆幸自己完成了某件自己敢于想象出来的事情。）但是，我们一直集中于由男人和女人从大自然的基本要素（东方的山和水，西方的重点慢慢转移到植物，甚至花朵上）中建造起来的那些风景，还有一般可称之为园林的那些建筑上的构造物。形成这样一个宏大的摘要性的系统也许是可笑的——从中提取一些规则，将构成其中大部分内容的重复和冲突的原理毁掉。但是，这样不可能是公平的：我们已经发现了太多方法来建筑令人满意的园林，太多的方法来设计一个建筑，太多的方法来创作一首诗或一部喜剧，因此不可能只取一种办法借以前进。沧海横流，何须只取一瓢。

我们可以吸取的教训都有语气上的未决气氛，如有可能和应该、也许和也许不是，总还会有另外一些观点需要考虑，也许还是彼此相矛盾的一些观点。当然，我们所处的这个情形并不是独一无二的：我们最近在谈一位建筑师朋友，他极善日本围棋。虽然这是一项极古老和复杂的游戏，但是，里面的规则却极少。然而，有到目前还在积累的众多暗示和战略，可以区分聪明和不聪明的下法，并帮助战略的形成，以便使一个人的经验快速而奇妙地得以利用。我们刚刚看到过的许多园林都显示出特别成功的战略，或者是一些幸运的例子，这样说比较妥当。每一处园林都有一个观点可以宣称，每一处园林都能够把握住我们的思路，使我们得到安慰，然后出现惊讶，还有奇妙之处。

那么，思考我们自己的园林有可能采取的外形却不是一种有序的、直线式的过程，用于获取建立普遍规则时的具体后果。这是记忆中的众多声音形成的一次讨论会——它们急切而又发出众多暗示，有时候达到满意的一致，有时候又会爆发出矛盾。它们会捕捉住典故，也会共享笑话，一会儿旁白，一会儿再回到主题。有笑话，有智慧的玩弄，最后多少会达成一个结论，某个特定的场地在某个定点的时刻适合于某种概念。很久以前，希腊作家路西安就记录了不同观点的著名争辩者之间想象中的座谈会，我们也会以同样的方法来演示这一过程。路西安本人将做我们的向导。他将召集一次讨论会，讨论一些典型的美国场所的园林方案：一位退休者在加州沙漠中的一块地，一个城市的后院，一个郊区的前院和一个侧院。最后，他会提出坟地的问题。我们来听听他们的讨论吧。

美国园林讨论会

路西安记录的一次讨论会

路西安：两千年前，我常常组织辩论会，有神灵的辩论会，也有死者的辩论会。有次我召开信条贩卖会，愤世嫉俗的第欧根尼（他说“我的敌人就是快乐”）要3便士（对他不错），而苏格拉底无法集中精力完成手头上的这门生意，他不停地跟投其所好的每一个小伙子夸夸其谈。很自然，我无法调换这些伊壁鸠鲁主义者当中的任何一个人——没有谁能够支持自己代价昂贵的恶习。我有自己的模仿者。沃尔特·萨维奇·兰多（他喜欢自然，其次是艺术）在《文人和政客臆想对话录》一试身手，但没有我的好玩。埃德加·爱伦坡写了一些会谈，路易斯·沙利文想象到了《幼儿园的谈话》（在芝加哥，离题到了乡村，最后又回到比洛克西湾），是建筑系的一对师生之间的谈话。但是，我担心自从基督教出现以后我的名声有些受损了，因此他们决定不喜欢我的态度，因而放出谣言，说我被狗撕成了碎片。

经过很长时间的安息之后，我又回来了。为了大家的娱乐起见，也为了向大家解释清楚，我把过去的一些伟大的园林建造者召集到一起，让他们提出各自的意见，看看你们应该如何建造自己的园林。（我希望能够把这次讨论会搬上电视。）下面是我的第一位发言人。

庭院

S教授：我们暂停下来看看这片沙漠中的绿洲吧。让我们在它的阴凉和令人满意的宁静中稍事休息，顺便喝一点这路边的泉水……

路西安：我们到底在什么地方？

S教授：我们在加利福尼亚的棕榈泉，我准备在这里的游泳池边消磨掉自己的晚年（这比芝加哥的一处孤独的旅馆房间好得多）。我要为自己建一栋房子，要有园林，就跟过去我在比洛克西建的那座一样。我相信，你已经请来了一些极著名的专家来讨论这个园林设计了。

路西安：是啊，我召集到了亚历山大·蒲柏的影子（此人不管受不受邀请都会十分慷慨地拿出一些书信体的告诫），还有巴布尔大帝（他因为善于在热带气候下造园林而极有名声）。参加这个小组的还有英国建筑师欧文·琼斯，他对阿尔罕布拉宫的庭院进行了仔细的研究（而且，跟教授您一样，也喜欢装饰），还有作家华盛顿·欧文，以及著名的意大利人卡罗·冯塔纳。蒲柏先生，我们谁先开始呢？

亚历山大·蒲柏：如果我是您，一开始就不会这么说话，没有礼貌的样子。至于说这个园林，我建议大家先从“场地精神”开始。

路西安：我知道您会这么说的，所以我也请他加入我们的讨论会。他正开车前来。

场地精神：稍候片刻，等我把鞋子里的沙子先抖出来！如大家所见，棕榈泉特别热且干燥，到晚上才凉爽一点。最开始这里是一片沙漠，现在有水了（管道通进来的），是用于园林的。现在到处都是度假用的房子和退休用的房子。见到您很高兴，巴布尔！看起来，所有莫卧儿人在这里都有个地方！

巴布尔：可不是嘛，但是，这地方简直就是个垃圾堆！让我想起阿格拉，帕尼帕特战役之后我到的那个地方，一点也不诱人，乱七八糟的，沙太多，太热了，没有什么场地精神，也没有谈话（“祝大家好”在这里变成了一句机智的话），没有大象，没有冰镇芒果，那里的人长得也邪乎，根本想不到什么大学……

S教授：别抱怨了，巴布尔。请再喝一杯玛丽酒，沉稳一点吧。你有没有任何建设性的建议？

巴布尔：不妨先建一个封闭的、有保护的地方。用墙体捕捉住一些空间，用绿荫和水声填充它。尽可能多一些透明度和对称，这在你最无法令人满意的世界的小小的那个角落是必要的。（我想，征服这整个市镇，然后再将它彻底打扫干净是个题外话吧？）

场地精神：啊，回忆！西班牙古老的使团把方形庭院引入了世界的这个角落。有拱廊的庭院可以让人想起那个时代的浪漫人物，雷蒙娜和亚历桑德罗、佐罗……

华盛顿·欧文：是啊，但如果你造一栋封闭和带空调的房子，并与户外有暗示性的联想，那就一点也不起作用了。在正面做一些跟随潮流的主题物也无济于事。你只能得到建筑师查尔斯·科雷亚（皇帝先生，他是你的同胞之一）曾称之为“文身盒”的东西。园林里面是应该有东西的，而不仅仅是供人从窗户里看一眼的。我希望能够在房间里来回走动（正如我在阿尔罕布拉宫里走动时一样），要听到喷泉和鸟鸣的声音，要闻到玫瑰的香气，感觉到温和的气候对人的影响，想象自己在穆罕默德的天堂里，身边有美人明亮的眸子在闪动……

欧文·琼斯：你那漂亮的东方主义并不可靠，华盛顿，但是，关于阿尔罕布拉宫的教训却说得对。看看我测量得来的图纸，我们会明白它到底是如何发挥作用的。我们应该注意，金庭虽然很小而且简朴，但却因为水的缘故而极有生命力。狮子之院更富幻想力，里面的房间在各个侧面都与水的交叉轴线相通。如果你希望安装一个足够大的游泳池，应该看看桃金娘庭是如何建造的。不过，像那样的一个玩意儿可能会花去你大笔的钱。

卡罗·冯塔纳：你们两个一定是在开玩笑！你们希望它看上去像塔柯铃吗？至于说阿尔罕布拉宫，那太规则了，而且是二维的，你从哪个地方看去都是那种俗气的样子。不，我要提的建议是这样的。虽然这个场地很平整，但是，人们应该做

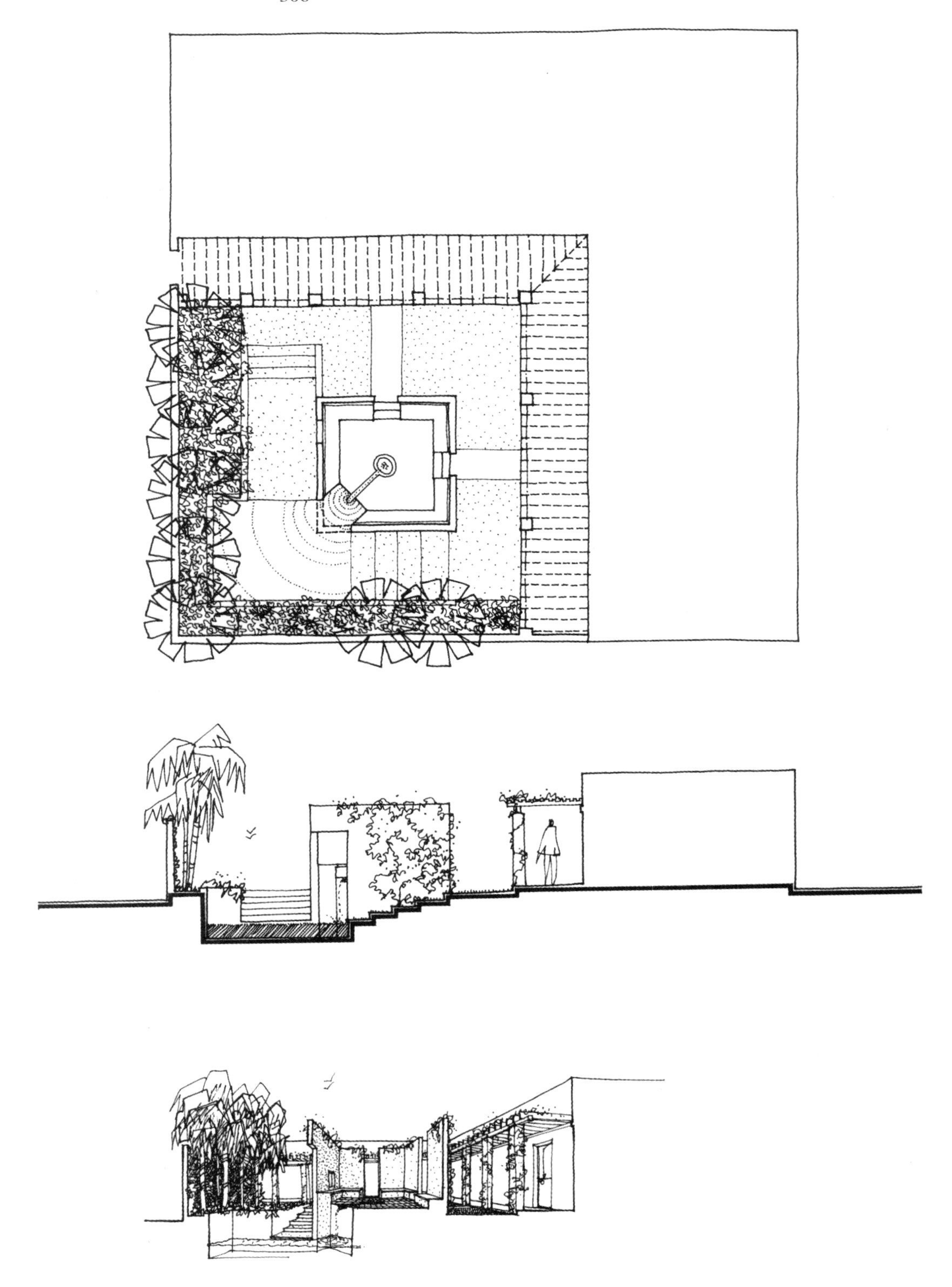

棕榈泉的一处庭院里的园林构造

一级台阶和石级，这样就可以让树叶看上去是悬挂在水面上一样。由于我怀疑你的预算会超出建造桃金娘庭的水平，因此，你不妨再考虑一下做一些假景，借用一些舞台布景的技巧。谈到假景的问题，造几处水瀑似乎并不妨事……

巴布尔：别自以为是了！我不知道你们大家怎么想，但我肯定不觉得让大理石的丘比特探头进来偷看我是件开心事。如果我的园林师做了这样的事情，我会砍下他粗野的头来！

S教授：时代变了，巴布尔，请安静下来。你瞧，我已经根据你的一些建议画了几张草图，已经成了相当完备的一个建筑方案了。这个园子共30平方英尺（1平方英尺≈0.0929平方米），两侧有带拱廊的通道，从通道中你可以看到园林。我的提议是在中央做一个有墙的内部空间（它本身有12平方英尺）。我认为这就是一种魔术中的秘密园，可以扩大这个空间当中的精神的维度，哪怕它实际上占用了900平方英尺当中的中央部分。

卡罗·冯塔纳：是啊，但如何做到呢？是什么东西让错觉发挥作用的？

S教授：我没有多少空间，所以利用了瞥见和片断的召唤力。如果你从房子里面朝外看，或者沿着拱廊向外看，通过秘密园的开口看到的那部分只会显露出一点点，并暗示里面还有更大的一片看不到。我也指望声音能够起一些作用，在中央方形地之外的地方弄出一口池塘来，使水在里面发出响声来，这会暗示还有没有看到的东西存在。这个池塘需要你做跟在大池子里一样的所有事情，但就是不能在里面游泳。因为它是沉下去的，因此，我想它还会增加一些诗意的神秘意味，就是德彪西的“吞没的教堂”或迷失的亚特兰迪斯城的形象。

巴布尔：我看出了块中之块的次序，还有稍稍有些失衡的对称（我假定，在一个更喜欢经过推敲的反话而不喜欢明白直露的肯定口气的时代，这是非常合适的），但我对你的种植计划非常好奇。如果没有香气、树荫和色彩，这些方块看上去会是僵硬的，没有生命力，也没有新鲜感。

S教授：在庭院的两个外侧，我已经摆出了看上去像是热带来的植物：有芭蕉，这种植物生长极快，冻过之后还能再生；还有卡罗莱纳茉莉，在极冷的天气里也能健壮生长。我还摆出了九重葛，这种植物能开出许多颜色的花来，包括大红和橘红的花。还有常青藤、凌霄花，都爬在紧靠房子的棚架上。外墙上的树叶会反射到池中的水波上，会构成美丽的景色。我们还会根据花色来选择不同的藤类。这样就会显出很热闹的样子来，显出热带的风光。我当然还会种一些浆果吸引鸣禽。

欧文·琼斯：我喜欢用些装饰腰线，用瓷砖做，放在围住秘密园的墙体的顶端……

华盛顿·欧文：我可以想象得到有荫的藤类和棕榈的浪漫情调，可以想象出茉莉的香气、池水和喷泉溅落的凉意、沙漠到晚上时墙体发出的温暖，一直升往星空的闲谈与笑声……

前院

路西安：欢迎来到芝加哥，欢迎来到伊利诺伊州橡树公园。这是个令人愉快但又非常昂贵的郊区。S教授以前有个学生请我们就他父母在这里建造的一个家园的前庭提一些建议。我请来了万能布朗先生，他曾在布伦海姆殿铸就了耀眼的辉煌成就。还有知名的英国建筑师埃德温·勒琴斯爵士，他跟朋友格特鲁德·杰基尔女士一同前来。为了表明其他人的观点，我们还请来知名的源氏王子，他从京都刚刚赶来。还有来自悉尼（我猜想是获准假释）的殖民时期的建筑师弗朗西斯·格林威先生。瞧，这位是谁？

弗兰克·劳埃德·赖特：大家好！我是橡树公园的场地精神，也是S教授的老朋友。看上去你需要一些咨询。

万能布朗：的确！我把自己的马儿留在家里了，因此无法丈量这个地方都有什么样的潜质。这地方看上去怎么样？（在我看来很平淡。）

弗兰克·劳埃德·赖特：老教授在他的自传中称早期的芝加哥为“花园之城”。他谈到了巨大的湖泊和草原，还有极美的地平线。他是这么描述郊区的：

> 在这个城市的周围，在越来越大的面积上，在虚构的半圆中，躺着一片美丽的草原，它与那座湖是天生的伴侣；在这片草地上，距这花园城市7~12英里远之外，点缀着数处村庄，这村庄也是一种开放的半圆形，因为每一座村庄都彼此紧靠着，坐落在宽大的草地上，就在他们种植的极漂亮的树木之内。在城市的北边和西边，还生长有大量高高的榆树和橡树。

巴斯的皇家新月楼，对街道展现出连续的正面

现在，芝加哥的网格已经伸入了村庄之间的这些空地，但是，我们仍然可以看到湖泊和天空，我们还拥有四处长满大树的草原的回忆。

弗朗西斯·格林威：郊区的所有这些房子都处在自己那片小小的格栅草原的中央。这些多草的前院有什么用处呢？我设计一个建筑的时候（是我在英国学到的乔治时代的风格，当时我还没有惹上官司，也没有移民到澳大利亚），我会仔细地表现一个面对街道的连续的正面，并遵循适当的传统（比如风度与着装仪表）以适应公众生活。仅仅用一个草坪怎么能够做到这一点呢？

弗兰克·劳埃德·赖特：在这样一个民主的国家，有这么广阔的空间，我们已经建立起自己的传统；一个建筑从街道收进的规模经常标志着它的重要性，因此，大度的前院草坪成为舒适的郊外房舍不可分割的形象，人人都是这么想的。让客厅跨过草坪对着街道无疑是正确的，但浴室和厨房的窗户肯定不行。离人行道的距离通常会为客厅提供足够的隐私，如果这还不够，我们还可以利用窗帘。

学生：但是，我还是看不出应该如何在这里开始设计一个园林。前院的要素有哪些？构成前院要素的规则有哪些？

弗兰克·劳埃德·赖特：它们差不多跟传统的日本园林一样有明确的定义。草坪（跟守护石一样）是最基本的，并形成整个结构的起始点，不过，传统的极限有时候也许会延伸到允许发生一些变化，比如冰叶日中花，或常春藤，或块石面路。有时候，还会出现尖桩篱栅，或在前端建低墙，较高的篱栅从两侧伸向后面。也有不用前院篱栅的，这样，沿街的草坪就会形成单一不中断的大规模维度，跟乔治时代的台阶发挥同样的统一作用。间隔整齐的树木兴许会美化街道的线条，并使人行道得到一些阴凉：也许在东部和中西部种些枫树，在加利福尼亚和佛罗里达种些棕榈或桉树。从传统上讲，从前院门到大门之间有一条横过草坪的小径。因为汽车时代已经到来，因此也就有了汽车道，还有车库。

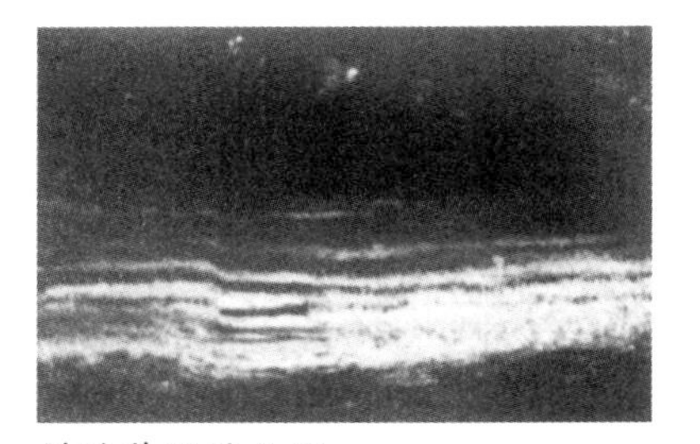

横过草坪的小径

源氏王子：我是熠熠生辉的源氏，曾被人称为“震惊亚洲头号引诱者”。我成功的秘密是要为所有的女士建造园林。也许我的风格当中的一个例子在这里很有用处。这个草图怎么样？它突出围绕前门种一些屋旁植物。

格特鲁德·杰基尔女士：我认为这显示出你对阴毛特别的迷恋！不要摆出那幅万宝路牛仔的落魄样子来！接下来你会告诉我们说，前院的功能是为丈夫剪草坪和洗汽车提供一个地方，而那小娇妻正在里面煮晚餐。

万能布朗：说得好，杰基尔女士。我们应该尽量避免有不适当联想的一些因素。我认为，我习惯使用的一些方法都是天真无邪的，但我不知道如何把它们放在这样一个缩小的空间里。没有多少地方好放母牛，邮箱与车库之间也实在找不到一处可以挖出湖泊来的地方。也许你可以开进一辆挖土机来，或者再运几车土来，让那个小小的突起部分变成更实在的小山。可以到苗圃去买合适尺寸的树苗（我们那个时代可不行），这样你就可以造一条绿化带遮住篱栅，还可以在山顶上放一大块土块，使其显得更大些。种些草坪（直到墙根），把草上小径弄成S形，这样就有了：立即有了英国味。

源氏王子：太昂贵了，布朗先生。土木工程太多！我觉得空间也不够。你的风格不适合于任何一个你无法骑马进去的地方。

弗朗西斯·格林威：我觉得我的这位英国同胞还是有些道理的。因为我是为了英国的利益而离开英国的，因此我的确喜欢在希望的任何地方再现祖国的形象。你能否找到办法把他的点子弄得更实际可用，源氏王子？

不稳定的踏石接近桂离宫古老的松阴

源氏王子：我的确同意这位值得尊敬的同行的想法，认为隐藏起边界是个很好的主意，并使地表产生一些变化以形成更大的风景暗示。但是，在这样一个规模上，就必须用到某种压缩。你会在众多的日本园艺书中找到浓缩的方法。比如，你可以用不稳定的一些踏脚石做成小径，这样一来，它就会延伸空间，看起来到达前门有很长一段距离。这会使访客朝下看，这样，你可以做出极精巧的地面，不仅仅是草，还有石头和沙子以及苔藓，甚至还可以种些极小的花。小山没有问题，我想，但是，除非你铺开前景、中景和远景，以便形成某种后退的效果，否则，小山便会形成平淡的狭道。另外还必须控制石头的纹路和树叶，以便产生更大距离的错觉。

学生：湖呢？可不可以配一座湖？

源氏王子：你不必拘泥于布朗所说的文字上的意义。如果需要，可以暗示出一座湖来，用一些耙过的沙子和石头象征湖岸。喷花的水雾可以暗示一道瀑布。别的一些石头，都小心地加以摆放，可以让你想到溪流或水瀑冲刷它们的力量，但实际上却没有水存在。

橡树园的一个前院园林

弗朗西斯·格林威：要小心！装饰物有可能会使你惹上麻烦！也许可以考虑更具外形的、乔治时代的处理办法。

埃德温·勒琴斯爵士：这是我听到的第一个有意义的建议，也是殖民时代的一条好办法！（在我看来，苏伊士以东都没有出过什么像样的建筑理论，我本人也一向不喜欢布朗的那套不太中用的东西。）

学生：看来您对自己很自信，埃德温爵士。也许您可以告诉我们应该怎么办。

埃德温·勒琴斯爵士：很简单！园林必须有一个非常清晰的中心思想。集中在一项事情上面，或者少数几件事情上面，这才是你真正想要的东西。这并不是说你一定就要减少或者淡化一些东西。我们可以举几个有用的美国的例子来，大家应该看看加利福尼亚的托马斯·邱奇那令人十分满意的寓所园林。它们通常是集中在一棵较老的树或造型极漂亮的游泳池或触目的树篱来表现自己的力量，或者彰显自己的主张的。

学生：这个园林您用什么作为焦点？

埃德温·勒琴斯爵士：当然是一些造型的建筑要素。园林应该面向街道，有合适的对称礼节。总体来说，哪怕美国人也不会穿着内衣出现在公众场所的。我要用墙体和石组以及台阶，通过一些形式上的封闭物接近前门。

格特鲁德·杰基尔女士：这才是我在想的主意！必须选择一套颜色方案用在每一个封闭物上，并小心地用花朵来装饰它，就跟装扮前厅一样。种一些密实、明亮的草本边沿。

弗兰克·劳埃德·赖特：这与中西部的传统产生了联系。教授清晰地记得老芝加哥按季开花的那些园林：在冬季，大雪

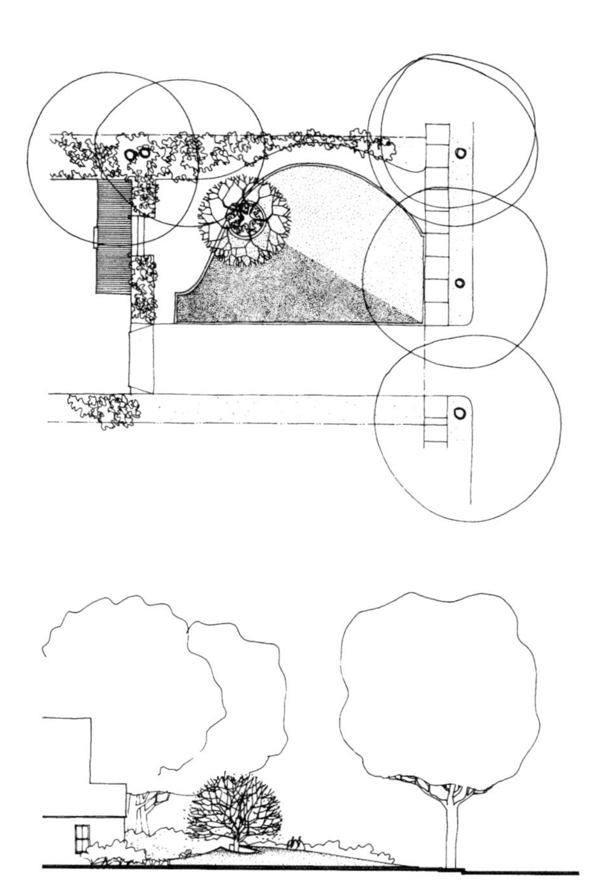

前院园林的设计图和截面图

纷飞，持久不停，是旧日的一派活跃景象……再后又是春分，春天到来了，番红花出现了，树木悄悄生出嫩芽。“春天的阵雨”经常是东北部来的凉竦竦的雨水。说实在的也根本没有春天，只是冬天慢慢消沉，夏天不断靠近的一种波动。但在六月，花园之城才回到了本身的样子。在远处，人们会看到许多尖塔，都从绿地上升起，向着陆地的方向，从远处看去，还有谷物输送机灰色的影子。

格特鲁德·杰基尔女士：还可以选择花朵来使园林的封闭物随着季节一同变化。也许你应该看看我跟埃德温·勒琴斯爵士一起做的一些项目，或者看看梅杰·约翰斯顿的鲍特丘陵花园，或者萨克维尔-威斯特女士在西辛赫斯特的杰作。

学生：我完全尊重二位的意见，埃德温·勒琴斯爵士和杰基尔女士，但是，全套正式的园林对安静的郊外街道的一栋小房子来说的确是太奢侈了。（我父母没有钱请12个管家来管理这所房子，这跟你埃德温·勒琴斯爵士不一样。）由于他们没有大批的园艺师，庞大的花园也不太现实。但是，您认为园林要有中心主题倒是非常有意义的一个观点，特别是因为我手头上的空间非常有限。您看，我这里画了一张图，让中央的一棵大树成为中心。李子树也许不错，可以迎合芝加哥季节变换的节奏，在春天的白云下，白色的李子花会飘落在草坝上。树叶形成的绿荫会在夏天铺到去往前门的路途上。一块明亮的色彩会在秋天突露出来，到冬天，风吹来的雪地上光秃的树枝会让阳光从窗口射进卧室。请注意，我利用弯曲的S形弯道接近大门，布朗先生。从街道这一边，我形成了有微型草地的自然风景，这会使你和源氏王子高兴的。但是，对于埃德温·勒琴斯爵士和杰基尔女士而言，我也建了一个更为正式的、有铺石的前庭，有墙体，有花圃，还有对称的石级。

源氏王子：我觉得事情差不多了。我们是不是一起搭车去机场呢，草本边界女士？

后院

路西安：会议在纽约召开，专门讨论后院的问题，我的朋友H先生在17英尺宽的一块地上有一栋三层的成排房子。街道向南。房子后面是17英尺×34英尺的一个空间，后面有一个很大但不是特别漂亮的高地。H先生希望设计一个园子。为了帮他提一些建议，我又请到了亚历山大·蒲柏，他是双韵体诗人，也是众多园林的朋友。我还请到了中国皇帝乾隆（他在圆明园的园林是大家都知道的），波斯诗人奥玛尔·亚姆，还跟平时一样有爱德华·费茨杰拉德的陪伴。还有20世纪初期的作家伊迪丝·沃顿，他写过关于意大利园林的极有趣的一些文章，特别是伊索拉贝拉。我想，蒲柏兴许会支持朝圣园林，乾隆会支持收藏园林，奥玛尔·亚姆会赞同图案式的园林，而伊迪丝·沃顿也许会喜欢确立一个背景。我知道！我明白，蒲柏先生，我们将咨询……

伊迪丝·沃顿：啊呀！这是一头大猩猩！

金刚：是啊，跟真的一样大！我的退化已经弄得人人皆知了，自那以后，我一直充当这里的荣誉场地精神。我想，大家应该先考虑一下后院的特点。前院代表对着街道的一个公共脸谱，后院则应该是私密的，有所掩盖，适合于不露给别人看的一些物体或者表演。在澳大利亚的城镇，格林威先生告诉我说，可以在后院养些鸡，甚至山羊，但在前院不行（但是，由于绵羊在澳大利亚获得了特别高的国家地位，有时候可在前院养一些作为剪草坪的机械用）。在早期的美国，后院的利用一般是用于实际目的的，从挂衣服晾晒到种些蔬菜不等，但到20世纪30年代，人们对后院的期望发生了变化，一些讲居室安排的杂志都在极力催促人们说，要让主要的客厅面对后院的安宁和私密处，而让厨房、维修处和汽车房面对街道上的尘土和繁杂喧哗。问题在于要让后院成为你自己的，让里面有所栖居，想办法在那里做些什么。游泳池是受人欢迎的附加物，看来它本身并不是那么吸引人的一个东西，但是，因为游泳池可以让

园林中的金刚雕像

居住者找到理由来脱掉其大部分衣服，结果成了占据某个地方的极有力的武器。

H先生：谢谢你博学的分析，金刚先生。也谢谢大家光临。我为这个园林的方案已经想了好长时间了。我觉得，在后院的末端做一个园林结构也许是非常吸引人的，这样，在阳光下（至少是在一年的某些时候），园林会感觉到完整和私密，比远处的大型建筑更有趣。但到目前为止，我所想到的东西都是静止的，对称但无趣。

亚历山大·蒲柏：肯定是这样的！这就是人们常说的："每条胡同都有个兄弟，半边舞台只反映了另外一半。"这既不美，也不够，更谈不上崇高。我倒想建议贺拉斯的"美之线条"，作为一种构成工具来引导视力更优美地通向园林的尽头。

乾隆："美之线条"，的确不错。人文主义的肢体曲线不会引导你到达任何地方。一些地方唤起名字时，诗歌会出现。也许，取一些名字而让这些名字唤起一个地方是个好主意（因为你看来没有什么主意）。我喜欢"勤勉参透的顶点"，不过你也许喜欢"天镜"，这有可能暗示一个能将太阳反射到园林中的结构。否则，你也许能够在这里做一个微型的帝国大厦，并为其极有趣的居民建立一个舞台环境。我尊敬的同行，金刚先生，标志可能这样写："刚之园"，或"可胜此地否"？

伊迪丝·沃顿：啊，闭嘴，乾隆！这话说得太武断了。这个园林是（因为空间很小而必须是）一个背景，是能够在头脑里看到和访问的地方。它安静，有召唤作用，梦想一样，并在所有美的东西之上。它不需要你的任何祈祷。我支持做一个园林结构物，上面盖上藤蔓，也许挂在空中供异禽来住。

爱德华·费茨杰拉德：奥玛尔说他的感觉相反。一个园林是一个存在的地方，可以与亲爱的人一起坐在那里。他认为你们必须在那里，而不是在它的反射中。一个通往可住人的神龛的梯级，还有太阳，还有美酒。

亚历山大·蒲柏：在这极小的一个空间里，你也许是对的（不过我怀疑），但我倒想你不能够忘记这个可能性，哪怕在这里，那就是，可以造一个朝圣之地。我在帕洛阿尔托有一些朋友，他们请人在稍大一些的后院里建造这样一个地方，坐在后院的亭子里，就跟相距数英里远一样的感觉。设计忽略了美的线条，因此有些粗糙，但是，它的脉络还是非常清晰的。我们请建筑师们给我们解释一下。

查尔斯·W·莫尔：真是不幸！我怎么在这里结束呢？我应该在飞往洛杉矶的红眼航班上。好吧，既然你们问起来，加利福尼亚帕洛阿尔托一块50英尺的地块上最新改建的比洛夫斯基的房子后院有一个特别的奖励：左后侧额外有一块35英尺×50英尺的长方形地块，已经有邻居修了墙。这是极好的一个变化，我和特恩布尔先生都这么想，可以做一种迷宫，使其比平常的奖励更值得回味：一个带墙的秘园，就在一条长长的通道的尽头，那里有亭子，有一个果园，还有一处喷泉。（看看特恩布尔先生的草图。）

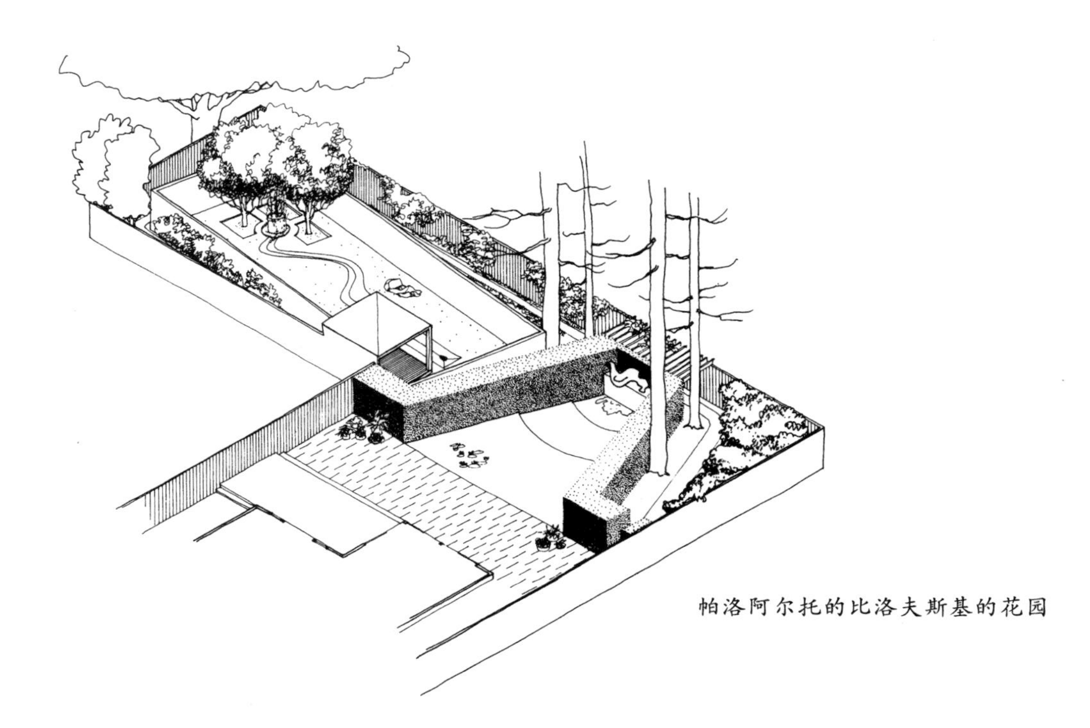

帕洛阿尔托的比洛夫斯基的花园

从房子后面装有玻璃的客厅看去，这栋房子属于很简朴和对称的一种，院子最后面有墙体支持，白天会反射出光线来。海桐花在视线里排成一排。在这个空间的最远端，树木在排水沟上收住，使雕刻看上去更远。

朝圣者只有通过了排水沟的狭窄通道后才能够发现通向左侧的一条路，这条路引导他顺着一条狭长的路走向最后的一排杜鹃花。（狭窄迫使视角增大明显的距离。）

金刚：最后怎么样？（我喜欢愉快地结束。）

查尔斯·W. 莫尔：在杜鹃花那边，向左拐弯会看到另一条窄路，尽头有一些金合欢树，再向左转会发现第三条窄路，快到最尽头的地方是一个亭子。从亭子开始就打开了秘园，它的灰泥墙涂上了一层柔和的橙红色，里面有一些紫红，跟古代中国庙宇园林的墙体一样。开花的李子树给这些画景增加了一些紫叶，在二月份的时候，还会有最浅的粉色花朵开出。这个景色最后为一道小小的喷泉所完成，里面有水的溅落声传来。我们在第一个长轴的尽头考虑到了一处喷泉所能够带来的愉快，但是，我们决定稍加限制（止水，能够反射雕像），以加强这条小路的尽头流动的水带来的惊人戏剧效果。

金刚：不错的方案，查尔斯。但是，我必须说，我对于这些流行的滴滴答答的游戏很厌烦了。你可以请你的合作者带你走出这个版本，并带你到属于你自己的下一个平面上去。

威廉·J. 米歇尔：我们走吧，免得那猴子发疯了！

亚历山大·蒲柏：既然这两个家伙已经走了，我们可以回头谈谈我们的事情了。H先生，你觉得我们的意见怎么样？

H先生：我觉得大家的意思是说，在一个17英尺的范围内，最好不要寻求对称或封闭的形式，而应该用片断和极大物体的微型形式暗示出更大结构的存在。这里是我的方案。这是一处园林房舍，跟圆明园里面的没有什么大的差别，乾隆，你必须为它取一个名字。它是不对称的，跟你说过的一样，朝向和离开房子的两边都是开放的。这是小规模的，对于这样一个极小的园子来说。但是，它又很复杂，因此，我使园林在它前面保持简朴，只是一些铺路石放在斜线上，以暗示出在以前的时间当中迷失的一些布局。前面有一个日晷，是一种装饰性的夸耀，以强化阳光灿烂的感觉。在中央是一个火炉，为了在秋天增加一丝暖意。烟囱也成为一个高处，作为超越一个片断的微型地貌。

爱德华·费茨杰拉德：足比天堂了！

侧院

路西安：我们接下来的一位柏拉图式的参谈者是J先生，他想在德州的休斯敦买一处房子，地产较大，他可以选择各式各样的园林，所有的园林都是一样的尺寸（16英尺×72英尺），都对着一个基点。他希望得到帮助，看看应该为选择的那块地做什么样的园林设计。他要求召开一次座谈会。我请到了弗朗西斯·培根，他的《论园林》确证了他的资格；还请了维塔·萨克维尔–韦斯特，她在《观察家》上开的园林专栏也证明了她的资格；还有沃尔特·迪斯尼，他在迪斯尼乐园的巨大成功使他有资格来此讨论。晚上好，J先生。这里的场地精神是谁？

J先生：我们现在很少在休斯敦看到他了。他总堵在高速路上。那天我在路上碰到他，他给了我几张太阳角和四处潜在场地常吹的轻风图。但是，他没有告诉我选择一处场所的标准，因为他急着赶往某地。

费朗西斯·培根：也许各位作者可以帮忙。你最近见到他们没有，路西安？

路西安：金刚把他们赶走后就再也没有见着了。我想从现在起，我们得依靠自己了。

弗朗西斯·培根：我们首先来收集所有相关事实吧。经验科学应该是我们的指南！我注意到，首先，这些场地既不在前面也不在后面，而是在房子的两侧。侧院的目的何在？你们美国人到底用侧院来做什么？

沃尔特·迪斯尼：在我记忆中的童年时期的中西部小镇里，房子都坐落在宽敞的地基上，两侧都有很大的空地来种树和让孩子们玩耍。但在更城市化的背景下（特别是房子都是水泥建筑，要么是防火材料做的），侧院经常被挤不见了。哪怕是木结构的房子经常也是挤在一起的，使侧院变成了侧通道，房子各侧仅有4~5英尺的空间，窗户还都朝这些地方开着，一直对准邻家的房子。但有时候，如果规划时稍微注意一下，允许房子在一侧直接压着地产线来做，这样，两栋房子之间的地就可以属于其中一家，可建成虽然狭小但也很令人愉快的园子，可以带来光线，也可以使房子的中心得到空间感。

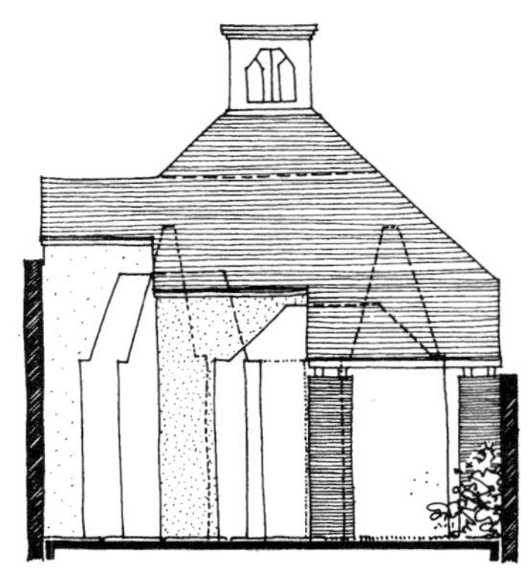

亭子截面图

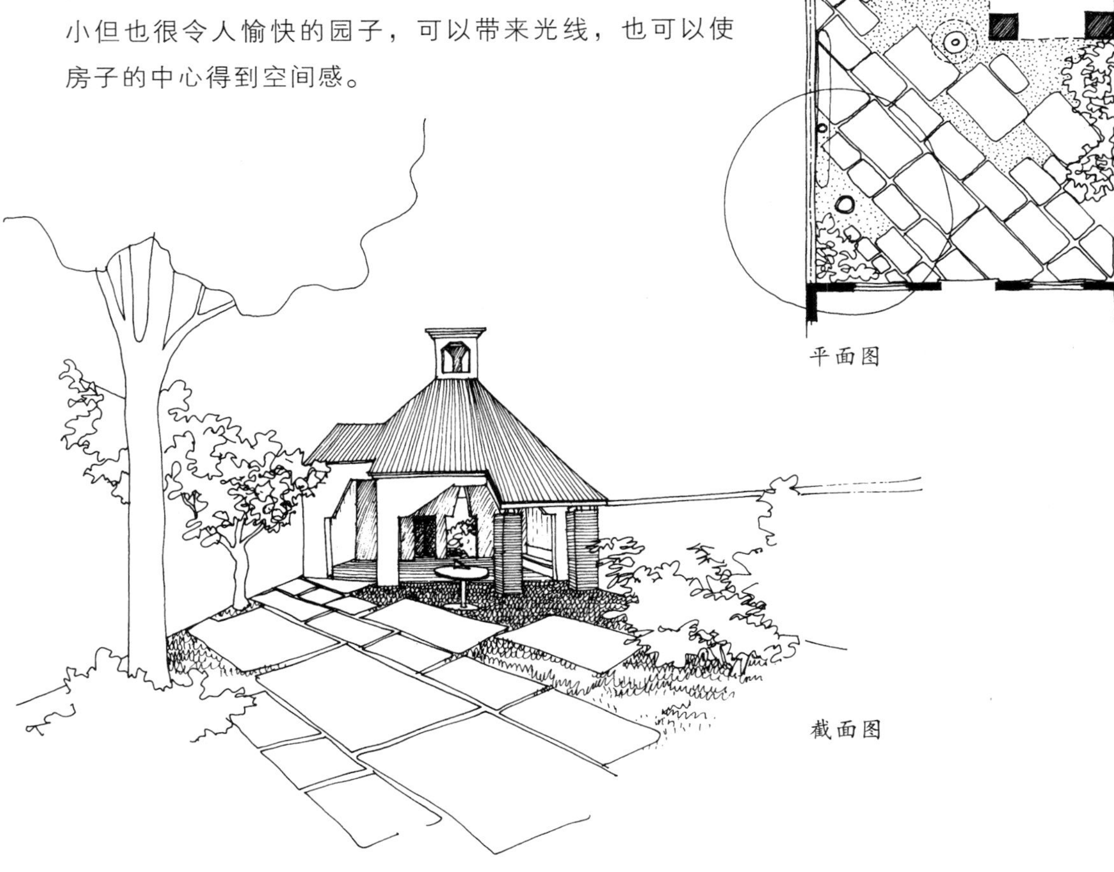

平面图

截面图

纽约市内一个后院的园子

智仁亲王：在日本城市，几个世纪以来一直都是这样的传统解决方法。一排排窄长的有一层或两层的城市房子一般都通过纸糊的滑动幛子在一侧相互面对，有一个园子被邻家的木墙挡住。这个园子兴许只有3~4英尺宽，但是，它是按比例收放的，有仔细安排的形状，可以暗示一个微型的世界，并给人一种开放感、空气和远距离感。在狭长和很窄的空间里，有时候会展开线性的设计图案，意思是让人一个接一个地看去，就跟一本书一样。

沃尔特·迪斯尼：南卡罗莱纳州的查尔斯顿（气候跟休斯敦差不多）是美国唯一的这样一座城市，在那里，房子的类型大量利用了侧院。这种房子称为“单门独户”，由一串与街道垂直的房间构成，通常有两到三层高，大部分都面朝称为步廊的一个多层门廊，门廊之外就是该场地能够提供的大小不一的一个侧院。房子一般紧挨着街道，前部房间开有窗户，一扇精制的前门接着步廊的后端。侧院靠街道的一边有可能是开有一扇供车辆出入的门洞的墙，现在一般是用于小车出入。查尔斯顿是个古老的城市，全都挤在半岛上，当地人经常说，“阿什雷和库柏河汇合在一起形成了大西洋。”全年大部分时间的气候是炎热的，极潮湿，空气要流通，同时又不能牺牲掉太多的隐私，这一点非常重要。单门独户的房子对于空气流通、保护隐私、保持密度，甚至找到一个泊车的地方都是很有效果的一种形式。房子一般相当大，供人多的大家庭或几代人一起生活，但园子一般很小，很难办。

弗朗西斯·培根：听起来好像单门独户是个很好的办法，但是，你需要一个主题才能形成园子。也许一年的大部分时间你都可以拥有园林，可以看到美好的植物随季开花。在休斯敦的寒冷月份里，人们需要冬季的光线才能让植物生长。如果我是你，我会选择太阳来自街上的场所，这样，看园林的时候，你就可以看到阳光照在植物上面。在如此狭长和窄小的一个园林里，你必须决定是否需要一个长长的景观，经过某种修饰，也许是用墙体，或者用一些种植物放在中央开口的两侧，或者决定是否需要将园林划分成户外的房间。我本人倒喜欢户外的房间。

维塔·萨克维尔·韦斯特：我也是。这样的房间给你极好的机会来腾出空间，在季节轮转的时候，所有的花朵都是一种颜色，或者所有的事情都一并发生。你的园林很小，但是，应该大到足够摆放这些东西的程度。重要的事情是要与气候协调起来，而不是与气候产生矛盾。你兴许会觉得一个房间青翠欲滴，靠近夏天，里面的芭蕉会在第一次寒潮到来时死掉，使你得到一个阳光灿烂的空闲的台阶，太阳能够从冬季的浅色明亮的墙体上反射出来。一些卡罗莱纳茉莉会保持青色，但背对着墙体会相对平淡。你有可能想试试搭一个紫藤花架，供夏天做成荫处，也在藤蔓的叶子落下时让冬天的阳光射进来一些。你当然还可以让它们开白花或者蓝色的花。

万能布朗：这么多带花的小房间让我感到直起鸡皮疙瘩。我想提出的办法是把这个空间做得简朴一些，全都是草，有几处灌木和树丛靠在场景的两侧。非常明确！我还想说应该弄一些水，但我担心空间不够。但是，可以想的办法是，而且我认为有空间这么做，把最远处的地方抬起来，这样，面对邻居的墙体就不会露出来，园子看上去就会越过这个小山而走向无限。（不能够弄一些装饰性的母牛放在这里真是一件憾事，我听说德州有很多母牛。）

智仁亲王：这就应用到了极符合德州性格的“借景”原理。人们可以从邻居那里借来空间感，而不是一个物体或者一个形象。我认为这是个极不错的一个点子，但是，你的空间如此之小，看起来很受局限，很不自然。我觉得，在这里运用一句日本格言也许是相当合适的，那就是使近处向前，使远处退后。如果用沙和苔藓或者石头做成简单的园子，这会使景远离房子，因此就可以产生在小处形成大尺寸的错觉。应该请弗朗西斯科·波罗米尼参加这个会议。我在当世常常看见他，也很喜欢他，虽然他这人的脾气很大。你们知道他在罗马建的斯巴达宫吗？他对那里的透视效果进行了操纵，使离你非常近的一个小小的雕像看上去大得多，也远得多。J先生，你是西方人，比较日本技法来说，你也许更喜欢这样的一个技巧。你甚至还可以把它抬升起来，以形成布朗的无限风景。但是，我必须说清楚，这样做会使我感到极不舒服，因为它太典雅，因此人工痕迹太重。（日本城市日光也是如此，但我喜欢那个城市。）

沃尔特·迪斯尼：你们这些人一直在谈距离，一直在谈看什么东西。我当然会很高兴把尺寸混成一团糟以便使这么一个小小的园子看上去更大一些，但是，我想知道你们能够在那里做些什么。如果是我的园子，我会在这里安上电动火车。我知道你也有一列电动火车的，J先生。

J先生：火车呜呜，雕琢气太浓了，沃尔特。

智仁亲王：我喜欢机械化的模型！也许我们应该搞一个玩具机器人的收藏，就是那些可以自行变成太空船和汽车及其他难以变化的东西。其中一个也许能够替代场地精神的角色，跟罗夏姆的那个谷地维纳斯一样。我们也许还可以把它们做成静止人物画面，就跟新加坡的万金油花园里的那些漂亮的动物画面一样。它们可以用电气驱动，可以用计算机进行控制……

沃尔特·迪斯尼：我们来谈谈科技吧，智仁亲王。

迪斯尼乐园里面的一列迷你火车

维塔·萨克维尔·韦斯特：啊，算了吧，你们两个人！你们当然应该搞植物收藏，把时间和智慧用来培植异域的标本。但不要忘记，不管你们如何整治这个窄小的侧院，从里面看去的景色都是非常重要的。你们应该看看一些窗口带景色的油画，比如马蒂斯、杜菲等。

J先生：这张布局图怎么样？一条对角的石级小路跨过这个空间，用园林用具连接两个台板。朝上升的那一端实际上是一个微缩模型，但小径交汇形成的透视感可使它看上去如同在远处的山顶。如果你走上去（对于站在低处的同伴来说，你看

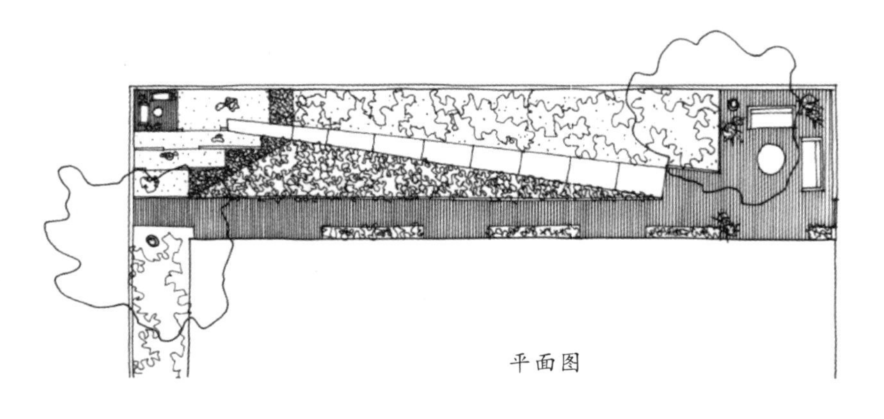

平面图

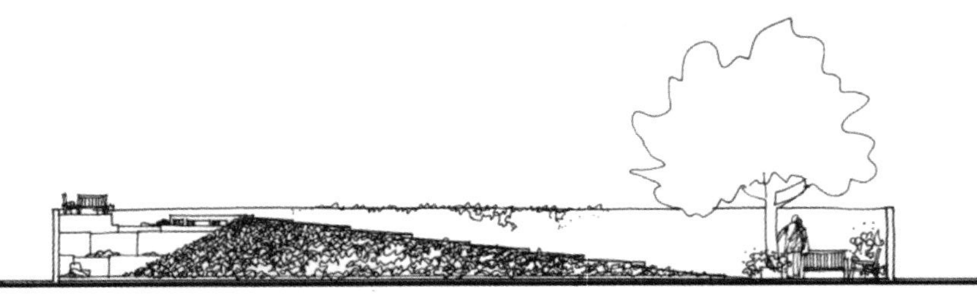

升高

透视图

休斯敦的一处侧院园林

上去会越来越像我们在纽约的那位金刚），会发现小石级和沙园。也许你可以为我把细节都勾勒出来，智仁亲王？还有萨克维尔·韦斯特女士，我需要你在园艺上帮帮忙，你要帮我安排从低处到高处的色彩和质地的过渡。茉莉要附在墙上……

智仁亲王：

透视与天空，

模型要升至云端。

这是对眼力的欺瞒！

墓园

路西安：作者都不见了，这是他们典型的不负责任的表现，只好让人物来统领这本书。我想，我得让它有个合适的总结。我们来讨论冥河岸的问题作为一个总结，因为我迟早会在这里见到各位。我最后一次在这里展开讨论会的时候，其中一位客人发现了特洛伊的海伦的骷髅，问："就是这张脸启动了1000条战船吗？"那客人大概就是这么个意思吧。模仿我的一些人也在偷用这句话（一般都用错了），几百年来一直如此。马其顿的菲利普总在责骂他那个少年犯罪的儿子。老第欧根尼把他惯常的悲观棺罩盖在会议记录上。

冥界船夫卡伦不停地渡人过去。这次我觉得自己会等在码头上看谁会过来。这里是极具特色的一个尸样。

埃德加·爱伦坡：我再也跟不上目前的文学风潮了，因此我离开。（我是在解构还是在解体？）谢天谢地，不管怎么说，称为"生活"的这阵热潮终于给克服了！也许我会在这里赶上安娜贝尔·李，自她冻死之后，我一直都没有见到她，弄得我花好长时间去海边她那个墓地旁待着。我还想找到海伦，希望更新希腊的荣耀和罗马的辉煌。这些日子以来，他们一般都把尸体藏在什么地方，路西安？

路西安：难倒我了。我们来问问那边那位老太太——就是拄着拐杖的那位，脸上有坚毅神情的那位。

玛格丽特·米德：忘了这个问题吧，坡先生。我广泛的田野工作在这里使我自己信服，一个人的骷髅跟另一个人的骷髅看上去差不多（当然除了金刚以外）。但是，我倒想给大家上一课，讲讲墓园风景的基本要点。

路西安：我们洗耳恭听。

玛格丽特·米德：巴厘人（我曾对这个人种进行过详细研究）相信，人生力与活力从他们那个岛世界的中央的高山流下来，而死亡和腐烂的力量是从海上升起来的。他们文化当中的一切都编织在生与死的坐标当中，由中心和海岸来定义。当然，有一个特别的地方是供奉死亡之庙的，就在每一个村落的下坡处，在那里，会有极浓重的仪式举行。那座山是最基本的东西。你必须有一个有宇宙意义的山……

路西安；对不起，打断一下，米德女士。沃尔特·迪斯尼（最近在加州安纳海姆去世）还有来自斯康德拉的阿克巴大帝。我们来听听他们的意见。

沃尔特·迪斯尼：谢谢摆渡，卡伦（我在考虑把这样的一条渡船摆到冒险世界里去）。我的天，这里比我那间鬼屋还可怕些。

你好，米德女士。关于宇宙山的事，我认为您是正确的。我在自己的魔幻王国的中心也安放了类似的一个东西（不过它不会像阿贡火山一样喷发，但可以做这样的安排，也许可以作为缅因大街的电气化天堂的一个部分吧）。另外，旁边还有海洋一样的小车，当然，我们对此背而对之。不过，我不能够肯定火化的事情。快速冷冻（就跟一袋豆子一样）干净得多，也整齐得多（顺便说一句，坡先生，你的朋友安娜贝尔·李的大错就在于死前就给冻了）。

玛格丽特·米德：冷冻而不要火化！你的王国已经形成了一种惊人的习俗，迪斯尼先生。在那里研究少年成年也许是件有趣的事。现在我才明白，为什么那天我发现的那只骷髅有极好看的小鼻子和圆圆的黑眼睛，但全身却冷冻了。让它说话前我得先放到微波炉里烘一下子才行，尽管如此，它听上去还是像某种老鼠在说话。

阿克巴：先等一等，让那只鸭子除了霜再说！不过我得说，我一向极欣赏我的朋友沃尔特的作品。他的魔幻王国跟我的陵墓安排得差不多一个样子，游乐场的中央有极大的一座山，四周还有墙。但他错过了极有利润的一个机会，他应该把他的坟墓放在那个马特洪恩峰上。然后，他还可以让长橇从旁经过，就是那种高耸的列宁墓。

玛格丽特·米德：别愚弄我了，阿克巴！跟不可靠的线人说话的时候我是知道的。

路西安：卡伦刚刚完成他例常进行的墓园巡回检查，他刚刚去加州的森林草坪墓园检查回来，找到几个不朽者（死的那种）。其中一位是创立者赫伯特·L·伊顿博士。他看上去很激动的样子。

赫伯特·伊顿博士：这里有谁运气不好碰上了名叫伊夫林沃的那个不要脸的记者的？我跟他有好几件事情要摆平！

路西安：你会有很多时间去摆平那件事情的，赫伯特。此时，你不妨讲讲你对阿克巴的话的意见。

赫伯特·伊顿博士：好吧，我当然喜欢在游乐场开墓园的点子，但是，我倒喜欢相当不同的一种风格，自然而管理得很完美的英国式公园，而不是对称的四庭园。自从奥本山以来，那里一直都是著名的美国方式。

埃德加·爱伦坡：我的朋友艾利森先生（阿纳海姆庄园的

缔造者）会很高兴听到这句话的，赫伯特先生。是他提议，明显不完美的、没有触动过的自然风景才是“死亡预兆”的。上帝早先是准备让人类早早就进入长生不死状态的，但人类自毁前程，因此人都有生死轮回，他无法看到上帝野性中真正的完美。你得自己清理一部分出来，让它更漂亮一些，如果你希望暗示出永久生命有福的状态的话。

赫伯特·伊顿：这正是这么做的，把加利福尼亚多石的山坡弄平，用青翠多荫的草坪替代丛林。没有不整齐的叶子，没有乱糟糟的叶片。

阿克巴：但是，怎么浇水呢？南加利福尼亚一定跟斯康德拉一样干燥。

赫伯特·伊顿：我利用广布的地下网管浇水，上面有布置得很密实的喷头。（哪怕最苛刻的批评者也都同意说，在夜晚低矮的光线下，喷水的水珠对着树叶构成山坡上的田园景色，可谓充满诗意。）这使我有整齐划一的青葱绿草，哪里需要就可以放到哪里。我的另一项发明是让墓石与地面齐平，这样，它就更像墓园了（在奥本山，他们没有想到这一点），当然，这也使机械剪草更容易进行了，因为机械可以径直在上面剪草。

埃德加·爱伦坡：的确很有天才。但是，如果有人碰巧给活埋了怎么办？（大家还记得我的故事《厄舍府的倒塌》吗？）我倒想建议搞些预防性的机械装置，也许可以做个螺杆千斤顶里的弹簧，能够把所有活人都弹出来。

阿克巴：剪草机、喷水头，还有带弹簧的墓，美国科技让全世界的人叹为观止。谈到这一点，让我介绍两位刚刚到来的皇族人员，一位是哈德良，一位是乾隆。

赫伯特·伊顿：二位来得正是时候，欢迎欢迎。

哈德良：你这里的绿色山坡让我想起丹普谷，赫伯特。你是否还收集世界著名的景色呢，比如我在提沃利旅行时去看过的那座墓园？

赫伯特·伊顿：你真说对了。我从苏格兰搞来了安妮·洛莉的石南花中的韦柯克，成为格雷“悲歌”主题的英国乡村教堂。而且，乾隆，您有可能会同意我为每一处景色取名的方法。计有安逸、和谐、情感、仁慈、兄弟之爱、宁静，当然还有永生。其中一些名字有地形学上的意义：日出坡、教堂坡、灵感坡、复活坡、祝福坡，还有回忆谷。沃尔特会喜欢晚祷园、灵境、睡乡和催眠曲园，这些地名是为孩子们取的。还有一首讲“母亲的希望”的好诗——不要忽视了市场的任何一个层面。

乾隆：你们应该做一些油画。

赫伯特·伊顿博士：做了。

沃尔特·迪斯尼：也许还应该加上一个明日世界。

赫伯特·伊顿博士：这主意不错！啊，然后还有婴儿园……

S教授：大家好，卡伦刚刚把我从慈悲园摆渡过来，我在那里埋头建了很多上好的坟墓，是为客户马丁·瑞尔森和卡莉·爱丽莎·盖蒂修的。坟墓应该有庞大庄严的石质宁静感，让人想到永恒……

玛格丽特·尤瑟纳尔：朋友们好！对不起迟到了，但是我刚刚排进这个杰出的文学聚会的名单表里。哈德良，终于见到你了，真是叫人高兴。还有赫伯特·伊顿。看看我的装饰，赫伯特。我真的是一个流芳百世的人（法国类的）。你的想法不错，S教授。我年事极高的时候自制了一块墓石，上面有死亡的日期，但最后两个数字我空着，好写上合适的时刻。

赫伯特·伊顿：你们两个都大错特错！公众并不希望用他们的鼻子来嗅出死的气息。我的“造园者宣言”把一切都说得很明白：今天的墓地都建错了，因为它们描述结局而不是开始。因此，墓地都成为极不雅观的石头园地，里面都是没有艺术气息的符号和令人压抑的习俗……森林草坪墓园应该成为这样一个地方，那里应该有新老情人并肩走过，在那里观赏落日的余晖……这样的一个地方应该得到一笔数目庞大的捐款看护基金，基金的本金永远也不能够花掉——只是从中拿一笔钱来看护这个回忆之园，并使其永久性地保存下去。这就是造园者的梦想，这就是造园者的宣言。

哈德良：啊呀呀，赫伯特！这真是煽情的胡说八道。我在自己的庄园里修了一个地狱复制件，还创作了关于我将老的时候的一些轻浮诗词。然后，跟视力如炬的苏格拉底一样，我睁着眼睛死去了（老鹰在一旁等着）。跟平时一样，我极想知道自己到底会去什么地方。

路西安：你的勇猛真是一个传奇，哈德良，但是，你的判断力很是奇怪。卡伦把我们其余的大多数人装上船的时候，我们都需要得到某些支持。啊，很好！莱纳·玛里亚·里尔克来了。他从冥河的另外一边拿到了大量信息，来的时候，他把这些信息写在《悲歌》和《致俄尔普斯的十四行诗》中。我又提出了另外一个请求，这使我极感兴奋，我要他为冥河的此岸做一个风景设计。你好，莱纳，图纸带来没有?

莱纳·玛里亚·里尔克：带来了，但是这个地方比我假定的地方俗气多了。不过，我还是为这个草案感到很激动。我没有料想到会在这里碰到赫伯特·伊顿。（你好，赫伯特！）但是，我觉得他可以在这里面找到一些死后的利润。你好，沃尔特。对不起，我没有画出低湿冷冻用的尺寸，但是，我肯定如果你能够在这里把这项工程弄好，尺寸肯定容易补进去。

这里是墓园的草图。通过大门的入口有一条弯曲的柏油路，就是冥河大道，它使我们的世界与冥界彼此区分开来。大道的一侧是葬礼进行的地方，看上去就好像使我们的亲人跟我们仍然在一起一样。我对埋葬地的安排很是自豪，都是缓坡，但又不失大石级的规模，明显看出死前的宽绰。埋葬地就在石级之下，梯级竖板上刻有墓志铭，我觉得这比你们修剪的平直

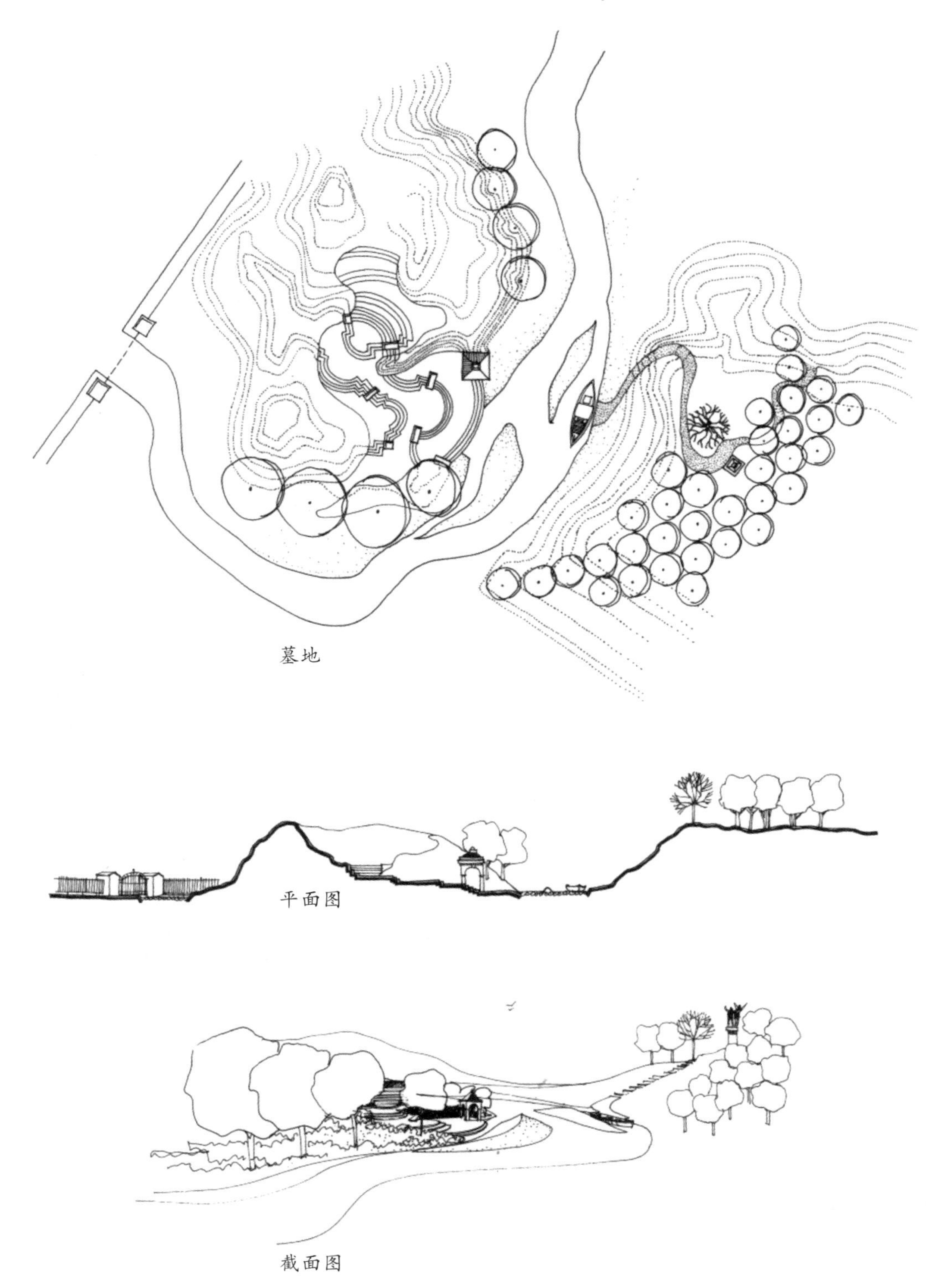

墓地

平面图

截面图

冥河大道透视图

的标志物庄严得多。这是个阳光充足的漂亮地方，是为死者建造的愉快的王国。

当然，冥河大道的另外一侧代表冥界。卡伦的船就停泊在那里，有一条路通向树荫里面。你们知道我的诗“俄尔普斯，欧律狄刻·赫耳墨斯”吗？我觉得在这里体现俄尔普斯是适当的，他的小竖琴就在他的旁边放着，他年轻的妻子欧律狄刻的死亡使他产生了极其深刻的悲伤。他安排好让她释放出来，她就跟在他后面走出冥府，条件是他不能够回头看。但是，她在冥府又获得了新的贞洁，因此，哪怕她的向导，也就是苗条的赫耳墨斯轻轻碰一下都是她所不喜欢的。当然，俄尔普斯也回头看了，这让赫耳墨斯绝望了，但欧律狄刻的平静已经扎下根来，她唯一的回答是“什么”？然后变成了一棵树。这里是岸上的那棵树，是俄尔普斯最后看她一眼的时候就成的，旁边还有赫耳墨斯的雕像。后面是传统的冥府里的阴森森的树丛，没有一点阳光，但有无限的安宁。

路西安：看！卡伦把今天最后一批人摆过来了。只有一个乘客，一位长胡子的老年绅士，面容慈祥，如同做梦一样。欢迎欢迎。

爱德华·费茨杰拉德：你好，路西安，你好，里尔克先生，坡先生，你好。我看到了维吉尔和亚历山大·蒲柏在远处的影子。在雾中的那位是我的老朋友奥玛尔吗？我们这些诗人一个接一个地抛弃了生活的园地而来到这死者的墓园。容我献上一首伊壁鸠鲁式的田园诗：

死谷的日落和初月

啊我喜悦的月亮从不知亏缺，

天上的月亮它再次冉冉升起。

此生之后这同样的园林之上，

可否会照常闪耀虚空的银光？